학습 스케줄표

공부한 날짜를 쓰고 학습한 후 부모님·선생님께 확인을 받으세요.

1주

쪽수		공부한 날	확인
준비	6~9쪽	월 일	확인
1일	10~13쪽	월 일	확인
2일	14~17쪽	월 일	확인
3일	18~21쪽	월 일	확인
4일	22~25쪽	월 일	확인
5일	26~29쪽	월 일	확인
평가	30~33쪽	월 일	확인

2주

쪽수		공부한 날	확인
준비	36~39쪽	월 일	확인
1일	40~43쪽	월 일	확인
2일	44~47쪽	월 일	확인
3일	48~51쪽	월 일	확인
4일	52~55쪽	월 일	확인
5일	56~59쪽	월 일	확인
평가	60~63쪽	월 일	확인

3주

쪽수		공부한 날	확인
준비	66~69쪽	월 일	확인
1일	70~73쪽	월 일	확인
2일	74~77쪽	월 일	확인
3일	78~81쪽	월 일	확인
4일	82~85쪽	월 일	확인
5일	86~89쪽	월 일	확인
평가	90~93쪽	월 일	확인

4주

쪽수		공부한 날	확인
준비	96~99쪽	월 일	확인
1일	100~103쪽	월 일	확인
2일	104~107쪽	월 일	확인
3일	108~111쪽	월 일	확인
4일	112~115쪽	월 일	확인
5일	116~119쪽	월 일	확인
평가	120~123쪽	월 일	확인

Chunjae
Makes
Chunjae

기획총괄 박금옥
편집개발 윤경옥, 박초아, 김연정, 김수정, 조은영
임희정, 이혜지, 최민주, 한인숙
디자인총괄 김희정
표지디자인 윤순미, 김지현, 심지현
내지디자인 박희춘, 우혜림
제작 황성진, 조규영

발행일 2023년 5월 15일 초판 2023년 5월 15일 1쇄
발행인 (주)천재교육
주소 서울시 금천구 가산로9길 54
신고번호 제2001-000018호
고객센터 1577-0902

4-B 문장제 수학편

주별 Contents

1주 분수의 덧셈과 뺄셈

2주 소수의 덧셈과 뺄셈

3주 삼각형 / 사각형

4주 사각형 / 다각형

요즘 학생들은 책보다 스마트폰에 빠져 있고 모르는 어휘도 많아서 글을 읽고 이해하는 능력, 즉 문해력이 부족한 경우가 많아요.

수학 문제도 3줄이 넘어가면 아이들이 읽기 힘들어 하고 무슨 뜻인지 이해하지 못하는 경우가 많지요. 그래서 수학 문제를 푸는 데에도 문해력이 필요해요!

<초등문해력 독해가 힘이다 문장제 수학편>은
읽고 이해하여 문제해결력을 강화하는 수학 문해력 훈련서입니다.

매일 4쪽씩, 28일 학습으로
자기 주도 학습이 가능 해요.

수학 문해력을 기르는
준비 학습

준비 학습 **문해력 기초 다지기** 문장제에 적용하기

연산 문제가 어떻게 문장제가 되는지 알아봅니다.

1 $\frac{2}{7}+\frac{3}{7}=\square$ » $\frac{2}{7}$와 $\frac{3}{7}$의 합을 구하세요.
식 $\frac{2}{7}+\frac{3}{7}=\square$
답

2 $\frac{4}{9}+\frac{7}{9}=\square$ » 우유를 희수는 $\frac{4}{9}$ L, 지민이는 $\frac{7}{9}$ L 마셨습니다. 두 사람이 마신 우유는 모두 몇 L인가요?
식
답

3 $2\frac{1}{5}+1\frac{2}{5}=\square$ » 강변 공원에서 성준이는 $2\frac{1}{5}$ km, 지우는 $1\frac{2}{5}$ km를 달렸습니다. 성준이와 지우가 달린 거리의 합은 몇 km인가요?

문장제에 적용하기

연산, 기초 문제가 어떻게 문장제가 되는지 알아봐요.

준비 학습 **문해력 기초 다지기** 문장 읽고 문제 풀기

간단한 문장제를 풀어 봅니다.

1 지후가 물을 오전에는 $\frac{2}{5}$ L 마셨고, 오후에는 $\frac{1}{5}$ L 마셨습니다. 지후가 마신 물의 양은 몇 L인가요?
식 답

2 초록색 테이프 $\frac{6}{8}$ m와 빨간색 테이프 $\frac{5}{8}$ m를 겹치지 않게 이어 붙였습니다. 이어 붙인 색 테이프의 전체 길이는 몇 m인가요?
$\frac{6}{8}$ m $\frac{5}{8}$ m
식 답

3 지수는 설탕 $6\frac{5}{9}$ g과 베이킹 소다 $1\frac{7}{9}$ g을 섞어 달고나를 만들었습니다. 달고나를 만드는 데 섞은 설탕과 베이킹 소다는 모두 몇 g인가요?
식 답

문장 읽고 문제 풀기

이번 주에 풀 문장제 유형의 가장 단순한 문장제를 풀면서 기초를 다져요.

수학 문해력을 기르는

1일~4일 학습

문제 속 핵심 키워드 찾기 → 해결 전략 세우기 → 전략에 따라 문제 풀기 → 문해력 레벨업 으로 이어지는 학습법

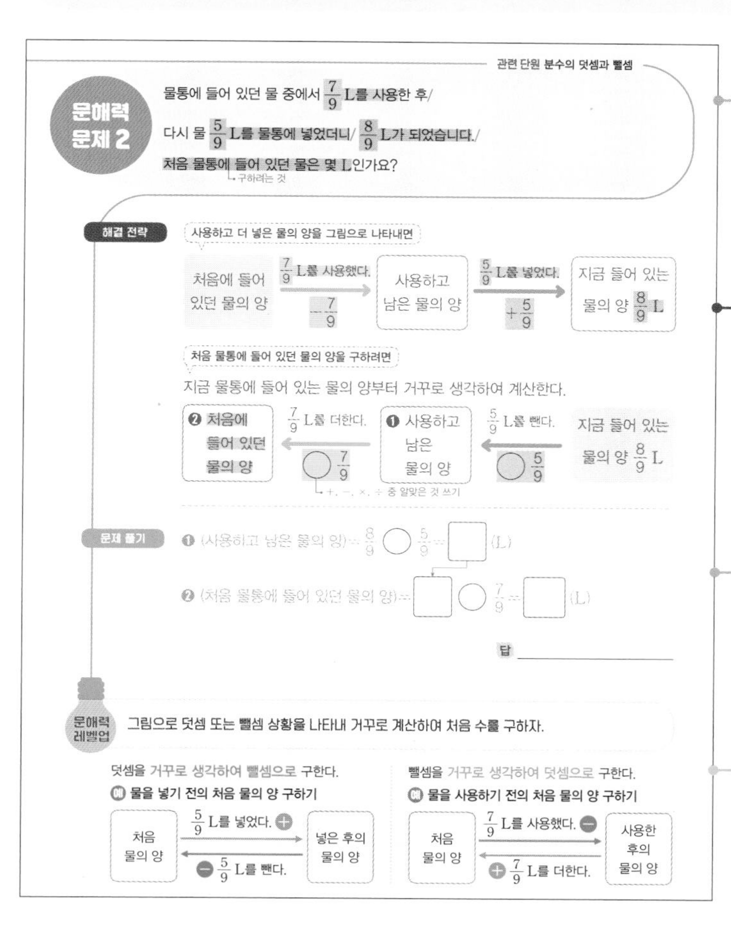

문제 속 핵심 키워드 찾기

문제를 끊어 읽으면서 핵심이 되는 말인 주어진 조건과 구하려는 것을 찾아 표시해요.

해결 전략 세우기

찾은 핵심 키워드를 수학적으로 어떻게 바꾸어 적용해서 문제를 풀지 전략을 세워요.

전략에 따라 문제 풀기

세운 해결 전략 ❶ → ❷ → ❸의 순서에 따라 문제를 풀어요.

문해력 레벨업 수학 문해력을 한 단계 올려주는 비법 전략을 알려줘요.

문해력 문제의 풀이를 따라

쌍둥이 문제 → 문해력 레벨 1 → 문해력 레벨 2 를

차례로 풀며 수준을 높여가며 훈련해요.

수학 문해력을 기르는

5일 학습

HME 경시 기출 유형, 수능대비 창의 · 융합형 문제를 풀면서 수학 문해력 완성하기

분수의 덧셈과 뺄셈

분수의 덧셈과 뺄셈이 필요한 상황에서 계산 원리를 이해할 수 있어야 해요. 단위분수의 개수를 세어 보는 활동을 통해 분수의 덧셈과 뺄셈을 이해하고, 생활 속 문제를 이용하여 분수의 덧셈과 뺄셈의 계산식을 세워 문제를 해결해 봐요.

이번 주에 나오는 어휘 & 지식백과

8쪽 **베이킹 소다** (baking soda)
빵, 과자 등을 구울 때 쓰는 가루

9쪽 **노리개**
여자들이 몸치장으로 한복 저고리의 고름이나 치마허리 등에 다는 물건

17쪽 **향** (香 향기 **향**)
불에 태워서 향기를 내는 물건

19쪽 **모자이크** (mosaic)
여러 가지 색의 종이나 유리, 조개껍데기, 타일 따위를 조각조각 붙여서 무늬나 회화를 만드는 기법

23쪽 **카라반** (caravane)
자동차에 매달아 끌고 다닐 수 있게 만든 이동식 주택.
원래는 사막이나 초원과 같이 교통이 발달하지 않은 지방에서 낙타나 말에 짐을 싣고 떼를 지어 먼 곳으로 다니면서 특산물을 교역하는 상인의 집단을 말한다.

26쪽 **수평** (水 물 수, 平 평평할 **평**)
어느 쪽으로도 기울지 않고 평평한 상태

문해력 기초 다지기

문장제에 적용하기

연산 문제가 어떻게 문장제가 되는지 알아봅니다.

1 $\frac{2}{7}+\frac{3}{7}=\square$

» $\frac{2}{7}$와 $\frac{3}{7}$의 합을 구하세요.

식 $\frac{2}{7}+\frac{3}{7}=\square$

답

2 $\frac{4}{9}+\frac{7}{9}=\square$

» 우유를 희수는 $\frac{4}{9}$ L, 지민이는 $\frac{7}{9}$ L 마셨습니다.
두 사람이 마신 우유는 **모두 몇 L**인가요?

식

꼭! 단위까지 따라 쓰세요.

답 L

3 $2\frac{1}{5}+1\frac{2}{5}=\square$

» 강변 공원에서 성준이는 $2\frac{1}{5}$ km,
지우는 $1\frac{2}{5}$ km를 달렸습니다.
성준이와 지우가 **달린 거리의 합은 몇 km**인가요?

식

답 km

4 $\frac{4}{5}-\frac{3}{5}=\square$

$\frac{4}{5}$보다 $\frac{3}{5}$만큼 더 작은 수를 구하세요.

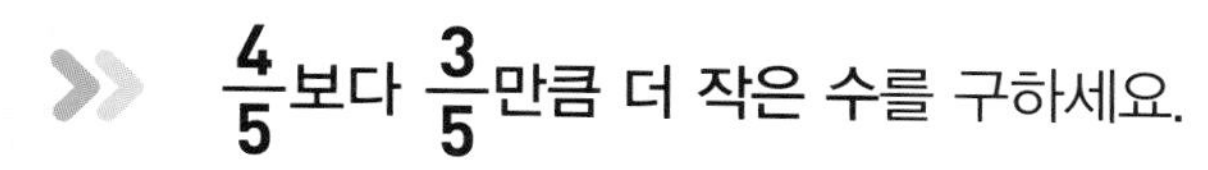

식

답

5 $1-\frac{7}{10}=\square$

밀가루 **1 kg** 중에서
빵을 만드는 데 $\frac{7}{10}$ **kg**을 사용하였습니다.
남은 밀가루는 몇 kg인가요?

식

꼭! 단위까지 따라 쓰세요.

답 kg

6 $9\frac{5}{8}-1\frac{2}{8}=\square$

직사각형의 가로는 $9\frac{5}{8}$ **cm**이고
세로는 가로보다 $1\frac{2}{8}$ **cm** 더 짧습니다.
세로는 몇 cm인가요?

식

답 cm

7 $5\frac{7}{15}-3\frac{11}{15}=\square$

철사 $5\frac{7}{15}$ **m** 중에서 $3\frac{11}{15}$ **m**를 사용하였습니다.
남은 철사는 몇 m인가요?

식

답 m

공부한 날 월 일

준비 학습

문해력 기초 다지기

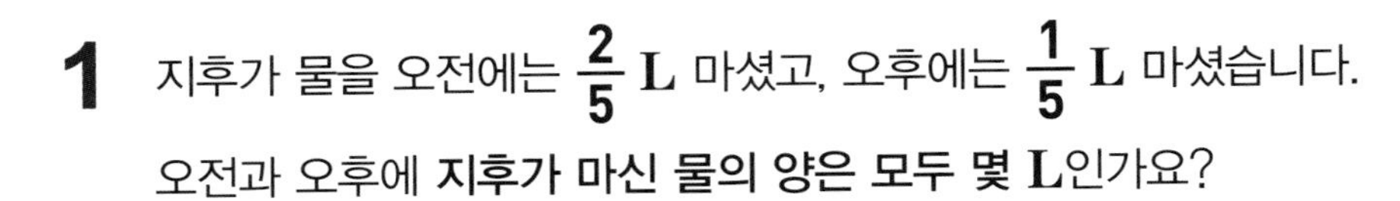

문장 읽고 문제 풀기

간단한 문장제를 풀어 봅니다.

1 지후가 물을 오전에는 $\frac{2}{5}$ L 마셨고, 오후에는 $\frac{1}{5}$ L 마셨습니다.
오전과 오후에 **지후가 마신 물의 양은 모두 몇 L**인가요?

식 ______________________ 답 ______________

2 초록색 테이프 $\frac{6}{8}$ m와 빨간색 테이프 $\frac{5}{8}$ m를 겹치지 않게 이어 붙였습니다.
이어 붙인 색 테이프의 전체 길이는 모두 몇 m인가요?

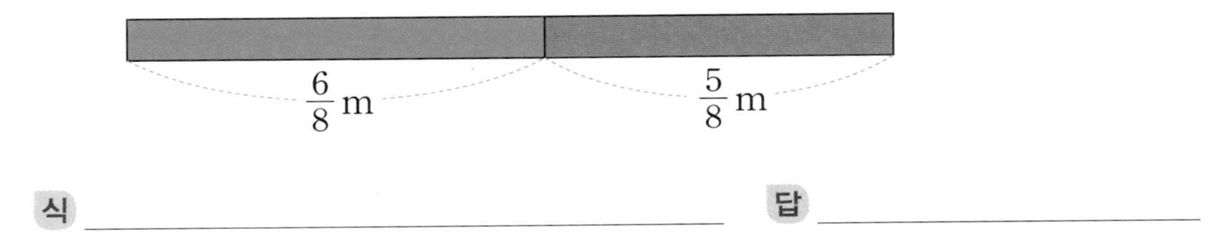

식 ______________________ 답 ______________

3 지수는 설탕 $6\frac{5}{9}$ g과 ※베이킹 소다 $1\frac{7}{9}$ g을 섞어 달고나를 만들었습니다.
달고나를 만드는 데 **섞은 설탕과 베이킹 소다는 모두 몇 g**인가요?

식 ______________________ 답 ______________

문해력 어휘
베이킹 소다: 빵, 과자 등을 구울 때 쓰는 가루

4 토끼의 무게는 $\frac{3}{4}$ kg이고, 다람쥐의 무게는 토끼의 무게보다 $\frac{2}{4}$ kg 더 가볍습니다.
다람쥐의 무게는 몇 kg인가요?

식 ______________________ 답 ____________

5 동석이는 동화책 한 권을 읽고 있습니다.
오늘까지 전체의 $\frac{4}{9}$만큼을 읽었습니다.
동화책을 모두 읽으려면 전체의 얼마만큼을 더 읽어야 하나요?

식 ______________________ 답 ____________

6 지민이는 빨간색 끈 $2\frac{9}{14}$ m 중에서 $1\frac{6}{14}$ m를 사용하여
※노리개를 만들었습니다.
남은 빨간색 끈은 몇 m인가요?

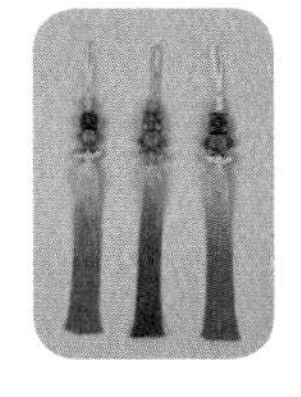

문해력 어휘
노리개: 여자들이 몸치장으로 한복 저고리의 고름이나 치마허리 등에 다는 물건

식 ______________________ 답 ____________

1일 수학 문해력 기르기

관련 단원 분수의 덧셈과 뺄셈

문해력 문제 1

해수가 설탕물로 만든 시럽을 이용하여 ※탕후루를 만들려고 합니다./
물은 $2\frac{2}{8}$컵./ 설탕은 물보다 $2\frac{2}{8}$컵 더 많이 넣어 설탕물을 만들었습니다./
해수가 만든 설탕물은/ 모두 몇 컵인가요?
└ 구하려는 것

해결 전략

넣은 설탕의 양을 구하려면

❶ (물의 양) ◯ (물보다 더 많이 넣은 설탕의 양)을 구한다.
└ +, −, ×, ÷ 중 알맞은 것 쓰기

해수가 만든 설탕물의 양을 구하려면

❷ (❶에서 구한 설탕의 양) ◯ (물의 양)을 구한다.

문해력 백과
탕후루(당호로): 과일을 대나무에 꿴 다음 겉에 물엿, 설탕물 등으로 만든 시럽을 묻혀서 굳힌 중국 과자

문제 풀기

❶ (넣은 설탕의 양)$=2\frac{2}{8}+\square=\square$(컵)

❷ (해수가 만든 설탕물의 양)$=\square+2\frac{2}{8}=\square$(컵)

답 ______________

문해력 레벨업 문장 속에서 나타내는 표현을 보고 알맞은 식을 세우자.

~보다 더 많이	10개보다 **2**개 더 많이	~보다 더 적게	10개보다 **2**개 더 적게
↓	↓	↓	↓
+ 덧셈식	$10+2=12$	− 뺄셈식	$10-2=8$

• 정답과 해설 2쪽
복습책 1쪽에 유사, 심화문제 제공

쌍둥이 문제

1-1 영우는 색종이로 튤립을 접었습니다./ 잎 부분을 접는 데 $\frac{4}{5}$장을 사용하고/ 꽃 부분을 접는 데는 잎 부분을 접을 때보다 $\frac{2}{5}$장 더 많이 사용하였습니다./ 영우가 튤립을 접는 데 사용한 색종이는/ 모두 몇 장인가요?

따라 풀기 ❶

❷

답 ______________

문해력 레벨 1

1-2 남주와 석호는 종이비행기 오래 날리기 대회에 참가하였습니다./ 남주는 $14\frac{5}{6}$초 동안 날렸고/ 석호는 남주보다 $2\frac{3}{6}$초 더 짧게 날렸습니다./ 두 사람이 종이비행기를 날린 시간은/ 모두 몇 초인가요?

따라 풀기 ❶

❷

답 ______________

문해력 레벨 2

1-3 원영이는 일주일 중 월요일과 수요일에는 수영을 하고/ 목요일에는 발레를 합니다./ 하루에 수영은 $\frac{8}{10}$시간씩,/ 발레는 수영 시간보다 $\frac{3}{10}$시간 더 길게 합니다./ 원영이가 일주일 동안 수영과 발레를 하는 시간은/ 모두 몇 시간인가요?

스스로 풀기 ❶ 일주일 동안 수영을 하는 시간 구하기

❷ 일주일 동안 발레를 하는 시간 구하기

❸ 일주일 동안 수영과 발레를 하는 전체 시간 구하기

답 ______________

공부한 날 월 일

수학 문해력 기르기

관련 단원 분수의 덧셈과 뺄셈

문해력 문제 2

물통에 들어 있던 물 중에서 $\frac{7}{9}$ L를 사용한 후/

다시 물 $\frac{5}{9}$ L를 물통에 넣었더니/ $\frac{8}{9}$ L가 되었습니다./

처음 물통에 들어 있던 물은 몇 L인가요?

└ 구하려는 것

해결 전략

사용하고 더 넣은 물의 양을 그림으로 나타내면

처음에 들어 있던 물의 양 → ($\frac{7}{9}$ L를 사용했다. $-\frac{7}{9}$) → 사용하고 남은 물의 양 → ($\frac{5}{9}$ L를 넣었다. $+\frac{5}{9}$) → 지금 들어 있는 물의 양 $\frac{8}{9}$ L

처음 물통에 들어 있던 물의 양을 구하려면

지금 물통에 들어 있는 물의 양부터 거꾸로 생각하여 계산한다.

└ +, −, ×, ÷ 중 알맞은 것 쓰기

문제 풀기

❶ (사용하고 남은 물의 양) $= \frac{8}{9}$ ◯ $\frac{5}{9} =$ ☐ (L)

❷ (처음 물통에 들어 있던 물의 양) $=$ ☐ ◯ $\frac{7}{9} =$ ☐ (L)

답 ________________

문해력 레벨업 그림으로 덧셈 또는 뺄셈 상황을 나타내 거꾸로 계산하여 처음 수를 구하자.

덧셈을 거꾸로 생각하여 뺄셈으로 구한다.

예 물을 넣기 전의 처음 물의 양 구하기

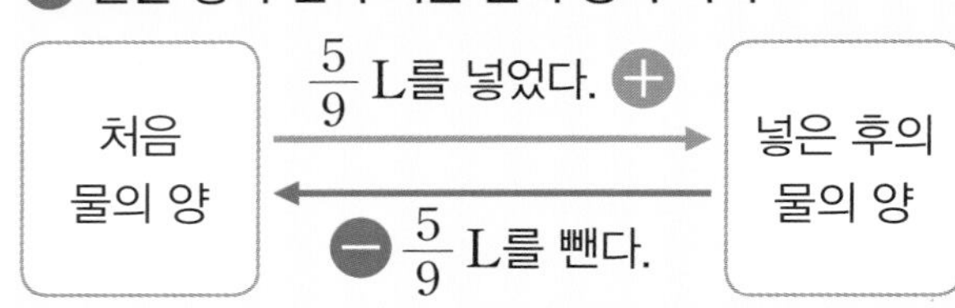

뺄셈을 거꾸로 생각하여 덧셈으로 구한다.

예 물을 사용하기 전의 처음 물의 양 구하기

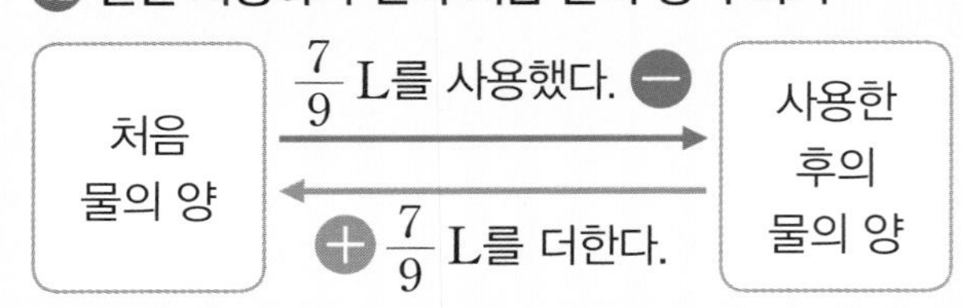

• 정답과 해설 2쪽
복습책 2쪽에 유사, 심화문제 제공

쌍둥이 문제

2-1 유미는 병에 들어 있던 먹물 중에서 $10\frac{9}{14}$ mL를 사용한 후/ 다시 먹물 $30\frac{10}{14}$ mL를 병에 넣었더니/ $45\frac{5}{14}$ mL가 되었습니다./ 처음 병에 들어 있던 먹물은 몇 mL인가요?

따라 풀기 ❶

❷

답 ____________

문해력 레벨 1

2-2 지호가 딸기잼을 만드는 데 설탕이 부족해서/ 지민이에게 설탕 $1\frac{8}{12}$ kg을 받았습니다./ 지호가 가진 설탕 중 $3\frac{7}{12}$ kg을 사용하였더니/ $1\frac{5}{12}$ kg이 남았습니다./ 지호가 처음에 가지고 있던 설탕은 몇 kg인가요?

따라 풀기 ❶

❷

답 ____________

문해력 레벨 2

2-3 아버지께서 오늘 자동차를 운전하시는 동안/ 처음에 있던 휘발유의 $\frac{3}{4}$을 쓴 후/ 주유소에서 휘발유 $10\frac{1}{8}$ L를 넣었더니/ 12 L가 되었습니다./ 처음에 있던 휘발유는 몇 L인가요?

스스로 풀기 ❶ 주유소에서 넣기 전의 휘발유의 양 구하기

❷ 처음에 있던 휘발유의 $\frac{3}{4}$을 쓰고 남은 휘발유의 양은 처음 휘발유의 얼마인지 구하기

❸ 처음에 있던 휘발유의 양 구하기

답 ____________

일 수학 문해력 기르기

관련 단원 분수의 덧셈과 뺄셈

문해력 문제 3

길이가 6 m인 색 테이프 3장을/

$1\frac{1}{7}$ m씩 겹쳐서/ 한 줄로 길게 이어 붙였습니다./

이어 붙인 색 테이프의 전체 길이는 몇 m인가요?

└ 구하려는 것

해결 전략

❶ 색 테이프 3장의 길이의 합을 구하고,

❷ (겹쳐진 부분의 수)=(색 테이프의 수)−1임을 이용하여 겹쳐진 부분의 길이의 합을 구한 후

이어 붙인 색 테이프의 전체 길이를 구하려면

❸ (❶에서 구한 길이) ◯ (❷에서 구한 길이)를 구한다.

└ +, −, ×, ÷ 중 알맞은 것 쓰기

문해력 핵심

색 테이프 ■장을 겹쳐서 이어 붙이면 겹쳐진 부분은 (■−1)군데이다.

문제 풀기

❶ (색 테이프 3장의 길이의 합)=6+6+6=☐(m)

❷ 겹쳐진 부분은 3−1=☐(군데)이므로

(겹쳐진 부분의 길이의 합)=$1\frac{1}{7}+1\frac{1}{7}$=☐(m)이다.

❸ (이어 붙인 색 테이프의 전체 길이)=☐−☐=☐(m)

답 ______________________

문해력 레벨업

겹쳐진 부분의 길이의 합만큼 이어 붙인 색 테이프의 전체 길이는 줄어든다.

예 색 테이프 3장을 겹쳐서 이어 붙였을 때 이어 붙인 색 테이프의 전체 길이 구하기

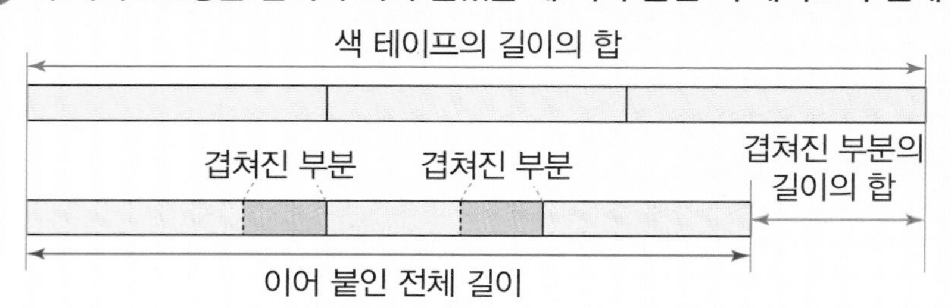

(이어 붙인 전체 길이)=(색 테이프의 길이의 합)−(겹쳐진 부분의 길이의 합)

쌍둥이 문제

3-1 길이가 5 m인 색 테이프 4장을/ $\frac{5}{6}$ m씩 겹쳐서/ 한 줄로 길게 이어 붙였습니다./ 이어 붙인 색 테이프의 전체 길이는 몇 m인가요?

따라 풀기 ①

②

③

답 ____________

문해력 레벨 1

3-2 캠핑장에서 길이가 $5\frac{6}{11}$ m인 끈 3개를/ 같은 길이만큼씩 겹쳐서/ 매듭을 묶고 한 줄로 길게 이었습니다./ 이은 끈의 전체 길이가 $15\frac{4}{11}$ m일 때/ 몇 m씩 겹쳐서 매듭을 묶어 이은 것인지 구하세요.

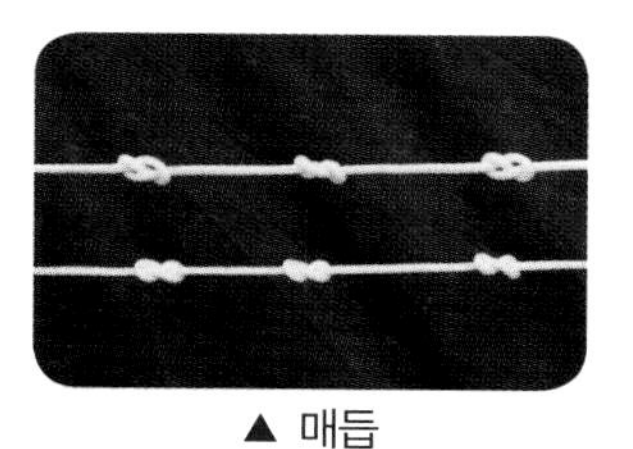
▲ 매듭

스스로 풀기 ① 끈 3개의 길이의 합 구하기

② 겹쳐진 부분의 길이의 합 구하기

③ 겹쳐진 부분의 길이 구하기

답 ____________

일

수학 문해력 기르기

관련 단원 분수의 덧셈과 뺄셈

문해력 문제 4

길이가 18 cm인 양초가 있습니다./
이 양초에 불을 붙이면 10분에 $1\frac{1}{5}$씩 일정한 빠르기로 탑니다./
양초에 불을 붙인 지 20분 후/ 남은 양초의 길이는 몇 cm인가요?
└ 구하려는 것

해결 전략

20분 동안 탄 길이를 구하려면

❶ 10분 동안 타는 길이를 몇 번 더해야 하는지 알아보고

❷ 10분 동안 타는 길이를 이용하여 20분 동안 탄 양초의 길이를 구한다.

남은 양초의 길이를 구하려면

❸ (처음 양초의 길이) ◯ (20분 동안 탄 양초의 길이)를 구한다.
(◯: +, −, ×, ÷ 중 알맞은 것 쓰기 / 20분 동안 탄 양초의 길이: ❷에서 구한 길이)

문제 풀기

❶ 20분=10분+10분이므로 10분 동안 타는 길이를 ☐번 더한다.

❷ (20분 동안 탄 양초의 길이)$=1\frac{1}{5}+1\frac{1}{5}=$☐(cm)

❸ (남은 양초의 길이)$=18-$☐$=$☐(cm)

답 ____________

문해력 레벨업 처음 길이와 탄 길이, 남은 길이의 관계를 이용하여 알맞은 식을 세우자.

예 양초에 불을 붙인 지 30분 후 남은 양초의 길이 구하기

(남은 길이)=(처음 길이)−(30분 동안 탄 길이)

예 10분에 5 cm씩 탈 때 30분 동안 탄 길이 구하기

30분=10분+10분+10분 (3번) → 10분 동안 타는 길이(5 cm)가 3번 → 5+5+5=15 (cm)

쌍둥이 문제

4-1 길이가 20 cm인 양초가 있습니다./ 이 양초에 불을 붙이면 5분에 $\frac{13}{15}$ cm씩 일정한 빠르기로 탑니다./ 양초에 불을 붙인 지 15분 후/ 남은 양초의 길이는 몇 cm인가요?

따라 풀기 ❶

❷

❸

답 ______________

문해력 레벨 1

4-2 길이가 15 cm인 ※향이 있습니다./ 이 향에 불을 붙이면 3분에 $1\frac{17}{20}$ cm씩 일정한 빠르기로 탑니다./ 향에 불을 붙인 지 6분 후에 불이 꺼졌습니다./ 다시 이 향에 불을 붙이고 6분이 지난 후/ 남은 향의 길이는 몇 cm인가요?

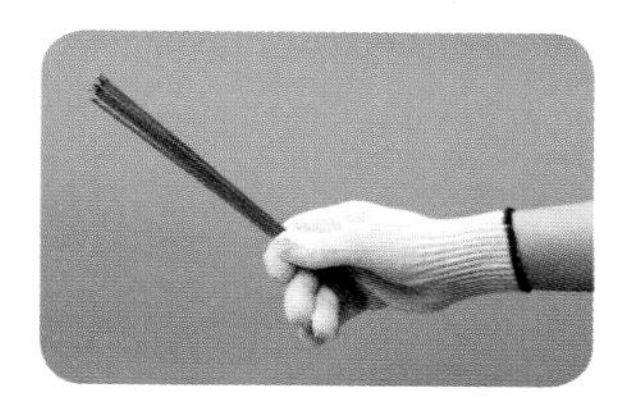

따라 풀기 ❶

문해력 백과 
향: 불에 태워서 냄새를 내는 물건

❷

향이 탄 전체 시간은 몇 분인지 먼저 알아봐.

❸

답 ______________

문해력 레벨 2

4-3 길이가 25 cm인 양초에 불을 붙인 지 30분 후에/ 남은 양초의 길이를 재었더니 $21\frac{4}{9}$ cm였습니다./ 양초가 일정한 빠르기로 탄다면/ 처음 양초에 불을 붙인 지 1시간 후/ 남은 양초의 길이는 몇 cm인가요?

스스로 풀기 ❶ 30분 동안 탄 양초의 길이 구하기

❷ 1시간 동안 탄 양초의 길이 구하기

❸ 남은 양초의 길이 구하기

답 ______________

수학 문해력 기르기

관련 단원 분수의 덧셈과 뺄셈

문해력 문제 5

분모가 8인 두 진분수가 있습니다./

합이 $1\frac{3}{8}$, 차가 $\frac{3}{8}$인/ 두 진분수를 각각 구하세요.

└ 구하려는 것

해결 전략

큰 진분수와 작은 진분수를 한 가지 기호로 나타내려면

❶ 두 진분수의 차를 이용한다.

두 진분수의 합을 이용하여 큰 분수를 구하려면

❷ (큰 수)+(작은 수)=$1\frac{\square}{8}$에서 분자의 합을 이용하여 큰 수를 구한다.

❸ 위 ❷에서 구한 수를 이용하여 작은 수를 구한다.

문제 풀기

❶ 분모가 8인 두 진분수 중 큰 수를 $\frac{■}{8}$라 하면 작은 수는 $\left(\frac{■}{8}-\frac{\square}{8}\right)$이다.

❷ $\frac{■}{8}+\frac{■}{8}-\frac{3}{8}=1\frac{3}{8}=\frac{\square}{8}$이므로 ■+■−$\square$=$\square$이다.

→ ■+■=$\square$이고 7+7=14이므로 큰 진분수는 $\frac{\square}{8}$이다.

❸ 작은 진분수는 $\frac{\square}{8}-\frac{3}{8}=\frac{\square}{8}$이다.

답 ____________________

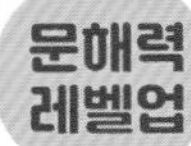

문해력 레벨업 두 수의 합과 차가 주어졌을 때 차를 이용하여 두 수를 한 가지 기호로 나타내자.

예 어떤 두 수의 차가 3일 때 두 수를 한 가지 기호로 나타내기

• 큰 수를 □라 할 때 한 가지 기호로 나타내기

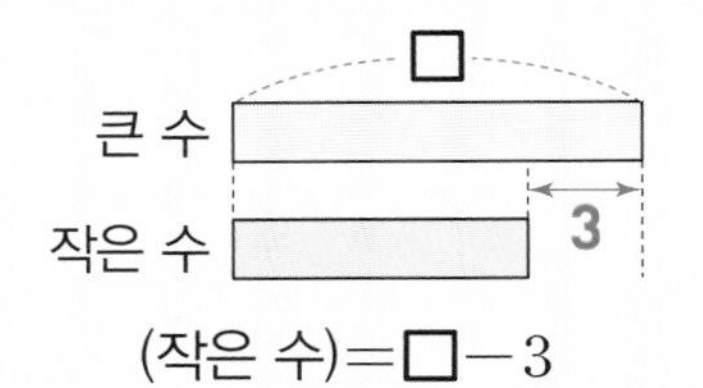

(작은 수)=□−3

• 작은 수를 ○라 할 때 한 가지 기호로 나타내기

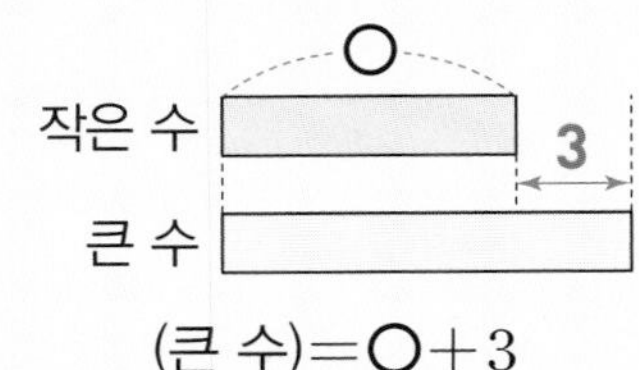

(큰 수)=○+3

• 정답과 해설 4쪽
복습책 5쪽에 유사, 심화문제 제공

쌍둥이 문제

5-1 분모가 11인 두 진분수가 있습니다./ 합이 $1\frac{3}{11}$, 차가 $\frac{4}{11}$인/ 두 진분수를 각각 구하세요.

따라 풀기 ❶

❷

❸

답 ____________________

문해력 레벨 1

5-2 소희가 색종이를 사용하여 ※모자이크 기법으로 오른쪽 그림을 완성하였습니다./ 빨간색 색종이와 주황색 색종이는 모두 $3\frac{9}{16}$장 사용하였고/ 빨간색 색종이는 주황색 색종이보다 $\frac{3}{16}$장 더 많이 사용하였습니다./ 빨간색 색종이와 주황색 색종이는/ 각각 몇 장 사용하였는지 대분수로 구하세요. (단, 분모는 모두 16입니다.)

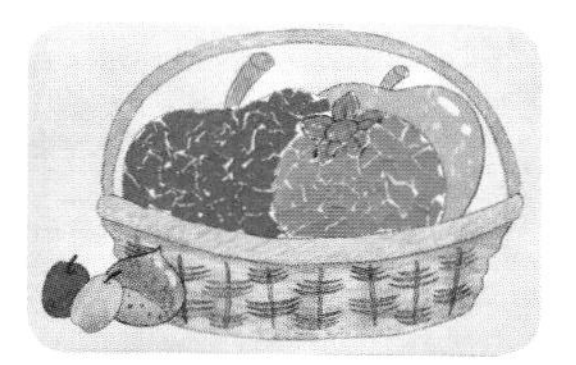

스스로 풀기 ❶ 빨간색 색종이 수를 $\frac{■}{16}$장이라 하고 주황색 색종이 수를 ■를 사용하여 나타내기

문해력 어휘
모자이크: 여러 가지 색의 종이나 유리, 타일 따위를 조각조각 붙여서 무늬나 회화를 만드는 기법

❷ 합을 이용하여 빨간색 색종이 수 구하기

❸ 주황색 색종이 수 구하기

답 빨간색: ____________________, 주황색: ____________________

일

수학 문해력 기르기

관련 단원 분수의 덧셈과 뺄셈

문해력 문제 6

6장의 수 카드 9, 8, 2, 3, 5, 9 를 한 번씩 모두 사용하여/
분모가 같은 두 대분수를 만들려고 합니다./
합이 가장 크게 되도록 두 대분수를 만들었을 때/
만든 두 대분수의 합을 구하세요.
└ 구하려는 것

해결 전략

└ 알맞은 말에 ○표 하기

❶ 분모가 같아야 하므로 (같은 , 다른) 수 2개를 찾는다.

합이 가장 크게 되도록 두 대분수를 만들려면

❷ 위 ❶에서 구한 수를 제외하고 자연수 부분에 가장 (큰 , 작은) 수와 둘째로 큰 수를 각각 놓아 두 대분수를 만들고 만든 두 대분수의 합을 구한다.

문제 풀기

❶ 분모가 같아야 하므로 두 대분수의 분모는 ☐이다.

❷ 합이 가장 크게 되도록 만든 두 대분수의 합 구하기

두 대분수의 자연수 부분에는 ☐, 5를 놓고,

진분수의 분자에는 남은 두 수인 ☐, 3을 놓아야 한다.

➜ 합: $\square\frac{\square}{9}+\square\frac{\square}{9}=\square$

답 ____________

문해력 레벨업 합 또는 차가 가장 큰(작은) 두 대분수를 만들려면 자연수 부분의 수를 먼저 정하자.

합이 가장 큰 두 대분수 만들기
가장 큰 수와 둘째로 큰 수가 들어간다.

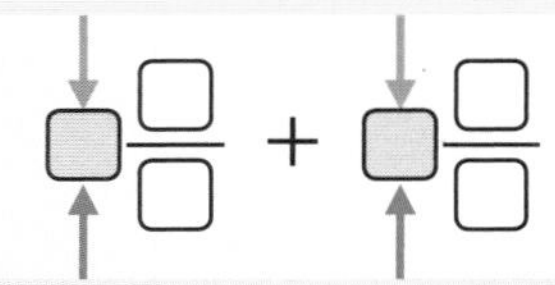

합이 가장 작은 두 대분수 만들기
가장 작은 수와 둘째로 작은 수가 들어간다.

차가 가장 큰 두 대분수 만들기
가장 큰 수와 가장 작은 수가 들어간다.

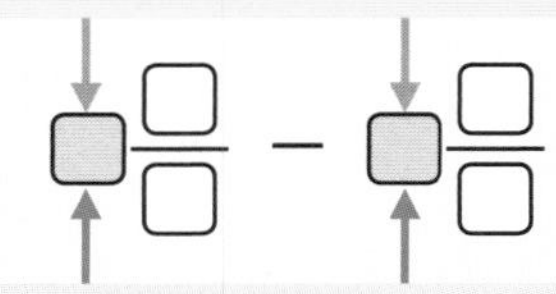

차가 가장 작은 두 대분수 만들기
차가 가장 작은 두 수가 들어간다.

• 정답과 해설 4쪽
복습책 6쪽에 유사, 심화문제 제공

쌍둥이 문제

6-1

6장의 수 카드 [1], [10], [7], [6], [10], [3]을 한 번씩 모두 사용하여/ 분모가 같은 두 대분수를 만들려고 합니다./ 합이 가장 크게 되도록 두 대분수를 만들었을 때/ 만든 두 대분수의 합을 구하세요.

따라 풀기 ❶

❷

답 ________________

문해력 레벨 1

6-2

6장의 수 카드 [1], [8], [5], [8], [6], [4]를 한 번씩 모두 사용하여/ 분모가 같은 두 대분수를 만들려고 합니다./ 합이 가장 작게 되도록 두 대분수를 만들었을 때/ 만든 두 대분수의 합을 구하세요.

스스로 풀기 ❶

❷

답 ________________

문해력 레벨 2

6-3

6장의 수 카드 [11], [10], [7], [3], [11], [5]를 한 번씩 모두 사용하여/ 분모가 같은 두 대분수를 만들려고 합니다./ 차가 가장 크게 되도록 두 대분수를 만들었을 때/ 만든 두 대분수의 차를 구하세요.

스스로 풀기 ❶ 두 대분수의 분모 구하기

❷ 차가 가장 크게 되도록 만든 두 대분수의 차 구하기

답 ________________

일 수학 문해력 기르기

관련 단원 분수의 덧셈과 뺄셈

문해력 문제 7

하루에 $1\frac{2}{3}$분씩 일정하게 빨라지는 고장 난 시계가 있습니다./
이 시계를 9월 5일 오전 10시에 정확히 맞추어 놓았다면/
9월 8일 오전 10시에 이 시계가 가리키는 시각은/
오전 몇 시 몇 분인가요?
└ 구하려는 것

해결 전략

❶ 9월 5일 오전 10시부터 9월 8일 오전 10시까지의 날수를 구하고

❷ 위 ❶에서 구한 기간 동안 빨라진 시간을 구하고

9월 8일 오전 10시에 시계가 가리키는 시각을 구하려면

❸ 9월 8일 (오전 10시) ◯ (빨라진 시간)을 구한다.
+, −, ×, ÷ 중 알맞은 것 쓰기 └ ❷에서 구한 시간

문제 풀기

❶ 9월 5일 오전 10시부터 9월 8일 오전 10시까지는 ☐일이다.

❷ (3일 동안 빨라진 시간)$=1\frac{2}{3}+1\frac{2}{3}+1\frac{2}{3}=3\frac{\square}{3}=\square$(분)

❸ 9월 8일 오전 10시에 이 시계가 가리키는 시각은
오전 10시+☐분=오전 10시 ☐분이다.

답 ______________

문해력 레벨업 고장 난 시계의 시간이 빨라질 때는 덧셈으로, 늦어질 때는 뺄셈으로 시각을 구하자.

• (빨라지는 시계가 가리키는 시각)=(정확한 시각)+(빨라진 시간)
• (늦어지는 시계가 가리키는 시각)=(정확한 시각)−(늦어진 시간)

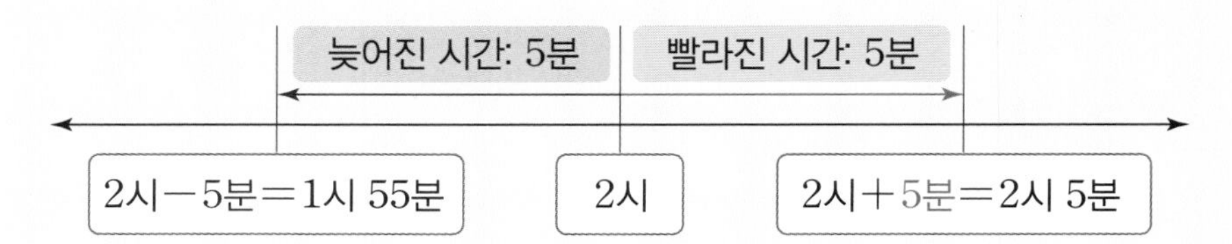

쌍둥이 문제

7-1 하루에 $2\frac{1}{2}$분씩 일정하게 빨라지는 고장 난 시계가 있습니다./ 이 시계를 5월 2일 오후 8시에 정확히 맞추어 놓았다면/ 5월 6일 오후 8시에 이 시계가 가리키는 시각은/ 오후 몇 시 몇 분인가요?

따라 풀기 ①

②

③

답 ____________________

문해력 레벨 1

7-2 하루에 $1\frac{3}{4}$분씩 일정하게 늦어지는 고장 난 시계가 있습니다./ 유미네 가족은 이 시계를 3월 4일 오전 5시에 정확히 맞추어 놓은 후 ※카라반을 타고 여행을 떠났다가/ 3월 8일 오전 5시에 집으로 돌아왔습니다./ 집에 돌아왔을 때 이 시계가 가리키는 시각은/ 오전 몇 시 몇 분인가요?

스스로 풀기 ①

문해력 백과
카라반: 자동차에 매달아 끌고 다닐 수 있게 만든 이동식 주택

②

③

답 ____________________

공부한 날 월 일

4일 수학 문해력 기르기

관련 단원 분수의 덧셈과 뺄셈

문해력 문제 8

지수와 제니가 어떤 일을 함께 하려고 합니다./
하루에 혼자 하는 일의 양이 지수는 전체의 $\frac{2}{12}$,/ 제니는 전체의 $\frac{1}{12}$입니다./
두 사람이 하루씩 번갈아 가며 쉬는 날 없이 일을 한다면/
며칠 만에 모두 끝낼 수 있는지 구하세요./ (단, 하루 동안 하는 일의 양은 각각 일정합니다.)
└ 구하려는 것

해결 전략

2일 동안 하는 일의 양을 구하려면

❶ 두 사람이 하루씩 번갈아 가며 하니까
(지수가 하루에 하는 일의 양)+(제니가 하루에 하는 일의 양)을 구한다.

❷ 위 ❶에서 구한 양을 몇 번 더하면 전체 일의 양인 □이/가 되는지 구한다.

❸ 며칠 만에 일을 모두 끝낼 수 있는지 구한다.

문제 풀기

❶ 전체 일의 양을 1이라 할 때 (2일 동안 하는 일의 양)$=\frac{2}{12}+\frac{1}{12}=\frac{\square}{12}$

❷ $\frac{\square}{12}+\frac{\square}{12}+\frac{\square}{12}+\frac{\square}{12}=1$
□번

❸ 2일씩 □번 하면 일을 모두 끝낼 수 있으므로 □일 만에 끝낼 수 있다.

답 ____________

문해력 레벨업 전체 일의 양을 1이라 놓고 문제를 해결하자.

예 어떤 일을 하는 데 하루에 전체 일의 $\frac{1}{8}$씩 일정하게 할 때 며칠 만에 끝내는지 구하기

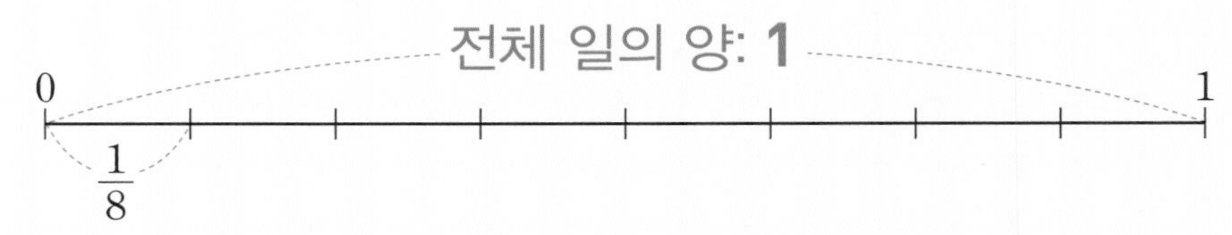

➔ 하루에 $\frac{1}{8}$씩 8번 하면 전체 일의 양 1이 된다.

➔ 전체 일은 8일 만에 끝낼 수 있다.

• 정답과 해설 5쪽
복습책 8쪽에 유사, 심화문제 제공

쌍둥이 문제

8-1 윤기와 성재가 어떤 일을 함께 하려고 합니다./ 하루에 혼자 하는 일의 양이 윤기는 전체의 $\frac{3}{15}$,/ 성재는 전체의 $\frac{2}{15}$입니다./ 두 사람이 하루씩 번갈아 가며 쉬는 날 없이 일을 한다면/ 며칠 만에 모두 끝낼 수 있는지 구하세요./ (단, 하루 동안 하는 일의 양은 각각 일정합니다.)

따라 풀기 ❶

❷

❸

답 ______________

문해력 레벨 1

8-2 혜윤이와 재욱이가 담장에 그림 그리는 일을 함께 하려고 합니다./ 하루에 혼자 하는 일의 양이 혜윤이는 전체의 $\frac{1}{13}$,/ 재욱이는 전체의 $\frac{2}{13}$입니다./ 혜윤이가 먼저 시작하여 두 사람이 하루씩 번갈아 가며 쉬는 날 없이 일을 한다면/ 며칠 만에 모두 끝낼 수 있는지 구하세요./ (단, 하루 동안 하는 일의 양은 각각 일정합니다.)

따라 풀기 ❶

두 사람이 번갈아 가며 하는 일의 양보다 적게 남은 일의 양까지 모두 더해 전체 일의 양이 되야 해.

❷

❸

답 ______________

5일 수학 문해력 완성하기

관련 단원 분수의 덧셈과 뺄셈

기출 1

양팔저울의 왼쪽 접시에 $1\frac{5}{12}$ kg짜리 추 3개를 올려놓고,/ 오른쪽 접시에 $\frac{14}{12}$ kg짜리 추 1개와 책 1권을 올려놓았더니/ 양팔저울이 ※수평이 되었습니다./ 책 1권의 무게를 구하세요.

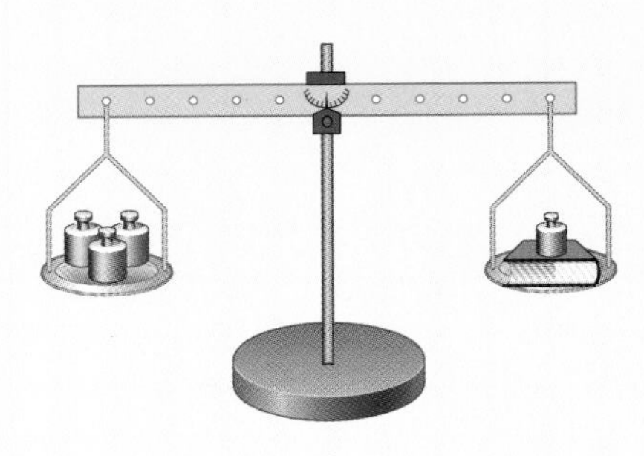

해결 전략

저울이 수평이 되면 양쪽 접시에 올려놓은 물건의 무게의 합이 같다.

※ 21년 하반기 19번 기출 유형

문제 풀기

❶ 왼쪽 접시의 추 3개의 무게의 합 구하기

(왼쪽 접시의 추 3개의 무게의 합)$=1\frac{5}{12}+1\frac{5}{12}+1\frac{5}{12}=3\frac{\square}{12}=\square$ (kg)

❷ 오른쪽 접시의 추 1개와 책 1권의 무게의 합 구하기

양팔저울이 수평이 되었으므로 양쪽 접시에 올려놓은 물건의 무게가 같다.

➜ $\frac{14}{12}+$(책 1권의 무게)$=\square$ (kg)

❸ 책 1권의 무게 구하기

문해력 어휘

수평: 어느 쪽으로도 기울지 않고 평평한 상태

답 ________

관련 단원 분수의 덧셈과 뺄셈

기출 2

5를/ 분모가 8인/ 두 대분수의 합으로 나타내려고 합니다./ 모두 몇 가지로 나타낼 수 있나요?/ (단, $1\frac{2}{8}+3\frac{6}{8}$과 $3\frac{6}{8}+1\frac{2}{8}$와 같이 두 분수를 바꾸어 더한 경우는 한 가지로 생각합니다.)

해결 전략

두 대분수의 합이 자연수가 되려면 진분수 부분의 합이 1이어야 한다.

예 **분모가 4인 두 대분수의 합이 3이 되는 경우 구하기**

자연수 부분의 합이 $3-1=2$, 진분수 부분의 합이 1이 되어야 한다.

이때 분자의 합은 분모와 같은 4가 되어야 한다.

※ 20년 하반기 20번 기출 유형

문제 풀기

❶ 분모가 8인 두 대분수의 합이 5가 되기 위한 조건 알아보기

• 자연수 부분의 합은 4가 되어야 한다.

• 진분수 부분의 합은 ☐이/가 되어야 하므로 분자의 합은 ☐이/가 되어야 한다.

❷ 두 대분수의 자연수 부분과 분자가 될 수 있는 두 수를 각각 알아보기

• 자연수 부분: (1, ☐), (2, ☐)

• 분자: (1, ☐), (2, ☐), (3, ☐), (4, ☐)

❸ 5를 분모가 8인 두 대분수의 합으로 나타낼 수 있는 경우는 모두 몇 가지인지 구하기

답 ____________

공부한 날 월 일

수학 문해력 완성하기

융합 3

혈액형에는 여러 가지가 있는데/ 가장 대표적으로 알려진 것이 ABO식 혈액형입니다./ ABO식 혈액형은 A형, B형, O형, AB형의 4가지로 분류합니다./ 같은 혈액형끼리는 혈액을 나누어 줄 수 있어서 다치거나 수술을 할 때/ 혈액형을 아는 것이 매우 중요합니다./ 정국이네 반 학생들의 혈액형을 조사하였더니/ 전체의 $\frac{2}{11}$는 AB형,/ 전체의 $\frac{3}{11}$은 O형이고,/ A형인 학생 수는 AB형인 학생 수와 같고/ 나머지는 B형으로 12명입니다./ 정국이네 반 학생은 모두 몇 명인가요?

해결 전략

예 **전체의 $\frac{1}{3}$이 4명일 때 전체 학생 수 구하기**

(전체 학생 수)$=\left(\text{전체의 } \frac{1}{3}\right)\times 3=4\times 3=12$(명)

문제 풀기

❶ B형인 학생 수는 전체의 얼마인지 분수로 나타내기

❷ 전체 학생 수의 $\frac{1}{11}$은 몇 명인지 구하기

❸ 전체 학생 수 구하기

답

관련 단원 분수의 덧셈과 뺄셈

융합 4

※24절기 중 하나인 동지는 낮이 가장 짧고 밤이 가장 깁니다./ 어느 해 동짓날의 낮의 길이가 $9\frac{34}{60}$시간일 때,/ 이날 밤의 길이는 낮의 길이보다 몇 시간 몇 분 더 긴가요?

해결 전략

• 하루는 **24**시간이고 (**밤의 길이**)=**24**−(**낮의 길이**)를 구한다.

• $\frac{●}{60}$시간은 1시간(=60분)을 똑같이 60으로 나눈 것 중의 ●이므로 ●분이다.

문제 풀기

❶ 밤의 길이는 몇 시간인지 구하기

❷ 낮과 밤의 길이의 차는 몇 시간인지 분수로 구하기

❸ 밤의 길이는 낮의 길이보다 몇 시간 몇 분 더 긴지 구하기

문해력 백과

24절기: 한 해를 스물넷으로 나눈 것으로 계절의 변화와 기후의 특징을 잘 나타내기 때문에 농사를 짓거나 생활을 할 때 자주 이용한다.

답

수학 문해력 평가하기

문제를 읽고 조건을 표시하면서 풀어 봅니다.

10쪽 문해력 1

1 지효는 찰흙으로 나무를 만들었습니다. 줄기 부분을 만드는 데 $\frac{7}{8}$ kg을 사용하고 잎 부분을 만드는 데는 줄기 부분을 만들 때보다 $\frac{5}{8}$ kg 더 많이 사용하였습니다. 지효가 나무를 만드는 데 사용한 찰흙은 모두 몇 kg인가요?

풀이

답 ______________________

12쪽 문해력 2

2 쌀통에서 쌀 $1\frac{4}{10}$ kg을 꺼내어 밥을 지어 먹은 후 다시 쌀 $1\frac{7}{10}$ kg을 쌀통에 넣었더니 $2\frac{9}{10}$ kg이 되었습니다. 처음 쌀통에 들어 있던 쌀은 몇 kg인가요?

풀이

답 ______________________

14쪽 문해력 3

3 길이가 4 m인 색 테이프 3장을 $\frac{7}{9}$ m씩 겹쳐서 한 줄로 길게 이어 붙였습니다. 이어 붙인 색 테이프의 전체 길이는 몇 m인가요?

풀이

답 ______________________

• 정답과 해설 6쪽

16쪽 문해력 4

4 길이가 25 cm인 향초가 있습니다. 이 향초에 불을 붙이면 4분에 $\frac{11}{16}$ cm씩 일정한 빠르기로 탑니다. 향초에 불을 붙인 지 12분 후 남은 향초의 길이는 몇 cm인가요?

풀이

답 ____________

18쪽 문해력 5

5 분모가 13인 두 진분수가 있습니다. 합이 $1\frac{6}{13}$, 차가 $\frac{3}{13}$인 두 진분수를 각각 구하세요.

풀이

답 ____________

20쪽 문해력 6

6 6장의 수 카드 [3], [12], [5], [10], [8], [12]를 한 번씩 모두 사용하여 분모가 같은 두 대분수를 만들려고 합니다. 합이 가장 크게 되도록 두 대분수를 만들었을 때 만든 두 대분수의 합을 구하세요.

풀이

답 ____________

공부한 날 월 일

주말 평가

수학 문해력 평가하기

12쪽 문해력 2

7 어머니께서 ※오이피클을 만드는 데 식초가 부족해서 가게에서 식초 $1\frac{2}{10}$ L짜리를 사 왔습니다. 어머니께서 가지고 있는 식초 중 $1\frac{7}{10}$ L를 사용하였더니 $\frac{3}{10}$ L가 남았습니다. 처음에 있던 식초는 몇 L인가요?

문해력 어휘

오이피클: 오이를 식초 · 설탕 · 소금 · 향신료를 섞어 만든 액체에 담가 절여서 만든 음식

답 ______________

20쪽 문해력 6

8 6장의 수 카드 [4], [15], [9], [15], [7], [11]을 한 번씩 모두 사용하여 분모가 같은 두 대분수를 만들려고 합니다. 차가 가장 크게 되도록 두 대분수를 만들었을 때 만든 두 대분수의 차를 구하세요.

풀이

답 ______________

• 정답과 해설 6쪽

22쪽 문해력 7

9 하루에 $1\frac{2}{5}$분씩 일정하게 늦어지는 고장 난 시계가 있습니다. 이 시계를 8월 5일 오전 10시에 정확히 맞추어 놓았다면 8월 10일 오전 10시에 이 시계가 가리키는 시각은 오전 몇 시 몇 분인가요?

풀이

답

24쪽 문해력 8

10 민현이와 윤정이가 어떤 일을 함께 하려고 합니다. 하루에 혼자 하는 일의 양이 민현이는 전체의 $\frac{3}{18}$, 윤정이는 전체의 $\frac{2}{18}$입니다. 민현이가 먼저 시작하여 두 사람이 하루씩 번갈아 가며 쉬는 날 없이 일을 한다면 며칠 만에 모두 끝낼 수 있는지 구하세요. (단, 하루 동안 하는 일의 양은 각각 일정합니다.)

풀이

답

소수의 덧셈과 뺄셈

분수에 비해 크기 비교가 쉬운 소수는 우리 주변에서 쉽게 발견할 수 있어요.
소수의 덧셈과 뺄셈은 길이나 무게의 합과 차에 자주 쓰이는 연산이에요.
다양한 상황에서 소수의 개념과 계산 원리를 생각하여 문제를 해결해 봐요.

이번 주에 나오는 어휘 & 지식백과

38쪽 **로봇 청소기** (Robot + 淸 맑을 **청**, 掃 쓸 **소**, 機 틀 **기**)
스스로 움직이며 청소를 하는 로봇

43쪽 **장구**
국악에서 쓰이는 대표적인 악기로, 반주에 널리 쓰임

46쪽 **모빌** (mobile)
움직이는 조각이나 여러 가지 모양의 조각을 철사, 실 등으로 매달아 한쪽으로 치우치지 않게 한 것

47쪽 **공예** (工 장인 **공**, 藝 재주 **예**)
쓰임새와 아름다움이 있는 물건을 만드는 일

47쪽 **매듭**
실이나 끈 등을 꼬아 모양을 만드는 것

52쪽 **창덕궁** (昌 창성할 **창**, 德 덕 **덕**, 宮 집 **궁**)
조선 태종 5년(1405)에 지어진 조선 시대 궁궐.
1997년에 유네스코 세계 문화유산으로 지정되었다.

62쪽 **전시관** (展 펼 **전**, 示 보일 **시**, 館 객사 **관**)
어떤 물품을 한 곳에 벌여 놓고 보일 목적으로 세운 건물

문해력 기초 다지기

문장제에 적용하기

기초 문제가 어떻게 문장제가 되는지 알아봅니다.

1 길이를 소수로 나타내기 ≫

54 cm

= ☐ m

유정이가 심은 나무의 키는 **54 cm**입니다.
나무의 키는 **몇 m인지 소수**로 나타내 보세요.

꼭! 단위까지 따라 쓰세요.

답 ________ m

2 무게를 소수로 나타내기 ≫

942 g

= ☐ kg

석진이는 마트에서 **고기 942 g**을 샀습니다.
마트에서 산 고기는 **몇 kg인지 소수**로 나타내 보세요.

답 ________ kg

3 ○ 안에 >, =, <를 알맞게 써넣기 ≫

1.123 ○ **1.26**

상훈이의 가방 무게는 **1.123 kg**이고,
민정이의 가방 무게는 **1.26 kg**입니다.
누구의 가방이 **더 무거운**가요?

답 ________

4 **0.58+0.34**

	0	.5	8
+	0	.3	4

0.58과 **0.34**의 합은 얼마인가요?

식 0.58+0.34=

답

5 **9.42−5.23**

9.42보다 **5.23**만큼 더 작은 수를 구하세요.

식

답

6 **1.13+1.86**

민주가 어제는 **1.13 km**를 달렸고 오늘은 **1.86 km**를 달렸습니다. 민주가 어제와 오늘 달린 거리는 모두 몇 **km**인가요?

식

꼭! 단위까지 따라 쓰세요.

답 km

7 **1.2−0.68**

경민이가 미술 시간에 찰흙 **1.2 kg** 중 **0.68 kg**을 사용했습니다. 남은 찰흙은 몇 **kg**인가요?

식

답 kg

공부한 날 월 일

준비 학습

문해력 기초 다지기

문장 읽고 문제 풀기

간단한 문장제를 풀어 봅니다.

1 간장이 **1254 mL** 있습니다.
간장은 **몇 L인지 소수로** 나타내 보세요.

답 ______________

2 **0.44 kg**짜리 사과와 **0.38 kg**짜리 망고가 있습니다.
사과와 망고 중 **더 가벼운 것**을 쓰세요.

답 ______________

3 음료수가 **한 병**에 **0.75 L씩** 들어 있습니다.
한 상자에 음료수가 **10병** 들어 있다면
한 상자에 들어 있는 **음료수는 모두 몇 L**인가요?

답 ______________

4 ※로봇 청소기의 **실제 무게는 3.46 kg**입니다.
무게가 **실제 무게**의 $\frac{1}{10}$인 로봇 청소기 모형을 만들었습니다.
로봇 청소기 **모형의 무게는 몇 kg**인가요?

문해력 백과
로봇 청소기: 스스로 움직이며 청소를 하는 로봇

답 ______________

5 유림이의 몸무게는 **34.2 kg**이고, 책가방의 무게는 **0.73 kg**입니다.
책가방을 메고 있는 유림이의 무게는 몇 kg인가요?

식 ______________________ 답 ______________

6 길이가 **0.51 m**인 빨간색 끈과 **0.34 m**인 파란색 끈이 있습니다.
두 끈의 길이의 합은 몇 m인가요?

식 ______________________ 답 ______________

7 희재가 딴 귤을 빈 바구니에 담아 무게를 쟀더니 **1.18 kg**이었습니다.
빈 바구니의 무게가 **0.25 kg**일 때 희재가 **딴 귤은 몇 kg**인가요?

식 ______________________ 답 ______________

8 제자리멀리뛰기를 **민규는 1.64 m**, **선경이는 0.72 m** 뛰었습니다.
민규는 선경이보다 **몇 m 더 멀리** 뛰었나요?

식 ______________________ 답 ______________

1 일

수학 문해력 기르기

관련 단원 소수의 덧셈과 뺄셈

문해력 문제 1

고구마가 들어 있는 바구니의 무게는 5.65 kg이었습니다./
바구니에서 썩은 고구마 한 개를 꺼냈습니다./
썩은 고구마 한 개의 무게가 240 g일 때/
지금 고구마가 들어 있는 바구니의 무게는 몇 kg인가요?
└ 구하려는 것

해결 전략

kg 단위로 구해야 하니까

❶ 바구니에서 꺼낸 고구마의 무게를 kg 단위로 나타낸 후

지금 고구마가 들어 있는 바구니의 무게를 구하려면

❷ (처음 고구마가 들어 있던 바구니의 무게) ◯ (꺼낸 고구마의 무게)를 구한다.
(◯: +, −, ×, ÷ 중 알맞은 것 쓰기 / (꺼낸 고구마의 무게): ❶에서 나타낸 무게)

문제 풀기

❶ 바구니에서 꺼낸 고구마의 무게를 kg 단위로 나타내기
1000 g=1 kg이므로
(바구니에서 꺼낸 고구마의 무게)=240 g=☐kg이다.

❷ (지금 고구마가 들어 있는 바구니의 무게)=5.65−☐=☐(kg)

답 ________

문해력 레벨업 구하려는 단위로 나타낸 후 계산하자.

예 우유 1.8 L가 들어 있는 병에서 200 mL를 따라 마셨다면 병에 남은 우유는 몇 L인가요?
└ 구하려는 단위

구하려는 것 병에 남은 우유의 양(L)

바꾸어야 할 것 마신 우유의 양: **200 mL=0.2 L**

계산하기 1.8−0.2=1.6 (L)

• 정답과 해설 8쪽
복습책 11쪽에 유사, 심화문제 제공

쌍둥이 문제

1-1 수박이 들어 있는 상자의 무게는 18.56 kg이었습니다./ 상자에서 무게가 4230 g인 수박 한 통을 꺼냈습니다./ 지금 수박이 들어 있는 상자의 무게는 몇 kg인가요?

따라 풀기 ❶

❷

답

문해력 레벨 1

1-2 물 4.35 L가 들어 있는 주전자에/ 물을 740 mL 더 부었습니다./ 지금 주전자에 들어 있는 물은 몇 L인가요?/ (단, 주전자의 물은 넘치지 않습니다.)

스스로 풀기 ❶

❷

답

문해력 레벨 2

1-3 항아리에 김치가 15.04 kg 들어 있었습니다./ 항아리에서 김치 2.4 kg을 꺼내 먹은 후/ 김치 920 g을 채워 넣었습니다./ 지금 항아리에 들어 있는 김치는 몇 kg인가요?

스스로 풀기 ❶ 김치를 꺼내 먹은 후 항아리에 들어 있는 김치의 무게 구하기

❷ 채워 넣은 김치의 무게를 kg 단위로 나타내기

❸ 지금 항아리에 들어 있는 김치의 무게 구하기

답

공부한 날 월 일

1일 수학 문해력 기르기

관련 단원 소수의 덧셈과 뺄셈

문해력 문제 2

무게가 똑같은 게임기 3개가 들어 있는/ 상자의 무게는 3.76 kg이었습니다./
게임기 1개를 꺼낸 후/
다시 무게를 재었더니 2.72 kg이었습니다./
빈 상자의 무게는 몇 kg인가요?
└ 구하려는 것

해결 전략

게임기 1개의 무게를 구하려면

❶ (게임기 3개가 들어 있는 상자의 무게)
−(게임기 1개를 꺼낸 후 상자의 무게)를 구하고

게임기 3개의 무게를 구하려면

❷ 위 ❶에서 구한 값을 ☐번 더한다.
└ 게임기 1개의 무게

빈 상자의 무게를 구하려면

❸ (게임기 3개가 들어 있는 상자의 무게) ◯ (게임기 3개의 무게)를 구한다.
└ +, −, ×, ÷ 중 알맞은 것 쓰기

문제 풀기

❶ (게임기 1개의 무게)$=3.76-2.72=$ ☐ (kg)

❷ (게임기 3개의 무게)$=1.04+1.04+$ ☐ $=$ ☐ (kg)

❸ (빈 상자의 무게)$=3.76-$ ☐ $=$ ☐ (kg)

답 ______________

문해력 레벨업 상자에서 꺼낸 물건의 무게를 이용해 문제를 해결하자.

예 음료수 1병의 무게 구하기

 − 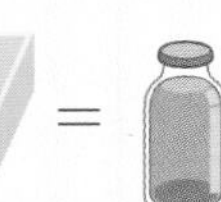  = 

1.3 kg　　0.8 kg　　0.5 kg

예 빈 상자의 무게 구하기

 −  = 

1.3 kg　　1 kg　　0.3 kg
└ 0.5 kg+0.5 kg

쌍둥이 문제

2-1 무게가 똑같은 쿠키 4개가 담겨 있는/ 상자의 무게는 1.86 kg이었습니다./ 쿠키 1개를 꺼내 먹은 후/ 다시 무게를 재었더니 1.54 kg이었습니다./ 빈 상자의 무게는 몇 kg인가요?

따라 풀기 ❶

❷

❸

답 ____________

문해력 레벨 1

2-2 주스가 가득 들어 있는 병의 무게를 재었더니/ 1.81 kg이었습니다./ 이 병에 들어 있는 주스의 $\frac{1}{2}$만큼을 마신 후/ 다시 무게를 재었더니 1.07 kg이었습니다./ 빈 병의 무게는 몇 kg인가요?

스스로 풀기 ❶

❷

❸

답 ____________

문해력 레벨 2

2-3 재환이는 2.44 kg짜리 ※장구 1개를 들고/ 체중계에 올라가 무게를 재었더니 34.28 kg이었습니다./ 장구 1개를 빼고/ 무게가 같은 상자 2개를 들고/ 다시 무게를 재었더니 36.48 kg이었습니다./ 상자 1개의 무게는 몇 kg인가요?

스스로 풀기 ❶ 재환이의 몸무게 구하기

문해력 백과

장구: 우리나라의 대표적인 악기로 반주에 널리 쓰인다.

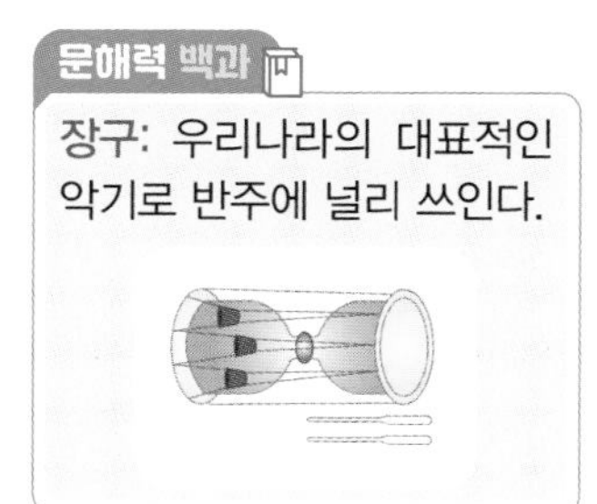

❷ 상자 2개의 무게 구하기

❸ 상자 1개의 무게 구하기

답 ____________

일 수학 문해력 기르기

관련 단원 소수의 덧셈과 뺄셈

문해력 문제 3

어떤 수에 1.45를 더해야 할 것을/
잘못하여 뺐더니 3.93이 되었습니다./
바르게 계산하면 얼마인지 구하세요.
└ 구하려는 것

해결 전략

잘못하여 뺀 계산 결과를 이용하여

❶ 잘못 계산한 것을 (덧셈식 , 뺄셈식)으로 쓰고
└ 알맞은 말에 ○표 하기

어떤 수가 얼마인지 구하려면

❷ 위 ❶에서 쓴 식을 덧셈식으로 나타내 구한다.

바르게 계산한 값을 구하려면

❸ (❷에서 구한 어떤 수)+(원래 더해야 하는 수)를 구한다.

문제 풀기

❶ 잘못 계산한 식을 쓰기

어떤 수를 ■라 하면 잘못 계산한 식은 ■ ◯ 1.45= ☐이다.
└ +, −, ×, ÷ 중 알맞은 것 쓰기

❷ 어떤 수 구하기

■= ☐ +1.45= ☐ ➔ (어떤 수)= ☐

❸ (바르게 계산한 값)= ☐ +1.45= ☐

답 ____________

문해력 레벨업 잘못 계산한 식을 세워 어떤 수를 먼저 구하자.

예 어떤 수에 0.4를 더해야 할 것을 잘못하여 뺐더니 0.5가 되었습니다.
(어떤 수 → ☐, 뺐더니 → −0.4, 0.5가 되었습니다 → =0.5)

잘못 계산한 식 쓰기 ☐−0.4=0.5

어떤 수 구하기 0.5+0.4=☐, ☐=0.9

바르게 계산하기 ☐+0.4=0.9+0.4=1.3

어떤 수를 구하려면
덧셈과 뺄셈의 관계를 이용해.
+ → −로, − → +로!

• 정답과 해설 9쪽
복습책 13쪽에 유사, 심화문제 제공

쌍둥이 문제

3-1 어떤 수에서 4.32를 빼야 할 것을/ 잘못하여 더했더니 9.78이 되었습니다./ 바르게 계산하면 얼마인지 구하세요.

따라 풀기 ❶

❷

❸

답 ____________

문해력 레벨 1

3-2 바구니에 무게가 0.45 kg인 자몽을 넣어야 하는데/ 잘못하여 0.54 kg인 배를 넣었더니/ 바구니의 무게가 3.57 kg이 되었습니다./ 배를 빼고 원래 넣으려고 했던 자몽을 넣었다면 바구니는 몇 kg이 되는지 구하세요.

스스로 풀기 ❶

❷

❸

답 ____________

문해력 레벨 2

3-3 어떤 수에 1.23을 더해야 할 것을/ 잘못하여 어떤 수의 일의 자리 숫자와 소수 첫째 자리 숫자를 바꾼 수에서/ 12.3을 뺐더니 1.85가 되었습니다./ 바르게 계산하면 얼마인지 구하세요.

스스로 풀기 ❶

❷

❸

답 ____________

공부한 날 월 일

2일 수학 문해력 기르기

관련 단원 소수의 덧셈과 뺄셈

문해력 문제 4

※모빌 한 개를 만드는 데 끈 0.54 m를 사용합니다./
길이가 4 m인 끈을 사용하여/
모빌 3개를 만들었습니다./
사용하고 남은 끈은 몇 m인가요?
└ 구하려는 것

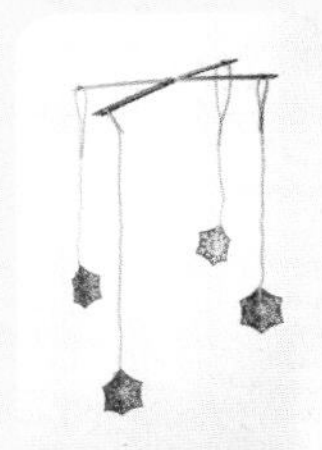

해결 전략

모빌 3개를 만드는 데 사용한 끈의 길이를 구하려면

❶ 모빌 1개를 만드는 데 사용한 끈의 길이를 ☐번 더해 구하고

사용하고 남은 끈의 길이를 구하려면

❷ (전체 끈의 길이) ◯ (사용한 끈의 길이)를 구한다.
(❶에서 구한 길이)
(+, −, ×, ÷ 중 알맞은 것 쓰기)

문해력 어휘

모빌: 움직이는 조각이나 여러 가지 모양의 조각을 철사, 실 등으로 매달아 한 쪽으로 치우치지 않게 한 것

문제 풀기

❶ (사용한 끈의 길이)=0.54+0.54+0.54=☐(m)

❷ (사용하고 남은 끈의 길이)=4−☐=☐(m)

답 ________

문해력 레벨업 문제에서 주어진 것을 이용하여 알맞은 식을 세우자.

예 종이가 10장 있고, 딱지 1개를 만드는 데 종이가 2장 필요할 때 딱지 3개를 만들고 남은 종이의 수 구하기

전체 종이의 수 10장	−	사용한 종이의 수 2+2+2=6(장)	=	남은 종이의 수 4장

쌍둥이 문제

4-1 혜윤이는 철사 ※공예를 배우고 있습니다./ 꽃 모양 1개를 만드는 데 철사가 1.37 m 필요합니다./ 길이가 6 m인 철사를 사용하여/ 꽃 모양 2개를 만들었습니다./ 사용하고 남은 철사는 몇 m인가요?

따라 풀기 ❶

문해력 어휘
공예: 쓰임새와 아름다움이 있는 물건을 만드는 일

❷

답 ______

문해력 레벨 1

4-2 길이가 12 m인 실을 사용하여/ 똑같은 ※매듭 팔찌 2개를 만들었더니/ 남은 실이 4.6 m였습니다./ 매듭 팔찌 1개를 만드는 데 사용한 실은 몇 m인가요?

스스로 풀기 ❶ 사용한 실의 길이 구하기

문해력 어휘
매듭: 실이나 끈 등을 꼬아 모양을 만드는 것

❷ 매듭 팔찌 1개를 만드는 데 사용한 실의 길이 구하기

답 ______

문해력 레벨 2

4-3 가로는 2.58 m이고/ 세로는 가로보다 2.6 m 더 긴 직사각형 모양의 액자가 있습니다./ 액자의 네 변을 따라 끈을 겹치지 않게 이어 붙였더니/ 끈이 0.31 m 남았습니다./ 처음에 가지고 있던 끈은 몇 m인가요?/ (단, 끈의 두께는 생각하지 않습니다.)

스스로 풀기 ❶ 액자의 세로 길이 구하기

직사각형은 마주 보는 두 변의 길이가 각각 같아.

❷ 사용한 끈의 길이 구하기

❸ 처음에 가지고 있던 끈의 길이 구하기

답 ______

수학 문해력 기르기

문해력 문제 5

4장의 카드 4, 8, 1, . 을 한 번씩 모두 사용하여/
소수 두 자리 수를 만들려고 합니다./
만들 수 있는 소수 두 자리 수 중에서/
가장 큰 수와 가장 작은 수의 합을 구하세요.
└ 구하려는 것

해결 전략

4장의 카드로 만드는 소수 두 자리 수는 □.□□이니까

❶ 가장 큰 소수 두 자리 수는 높은 자리부터 (큰 , 작은) 수를 차례로 놓고
└ 알맞은 말에 ○표 하기

❷ 가장 작은 소수 두 자리 수는 높은 자리부터 (큰 , 작은) 수를 차례로 놓는다.

❸ (가장 큰 소수 두 자리 수) ◯ (가장 작은 소수 두 자리 수)를 구한다.
└ +, −, ×, ÷ 중 알맞은 것 쓰기
└ ❶에서 만든 소수 └ ❷에서 만든 소수

문제 풀기

❶ 가장 큰 소수 두 자리 수 만들기
가장 큰 소수 두 자리 수: 8 . □□

❷ 가장 작은 소수 두 자리 수 만들기
가장 작은 소수 두 자리 수: □ . □□

❸ (가장 큰 수와 가장 작은 수의 합)=□+□=□

답 ____________

문해력 레벨업 알맞은 자리에 소수점을 놓은 후 가장 큰 소수와 가장 작은 소수를 만들자.

예 1, 2, 3, . 을 한 번씩 모두 사용하여 조건에 맞는 소수 만들기

가장 큰 소수 한 자리 수	가장 작은 소수 두 자리 수
□□.□	□.□□
소수점 오른쪽에 카드 한 장 놓기	소수점 오른쪽에 카드 두 장 놓기
↓	↓
3 2 . 1	1 . 2 3
높은 자리부터 큰 수를 차례로 놓기	높은 자리부터 작은 수를 차례로 놓기

쌍둥이 문제

5-1

4장의 카드 2, 5, 7, . 을 한 번씩 모두 사용하여/ 소수 두 자리 수를 만들려고 합니다./ 만들 수 있는 소수 두 자리 수 중에서/ 가장 큰 수와 가장 작은 수의 합을 구하세요.

따라 풀기 ❶

❷

❸

답 ______

문해력 레벨 1

5-2

4장의 카드 9, 3, 6, . 을 한 번씩 모두 사용하여/ 소수를 만들려고 합니다./ 만들 수 있는 수 중에서/ 가장 큰 소수 한 자리 수와 가장 작은 소수 두 자리 수의 차를 구하세요.

스스로 풀기 ❶

❷

❸

답 ______

문해력 레벨 2

5-3

5장의 카드 0, 3, 5, 8, . 을 한 번씩 모두 사용하여/ 가장 큰 소수 두 자리 수와 가장 작은 소수 두 자리 수를 각각 만들었습니다./ 만든 두 소수의 합을 구하세요./

(단, 가장 높은 자리와 소수점 아래 끝자리에는 0이 오지 않습니다.)

스스로 풀기 ❶ 가장 큰 소수 두 자리 수 만들기

십의 자리와 소수 둘째 자리에는 0이 올 수 없어.

❷ 가장 작은 소수 두 자리 수 만들기

❸ 만든 두 소수의 합 구하기

답 ______

일 수학 문해력 기르기

관련 단원 소수의 덧셈과 뺄셈

문해력 문제 6

일정한 빠르기로 현규는 30분 동안 2.27 km를 걷고/
수민이는 20분 동안 1.42 km를 걷습니다./
두 사람이 같은 곳에서 동시에 출발하여 서로 같은 방향으로/
직선 도로를 쉬지 않고 걸을 때/ 1시간 후 두 사람 사이의 거리는 몇 km인가요?
└ 구하려는 것

해결 전략

현규가 1시간 동안 걸은 거리를 구하려면

❶ 1시간=30분+30분이므로 [ ] km를 2번 더한다.
(2번) (└ 30분 동안 걸은 거리)

수민이가 1시간 동안 걸은 거리를 구하려면

❷ 1시간=20분+20분+20분이므로 [ ] km를 [ ]번 더한다.
(3번) (└ 20분 동안 걸은 거리)

1시간 후 두 사람 사이의 거리를 구하려면

❸ (현규가 1시간 동안 걸은 거리)−(수민이가 1시간 동안 걸은 거리)를 구한다.
(└ ❶에서 구한 거리) (└ ❷에서 구한 거리)

문제 풀기

❶ 현규가 1시간 동안 걸은 거리 구하기
1시간=60분=30분+30분
➜ (현규가 1시간 동안 걸은 거리)=2.27+[ ]=[ ] (km)

❷ 수민이가 1시간 동안 걸은 거리 구하기
1시간=60분=20분+20분+20분
➜ (수민이가 1시간 동안 걸은 거리)=[ ]+1.42+1.42=[ ] (km)

❸ (1시간 후 두 사람 사이의 거리)=[ ]−[ ]=[ ] (km)

답 ________________

문해력 레벨업 두 사람이 같은 방향으로 가면 간 거리의 차를 구하고, 반대 방향으로 가면 간 거리의 합을 구한다.

• 두 사람이 같은 방향으로 갈 때

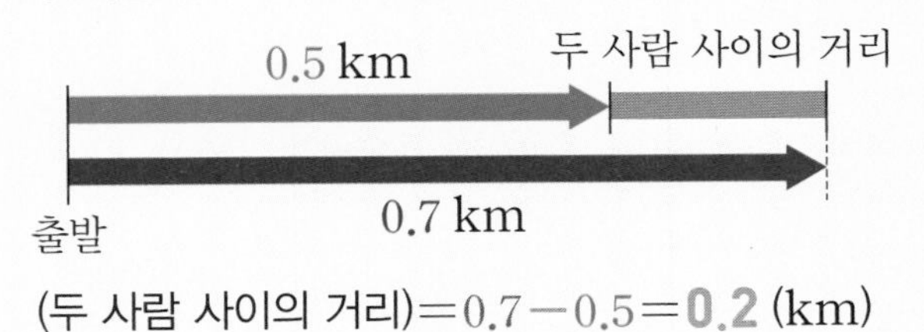

(두 사람 사이의 거리)=0.7−0.5=**0.2** (km)

• 두 사람이 반대 방향으로 갈 때

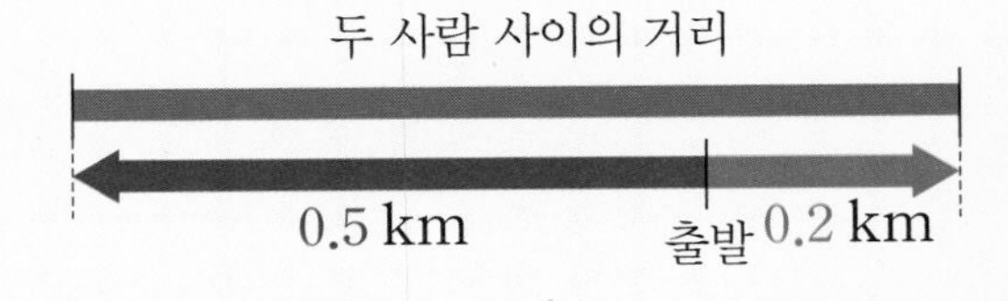

(두 사람 사이의 거리)=0.5+0.2=**0.7** (km)

• 정답과 해설 11쪽
복습책 16쪽에 유사, 심화문제 제공

쌍둥이 문제

6-1 일정한 빠르기로 나연이는 15분 동안 1.22 km를 걷고/ 희두는 30분 동안 2.64 km를 걷습니다./ 두 사람이 같은 곳에서 동시에 출발하여 서로 같은 방향으로/ 직선 도로를 쉬지 않고 걸을 때/ 1시간 후 두 사람 사이의 거리는 몇 km인가요?

따라 풀기 ❶

❷

❸

답 ______________

문해력 레벨 1

6-2 일정한 빠르기로 규민이는 20분 동안 2.1 km를 걷고/ 수빈이는 15분 동안 1.38 km를 걷습니다./ 두 사람이 같은 곳에서 동시에 출발하여 서로 반대 방향으로/ 직선 도로를 쉬지 않고 걸을 때/ 1시간 후 두 사람 사이의 거리는 몇 km인가요?

스스로 풀기 ❶

❷

❸

답 ______________

문해력 레벨 2

6-3 일정한 빠르기로 유라는 30분 동안 4.34 km를 달리고/ 기주는 45분 동안 5.23 km를 달립니다./ 두 사람이 같은 곳에서 동시에 출발하여 서로 반대 방향으로/ 원 모양의 호수 둘레를 따라 쉬지 않고 달렸더니/ 두 사람이 출발한 지 1시간 30분 만에 처음으로 만났습니다./ 이 호수의 둘레는 몇 km인가요?

스스로 풀기 ❶ 유라가 1시간 30분 동안 달린 거리 구하기

문해력 핵심

두 사람이 달린 거리의 합과 호수의 둘레가 같다.

❷ 기주가 1시간 30분 동안 달린 거리 구하기

❸ 호수의 둘레 구하기

답 ______________

4일 수학 문해력 기르기

관련 단원 소수의 덧셈과 뺄셈

문해력 문제 7

집에서 서점과 학교를 거쳐 ※창덕궁까지 가는 거리는 7.42 km이고,/
집에서 서점을 거쳐 학교까지 가는 거리는 4.39 km입니다./
서점에서 학교를 거쳐 창덕궁까지 가는 거리가 5.81 km라면/
서점에서 학교까지의 거리는 몇 km인가요?/
└ 구하려는 것
(단, 집, 서점, 학교, 창덕궁은 직선 도로 위에 차례로 있습니다.)

해결 전략

❶ 주어진 조건을 그림으로 나타낸다.

문해력 백과
창덕궁: 1405년에 지어진 조선 시대 궁궐

서점에서 학교까지의 거리를 구하려면

❷ (집에서 학교까지의 거리) ◯ (서점에서 창덕궁까지의 거리)를 구한 후
└ +, −, ×, ÷ 중 알맞은 것 쓰기

❸ (❷에서 구한 거리) ◯ (집에서 창덕궁까지의 거리)를 구한다.

문제 풀기

❶ 주어진 조건을 그림으로 나타내기

☐ km ☐ km

집 서점 학교 창덕궁

7.42 km

❷ (집에서 학교까지의 거리)+(서점에서 창덕궁까지의 거리)
=4.39+☐=☐(km)

❸ (서점에서 학교까지의 거리)=☐−7.42=☐(km)

답 ______________

문해력 레벨업 두 길이의 합에서 전체 길이를 빼서 겹쳐진 부분의 길이를 구하자.

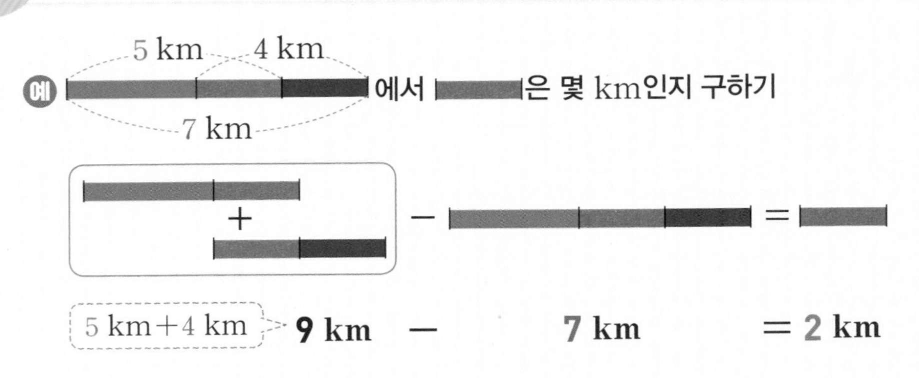

쌍둥이 문제

7-1

집에서 문구점과 공원을 거쳐 백화점까지 가는 거리는 9.56 km이고/ 집에서 문구점을 거쳐 공원까지 가는 거리는 5.95 km입니다./ 문구점에서 공원을 거쳐 백화점까지 가는 거리가 6.79 km라면/ 문구점에서 공원까지의 거리는 몇 km인가요?/ (단, 집, 문구점, 공원, 백화점은 직선 도로 위에 차례로 있습니다.)

따라 풀기 ❶ 주어진 조건을 그림으로 나타내기

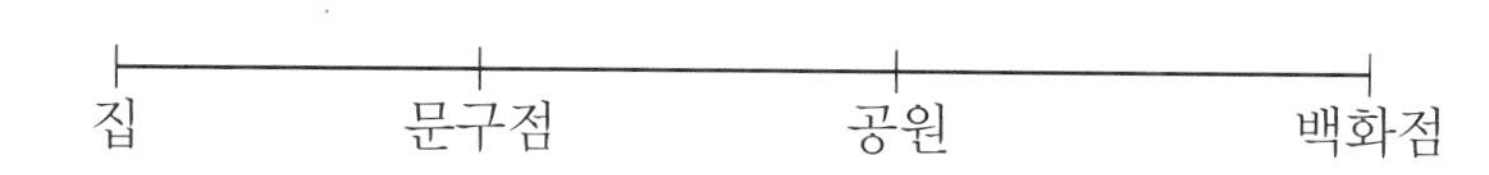

❷

❸

답 ____________

문해력 레벨 1

7-2

집에서 학교를 거쳐 수영장까지 가는 거리는 6.05 km이고/ 학교에서 수영장을 거쳐 병원까지 가는 거리는 4.82 km입니다./ 학교에서 수영장까지의 거리가 2.63 km일 때/ 집에서 학교와 수영장을 거쳐 병원까지 가는 거리는 몇 km인가요?/ (단, 집, 학교, 수영장, 병원은 직선 도로 위에 차례로 있습니다.)

스스로 풀기 ❶ 주어진 조건을 그림으로 나타내기

두 길이의 합에서 겹쳐진 부분의 길이를 빼면 전체 길이를 구할 수 있어.

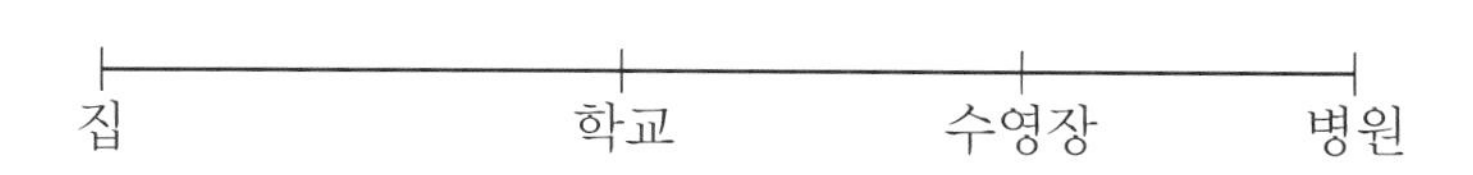

❷ (집에서 수영장까지의 거리)+(학교에서 병원까지의 거리) 구하기

❸ 집에서 병원까지의 거리 구하기

답 ____________

4일 수학 문해력 기르기

관련 단원 소수의 덧셈과 뺄셈

문해력 문제 8

혜지, 재준, 준원이가 출발 지점에서 동시에 출발하여/
1 km 직선 달리기를 하고 있습니다./
재준이는 혜지보다 0.15 km 뒤에 있고/
혜지는 도착 지점을 0.34 km 앞에 두고 있습니다./
준원이는 재준이보다 0.12 km 뒤에 있을 때/
재준이와 준원이가 달린 거리는 각각 몇 km인지 구하세요.
└ 구하려는 것

해결 전략

❶ 주어진 조건을 그림으로 나타낸다.

재준이가 달린 거리를 구하려면

❷ (전체 거리)−(혜지가 도착 지점까지 남은 거리)−(재준이와 혜지 사이의 거리)를 구한다.

준원이가 달린 거리를 구하려면

❸ (재준이가 달린 거리)−(준원이와 재준이 사이의 거리)를 구한다.
└ ❷에서 구한 거리

문제 풀기

❶ 주어진 조건을 그림으로 나타내기

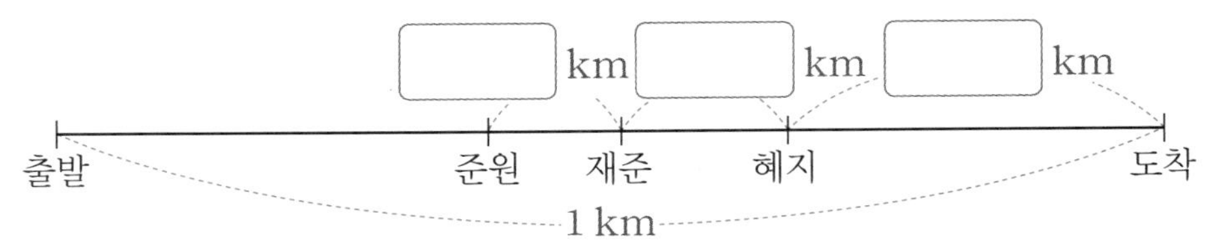

❷ (재준이가 달린 거리)=1−□−0.15=□(km)

❸ (준원이가 달린 거리)=□−0.12=□(km)

답 재준: ____________, 준원: ____________

문해력 레벨업 조건에 맞게 그림을 그려 기준에 알맞은 식을 세우자.

A는 B보다 뒤에 있다.
B를 기준으로 나타내기
C는 B보다 앞에 있다.
⊖ 2 m
⊕ 2 m
출발 A B C 도착
A=B−2 m
C=B+2 m

• 정답과 해설 12쪽
복습책 18쪽에 유사, 심화문제 제공

쌍둥이 문제

8-1

원영, 유진, 성민이가 출발 지점에서 동시에 출발하여 1 km 직선 달리기를 하고 있습니다./ 원영이는 도착 지점을 0.16 km 앞에 두고 있고/ 유진이는 원영이보다 0.14 km 뒤에 있습니다./ 성민이는 유진이보다 0.2 km 뒤에 있을 때/ 유진이와 성민이가 달린 거리는 각각 몇 km인가요?

따라 풀기 ❶ 주어진 조건을 그림으로 나타내기

출발 도착

❷

❸

답 유진: ____________, 성민: ____________

문해력 레벨 1

8-2

민지, 한율, 지석이가 출발 지점에서 동시에 출발하여 1.5 km 직선 달리기를 하고 있습니다./ 민지는 출발 지점부터 0.8 km를 달렸고/ 한율이는 민지보다 0.25 km 앞에 있습니다./ 지석이는 도착 지점을 0.4 km 앞에 두고 있습니다./ 한율이와 지석이 사이의 거리는 몇 km인가요?

스스로 풀기 ❶ 주어진 조건을 그림으로 나타내기

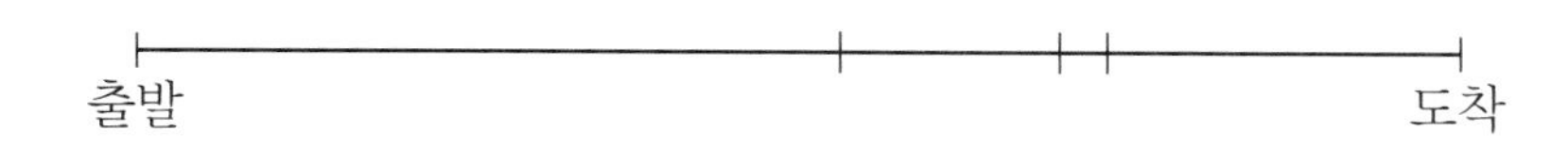

❷ 한율이가 달린 거리 구하기

❸ 지석이가 달린 거리 구하기

❹ 한율이와 지석이 사이의 거리 구하기

답 ____________

5일 수학 문해력 완성하기

관련 단원 소수의 덧셈과 뺄셈

기출 1 일정한 규칙에 따라/ 수를 늘어놓고 있습니다./ 6번째 수와 11번째 수의 합을 구하세요.

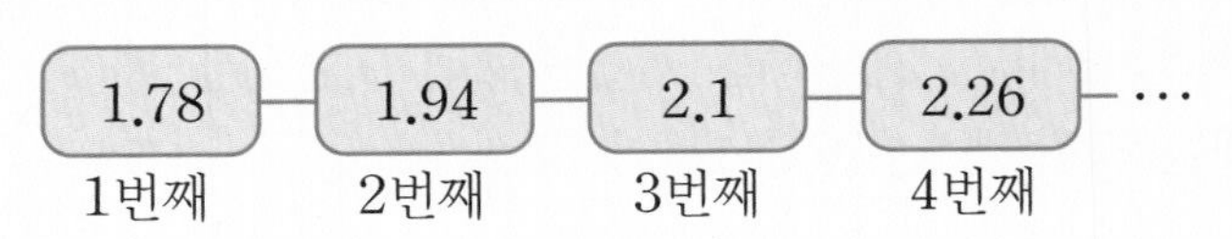

해결 전략

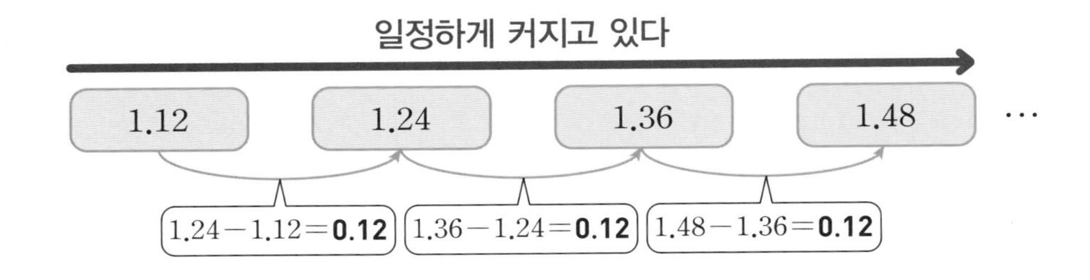

※19년 하반기 19번 기출 유형

문제 풀기

❶ 일정하게 커지는 수의 규칙 찾기

1.94−1.78=0.16, 2.1−1.94=☐, 2.26−2.1=☐이므로

☐씩 커지는 규칙이다.

❷ 6번째 수 구하기

6번째 수는 2.26에 0.16을 ☐번 더한 수이다. ➔ 2.26+0.16+0.16=☐

❸ 위 ❷에서 구한 값을 이용하여 11번째 수 구하기

❹ 위 ❷와 ❸에서 구한 수의 합을 구하기

답 ________

관련 단원 소수의 덧셈과 뺄셈

기출 2 5장의 카드 8, 5, 6, 1, . 을 한 번씩 모두 사용하여/ 만들 수 있는 소수 세 자리 수 중/ 가장 큰 수가 ㉠,/ 넷째로 큰 수가 ㉡이라고 합니다./ ㉡보다 크고 ㉠보다 작은/ 소수 두 자리 수는 모두 몇 개인가요?/ (단, 소수 둘째 자리 숫자가 0인 경우는 제외합니다.)

해결 전략

예 1.123보다 크고 1.155보다 작은 소수 두 자리 수 구하기

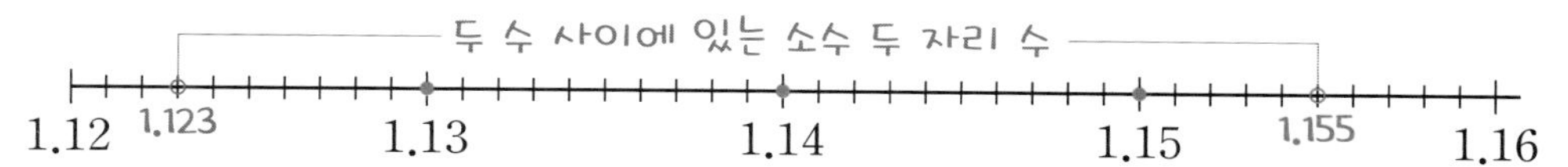

➔ 1.123보다 크고 1.155보다 작은 소수 두 자리 수

1.13과 같거나 크고 1.15와 같거나 작은 소수 두 자리 수

※17년 하반기 22번 기출 유형

문제 풀기

❶ 소수 세 자리 수 중에서 가장 큰 수 만들기

8>6>5>1이므로 가장 큰 소수 세 자리 수인 ㉠=[ ]이다.

❷ 소수 세 자리 수 중에서 넷째로 큰 수 만들기

둘째로 큰 수는 8.615, 셋째로 큰 수는 [ ]이므로 넷째로 큰 수인 ㉡=[ ]이다.

❸ ㉡보다 크고 ㉠보다 작은 소수 두 자리 수 모두 구하기

8.52, 8.53, 8.54, 8.55, 8.56, 8.57, 8.58, [ ] ➔ 8개

8.61, 8.62, [ ], [ ], [ ] ➔ [ ]개

8.60은 소수 둘째 자리 숫자가 0이므로 제외해.

❹ 위 ❸을 만족하는 소수 두 자리 수의 개수 구하기

답 ______

일 수학 문해력 완성하기

관련 단원 소수의 덧셈과 뺄셈

융합 3

민호는 |조건|에 따라 경로를 세우려고 합니다. 민호가 선택할 경로를 쓰세요.

|조건|
- 전체 거리는 9 km를 넘지 않고, 걸리는 시간은 2시간을 넘지 않아야 합니다.
- 가~나~다, 다~라~마, 마~바~가의 경로 중에서 선택할 수 있습니다.

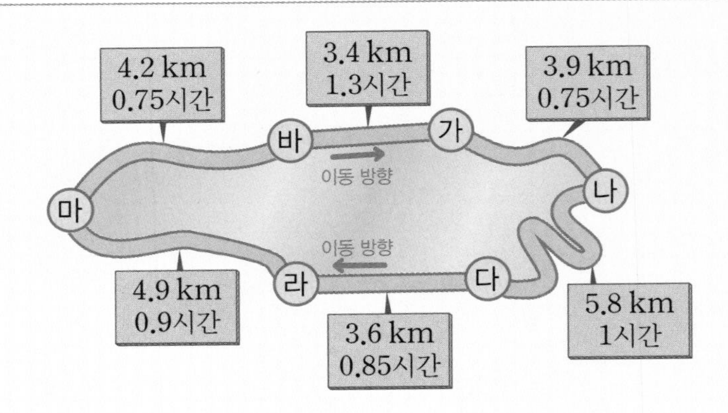

해결 전략

주어진 경로 중에서 전체 거리가 9 km가 넘지 않는 경로를 찾고

9 km가 넘지 않는 경로 중에서 걸리는 시간이 2시간을 넘지 않는 경로를 찾는다.

문제 풀기

❶ 주어진 경로의 전체 거리를 각각 구하기

- 가~나~다 ➔ 3.9+5.8=9.7 (km)
- 다~라~마 ➔ 3.6+4.9=☐ (km)
- 마~바~가 ➔ 4.2+3.4=☐ (km)

❷ 위 ❶에서 전체 거리가 9 km를 넘지 않는 경로의 걸리는 시간을 각각 구하기

❸ 민호가 선택할 경로 구하기

답

관련 단원 소수의 덧셈과 뺄셈

어느 영화 사이트에서는 5명의 심사 위원이 영화를 평가하여/ 1점부터 10점 사이의 소수 한 자리 수로/ 각각 점수를 줍니다./ 이때 가장 높은 점수와 가장 낮은 점수를 제외한/ 나머지 점수의 합이 해당 영화의 최종 점수입니다./ 어느 영화의 심사 위원별 점수가 다음과 같고 최종 점수가 18.4점일 때/ 심사 위원 3의 점수를 구하세요.

	심사 위원 1	심사 위원 2	심사 위원 3	심사 위원 4	심사 위원 5
점수(점)	3.4	7.1		9.7	5.9

해결 전략

가장 높은 점수와 가장 낮은 점수를 제외한 나머지 점수는 최종 점수에 포함된다.

	심사 위원 1	심사 위원 2	심사 위원 3	심사 위원 4
점수(점)	5.1	6.4	5.9	7.8

가장 낮은 점수 (5.1) / 최종 점수에 포함되는 점수 (6.4, 5.9) / 가장 높은 점수 (7.8)

문제 풀기

❶ 최종 점수에 반드시 포함되는 점수 구하기

가장 높은 점수가 될 수 있는 점수인 9.7점과 가장 낮은 점수가 될 수 있는 점수인 3.4점을 제외한 ☐점과 ☐점이 최종 점수에 반드시 포함된다.

❷ 최종 점수에서 위 ❶에서 구한 반드시 포함되는 점수 빼기

❸ 위 ❷에서 구한 점수가 가장 높은 점수 또는 가장 낮은 점수인지 판단하기

❹ 심사 위원 3의 점수 구하기

답 ____________

수학 문해력 평가하기

문제를 읽고 조건을 표시하면서 풀어 봅니다.

40쪽 문해력 1

1 준수는 식혜 2.74 L가 들어 있는 병에서 380 mL를 따라 마셨습니다. 지금 병에 들어 있는 식혜는 몇 L인가요?

풀이

답 ______________

44쪽 문해력 3

2 어떤 수에 2.79를 더해야 할 것을 잘못하여 뺐더니 6.3이 되었습니다. 바르게 계산하면 얼마인지 구하세요.

풀이

답 ______________

40쪽 문해력 1

3 현민이의 몸무게는 32.44 kg이고, 지우의 몸무게는 현민이의 몸무게보다 2780 g 더 가볍습니다. 현민이와 지우의 몸무게의 합은 몇 kg인가요?

풀이

답 ______________

• 정답과 해설 13쪽

46쪽 문해력 4

4 선물 상자 한 개를 포장하는 데 끈 0.76 m가 필요합니다. 길이가 5.2 m인 끈을 사용하여 선물 상자 3개를 포장했습니다. 사용하고 남은 끈은 몇 m인가요?

풀이

답 ______________

48쪽 문해력 5

5 4장의 카드 5 , 2 , 6 , . 을 한 번씩 모두 사용하여 소수 한 자리 수를 만들려고 합니다. 만들 수 있는 소수 한 자리 수 중에서 가장 큰 수와 가장 작은 수의 합을 구하세요.

풀이

답 ______________

42쪽 문해력 2

6 무게가 똑같은 책 3권이 들어 있는 상자의 무게는 3.51 kg이었습니다. 책 1권을 꺼낸 후 다시 무게를 재었더니 2.79 kg이었습니다. 빈 상자의 무게는 몇 kg인가요?

풀이

답 ______________

공부한 날 월 일

수학 문해력 평가하기

50쪽 문해력 6

7 일정한 빠르기로 소정이는 30분 동안 2.1 km를 걷고 소라는 20분 동안 1.6 km를 걷습니다. 두 사람이 같은 곳에서 동시에 출발하여 서로 같은 방향으로 직선 도로를 쉬지 않고 걸을 때 1시간 후 두 사람 사이의 거리는 몇 km인가요?

52쪽 문해력 7

8 집에서 정류장과 공원을 거쳐 ※전시관까지 가는 거리는 18.47 km이고, 집에서 정류장을 거쳐 공원까지 가는 거리는 10.95 km입니다. 정류장에서 공원을 거쳐 전시관까지 가는 거리가 11.42 km라면 정류장에서 공원까지의 거리는 몇 km인가요? (단, 집, 정류장, 공원, 전시관은 직선 도로 위에 차례로 있습니다.)

풀이

답 ______________________

문해력 어휘

전시관: 어떤 물품을 한 곳에 벌여 놓고 보일 목적으로 세운 건물

• 정답과 해설 13쪽

50쪽 문해력 6

9 일정한 빠르기로 다미는 20분 동안 1.56 km를 걷고 수찬이는 15분 동안 1.13 km를 걷습니다. 두 사람이 같은 곳에서 동시에 출발하여 서로 반대 방향으로 직선 도로를 쉬지 않고 걸을 때 1시간 후 두 사람 사이의 거리는 몇 km인가요?

풀이

답 ______________

54쪽 문해력 8

10 재연, 영호, 현기가 출발 지점에서 동시에 출발하여 1 km 직선 달리기를 하고 있습니다. 재연이는 도착 지점을 0.38 km 앞에 두고 있고, 영호는 재연이보다 0.13 km 앞에 있습니다. 현기는 영호보다 0.25 km 뒤에 있을 때 영호와 현기가 달린 거리는 각각 몇 km인지 구하세요.

풀이

답 영호: ______________, 현기: ______________

삼각형 / 사각형

삼각형은 평면도형의 여러 가지 성질을 배우는 데 기초가 되는 내용이에요.
삼각형의 정의와 성질을 이해하고 다양한 기준에 따라 삼각형을 분류해 봐요.
사각형에서는 수직과 평행의 개념에 대해서 학습해요. 여러 가지 사각형을
정의하는 데 기초 개념이 되기 때문에 수직과 평행은 꼭 이해해야 해요.

이번 주에 나오는 어휘 & 지식백과

67쪽 장기 (將 장수 장, 棋 바둑 기)

붉은 글씨와 푸른 글씨가 각각 새겨진 말을 두 사람이 번갈아 가며 놓아서 상대방의 왕을 잡는 놀이

70쪽 트러스 구조 (truss structure)

철근이나 나무 등을 삼각형 모양으로 만들어 연결한 구조.
견고하고 안전하여 대형 다리나 건축물에 자주 쓰인다.

78쪽 덧대다

이미 놓은 것 위에 옷이나 물건을 겹쳐서 붙이다.

78쪽 조각보 (조각 + 褓 포대기 보)

여러 조각의 천을 맞대어 이어 붙여 만든 보자기

84쪽 입사각 (入 들 입, 射 쏠 사, 角 뿔 각)

들어오는 빛과 법선이 이루는 각

법선: 평면에 있는 직선의 한 점을 지나는 수직인 직선

84쪽 반사각 (反 돌이킬 반, 射 쏠 사, 角 뿔 각)

나가는 빛과 법선이 이루는 각.
반사각의 크기는 입사각의 크기와 같다는 특징이 있다.

문해력 기초 다지기

문장제에 적용하기

기초 문제가 어떻게 문장제가 되는지 알아봅니다.

1 정삼각형일 때 □ 안에 알맞은 수 써넣기

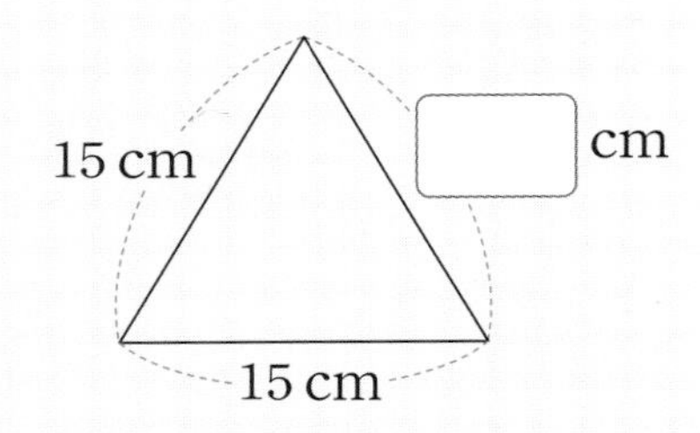

삼각형 ㄱㄴㄷ은 **정삼각형**입니다.
변 ㄱㄷ의 길이는 몇 cm인가요?

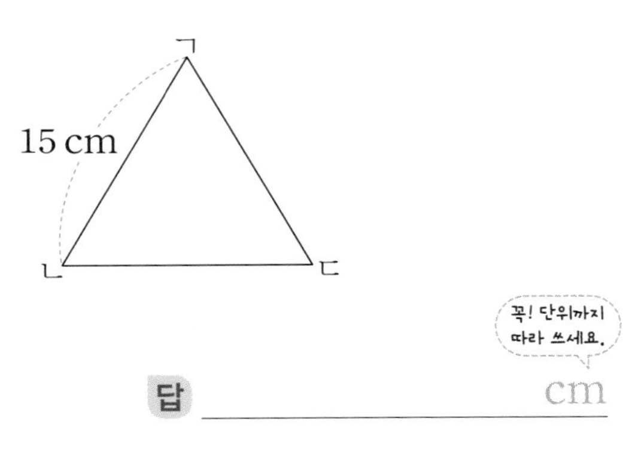

꼭! 단위까지 따라 쓰세요.

답 ______ cm

2 이등변삼각형일 때 □ 안에 알맞은 수 써넣기

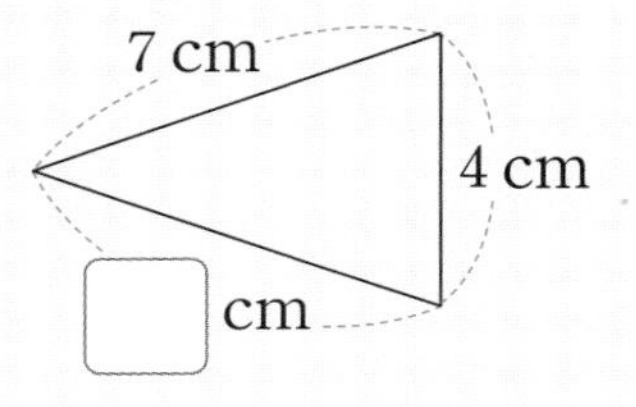

삼각형 ㄱㄴㄷ은 **이등변삼각형**입니다.
변 ㄱㄴ의 길이는 몇 cm인가요?

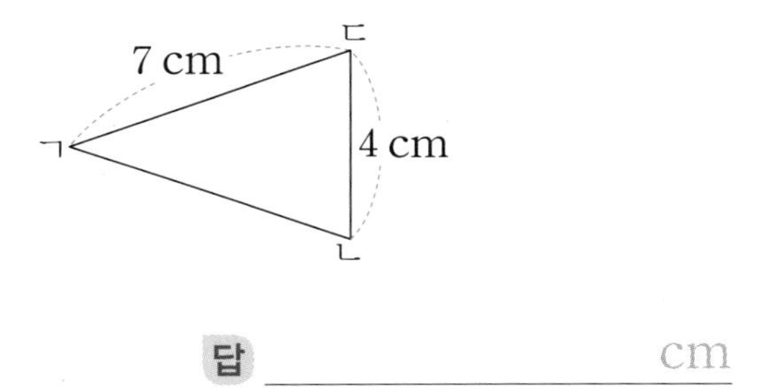

답 ______ cm

3 □ 안에 알맞은 수 써넣기

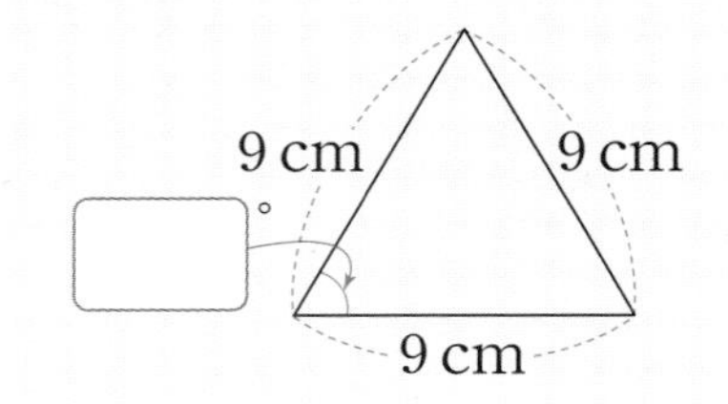

현희는 오른쪽과 같이 **삼각형 모양**의 샌드위치를 만들었습니다.
㉠의 각도를 구하세요.

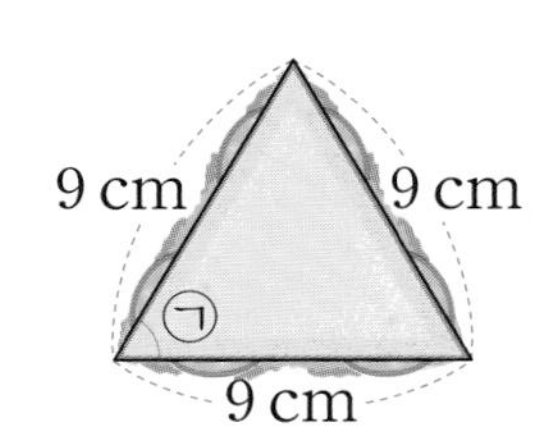

답 ______

4 □ 안에 알맞은 수 써넣기

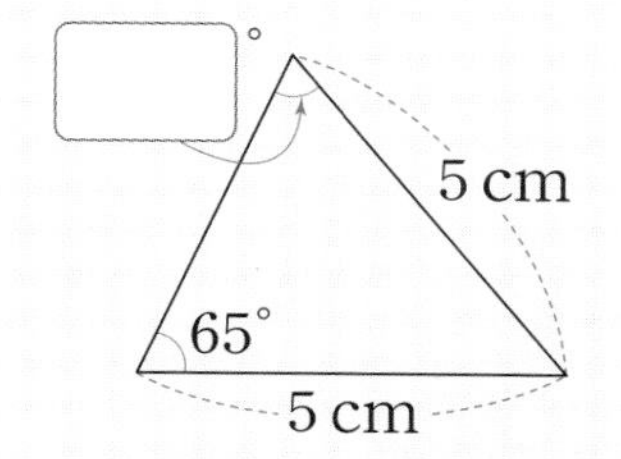

삼각형 ㄱㄴㄷ에서
각 ㄴㄱㄷ의 크기는 몇 도인가요?

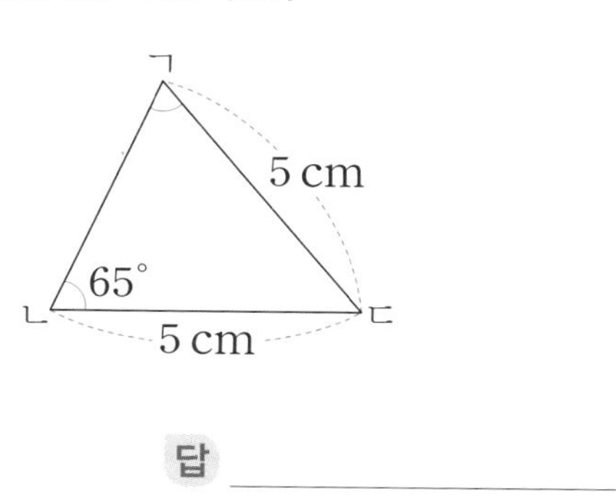

답 ____________

5 평행선이 몇 쌍인지 구하기

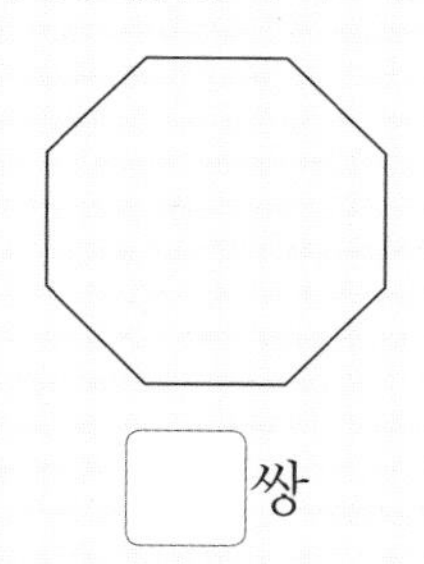

□ 쌍

오른쪽은 ※장기에 사용되는 장기짝 중 하나입니다.
장기짝에서 찾을 수 있는 **평행선은 모두 몇 쌍**인가요?

꼭! 단위까지 따라 쓰세요.

답 ____________ 쌍

6 평행선 사이의 거리 구하기

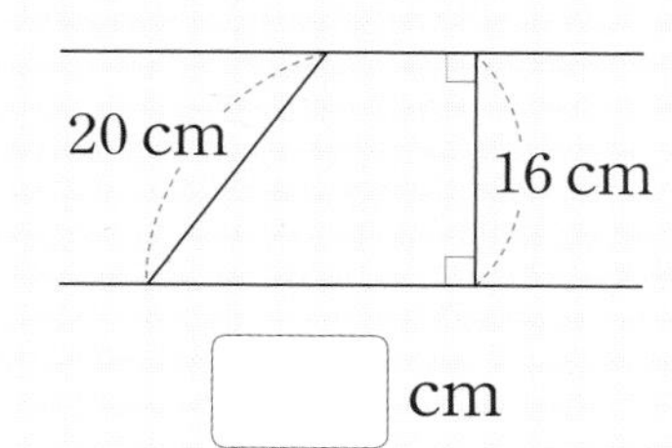

□ cm

직선 ㄱㄴ과 직선 ㄷㄹ은 서로 평행합니다.
평행선 사이의 거리는 몇 cm인가요?

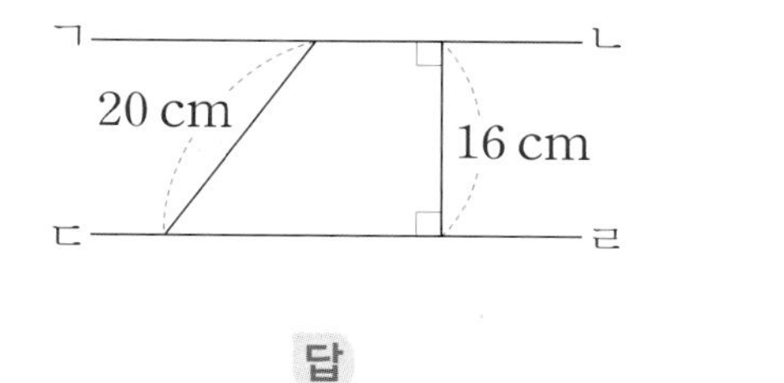

답 ____________ cm

문해력 백과
장기: 붉은 글씨와 푸른 글씨가 각각 새겨진 말을 두 사람이 번갈아 가며 놓아서 상대방의 왕을 잡는 놀이

문해력 기초 다지기

문장 읽고 문제 풀기

간단한 문장제를 풀어 봅니다.

1 오른쪽과 같은 **정삼각형** 모양의 표지판이 있습니다.
이 표지판의 한 변의 길이가 **34 cm**일 때
표지판의 세 변의 길이의 합은 몇 cm인가요?

식 ______________________ 답 ______________

2 오른쪽 색종이는 **이등변삼각형** 모양입니다.
색종이의 세 변의 길이의 합은 몇 cm인가요?

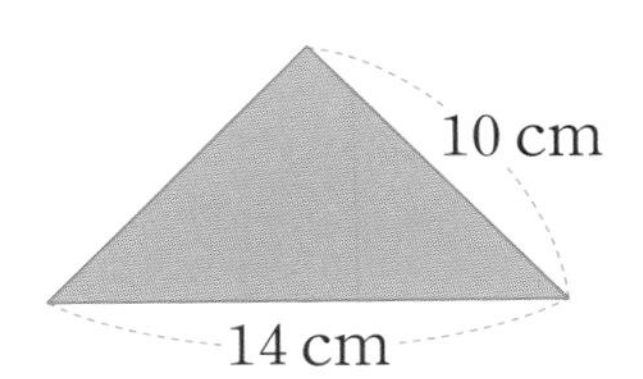

식 ______________________ 답 ______________

3 혜연이는 길이가 **15 m인 끈**을 가지고 있습니다.
이 끈으로 만들 수 있는 **가장 큰 정삼각형의 한 변의 길이는 몇 m**인가요?

식 ______________________ 답 ______________

4 **8 cm**, **8 cm**, **10 cm**짜리 막대가 1개씩 있습니다.
이 막대를 세 변으로 하여 만들 수 있는 삼각형은
이등변삼각형과 정삼각형 중 어떤 삼각형인가요?

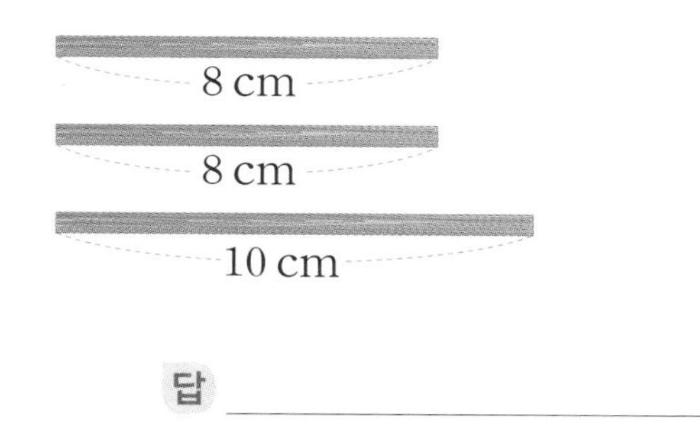

답 ____________________

5 세 각의 크기가 **40°**, **100°**, **40°**인 삼각형이 있습니다.
이 삼각형은 **예각삼각형, 직각삼각형, 둔각삼각형** 중 어떤 삼각형인가요?

답 ____________________

6 오른쪽 삼각형 ㄱㄴㄷ에서
각 ㄴㄷㄱ의 크기는 몇 도인가요?

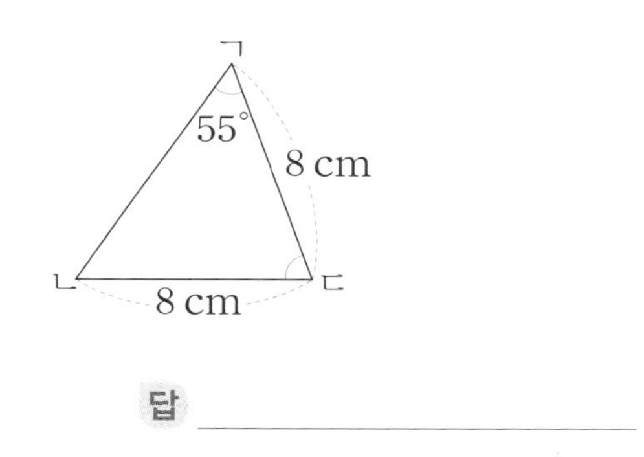

답 ____________________

7 오른쪽 직선 가와 직선 나는 서로 평행합니다.
평행선 사이의 거리는 몇 cm인가요?

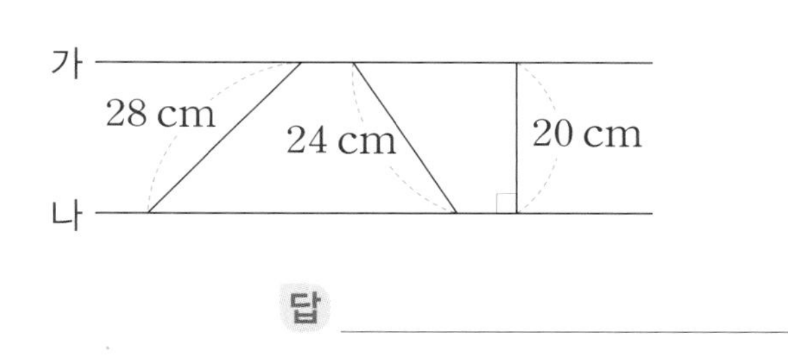

답 ____________________

수학 문해력 기르기

관련 단원 삼각형

문해력 문제 1

오른쪽은 ※트러스 구조 형태의 다리 모형을 보고/
크기가 같은 정삼각형 3개를/
변끼리 맞닿게 이어 붙여 그린 것입니다./
굵은 선의 길이가 30 cm일 때/
정삼각형의 한 변의 길이는 몇 cm인가요?
└ 구하려는 것

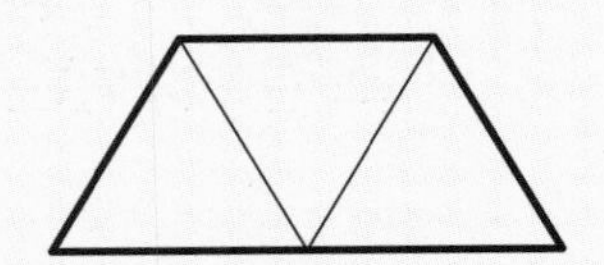

해결 전략

크기가 같은 정삼각형은 모든 변의 길이가 같으니까

❶ 굵은 선에 정삼각형의 한 변이 몇 개 있는지 구한 후

정삼각형의 한 변의 길이를 구하려면

❷ (굵은 선의 길이) ◯ (❶에서 구한 변의 수)를 구한다.
└ +, −, ×, ÷ 중 알맞은 것 쓰기

문해력 백과

트러스 구조: 철근이나 나무 등을 삼각형 모양으로 만들어 연결한 구조

문제 풀기

❶

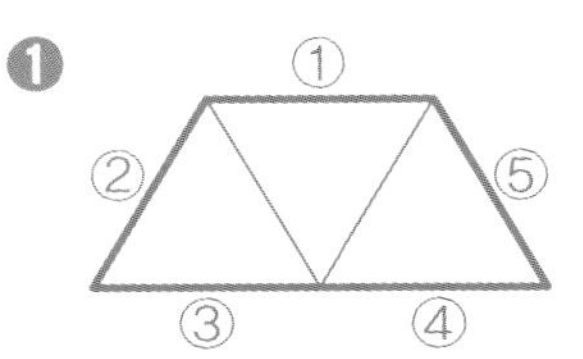

→ 굵은 선에는 정삼각형의 한 변이 모두 □개 있다.

❷ (정삼각형의 한 변의 길이)$=30\div$□$=$□(cm)

답 ______________

문해력 레벨업 굵은 선의 길이는 크기가 같은 정삼각형의 한 변의 길이의 ■배임을 이용하자.

예 크기가 같은 정삼각형 2개를 이어 붙인 도형에서 한 변의 길이 구하기

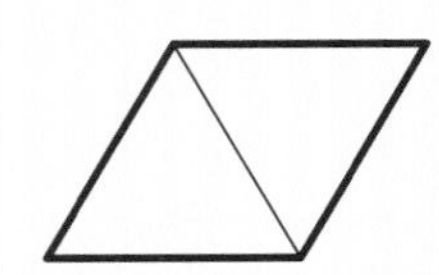

굵은 선에는 **길이가 같은 변**이 **4**개 있다.
(굵은 선의 길이)$=$(**한 변의 길이**)$\times$ **4**
→ (**한 변의 길이**)$=$(굵은 선의 길이)$\div$ **4**

굵은 선에 길이가 같은 변이 몇 개 있는지 세어 봐~

• 정답과 해설 14쪽
복습책 21쪽에 유사, 심화문제 제공

쌍둥이 문제

1-1 크기가 같은 정삼각형 4개를/ 변끼리 맞닿게 이어 붙여/ 도형을 만들었습니다./ 굵은 선의 길이가 72 cm일 때/ 정삼각형의 한 변의 길이는 몇 cm인가요?

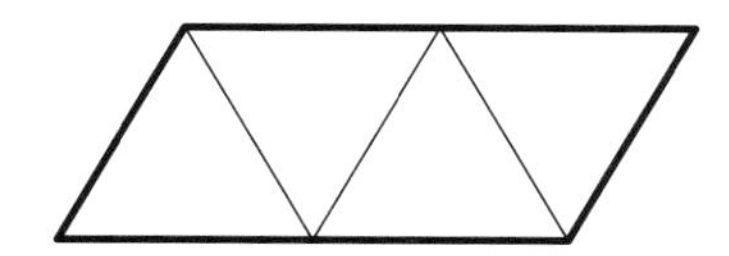

따라 풀기 ❶

❷

답

문해력 레벨 1

1-2 크기가 같은 이등변삼각형 3개를/ 긴 변끼리 맞닿게 이어 붙여/ 도형을 만들었습니다./ 굵은 선의 길이가 31 cm일 때/ 변 ㄱㄹ의 길이는 몇 cm인가요?

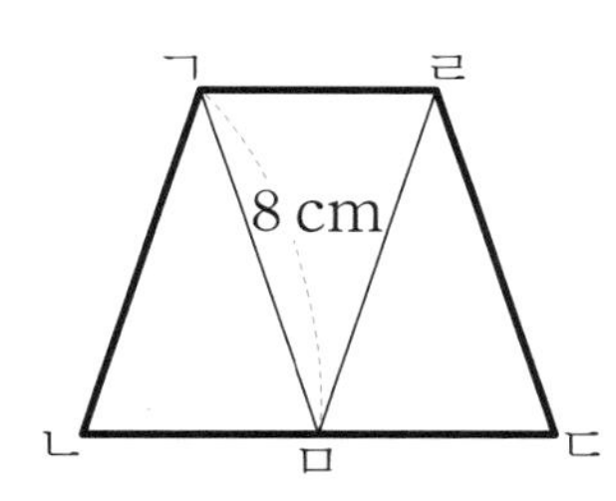

스스로 풀기 ❶ 굵은 선에 있는 이등변삼각형의 긴 변의 길이의 합 구하기

굵은 선은 이등변삼각형의 긴 변과 짧은 변으로 이루어져 있어.

❷ 굵은 선에 있는 이등변삼각형의 짧은 변의 길이의 합 구하기

❸ 변 ㄱㄹ의 길이 구하기

답

공부한 날 월 일

1일

1일 수학 문해력 기르기

관련 단원 삼각형

문해력 문제 2

오른쪽 그림은 정삼각형을 이용하여 ※스테인드글라스로/
유리창을 꾸민 것입니다./
그림에서 찾을 수 있는/ 크고 작은 정삼각형은 모두 몇 개인가요?
└ 구하려는 것

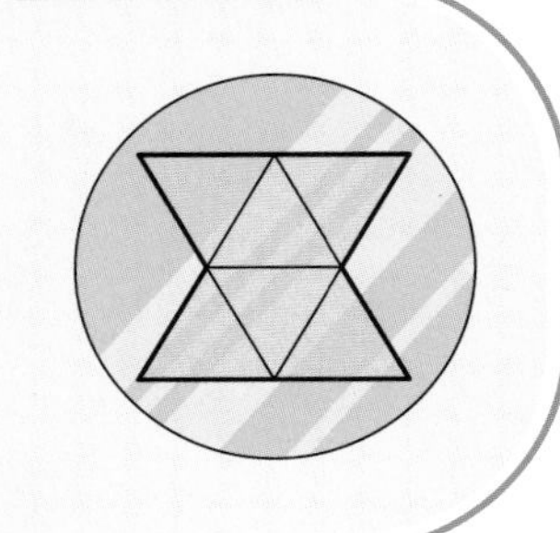

해결 전략

크고 작은 정삼각형의 수를 구하려면

❶ 작은 정삼각형 1개, 4개로 이루어진 정삼각형의 수를 각각 구한 후

❷ 위 ❶에서 구한 정삼각형의 수를 모두 더한다.

문해력 백과

스테인드글라스: 채색된 반투명한 유리를 이어 붙이거나 유리에 색을 칠하여 무늬나 그림을 장식한 표현 기법

문제 풀기

작은 삼각형에 각각 번호를 써서 나타내면

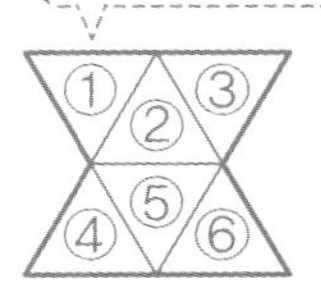

❶ 작은 정삼각형 1개, 4개로 이루어진 정삼각형의 수 각각 구하기

작은 정삼각형 1개로 이루어진 정삼각형:

①, ②, ③, ④, ⑤, ⑥ ➔ □개

작은 정삼각형 4개로 이루어진 정삼각형:

①+②+③+⑤, ②+④+□+□ ➔ □개

❷ (크고 작은 정삼각형의 수)=□+□=□(개)

답 ____________

문해력 레벨업 큰 도형을 이루는 크고 작은 도형들의 모양을 먼저 찾자.

예 크고 작은 정삼각형 모두 찾기

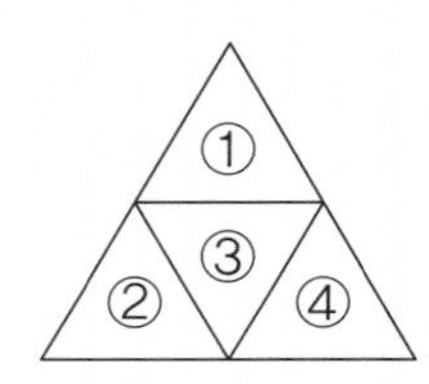

❶ 찾을 수 있는 정삼각형 모양 / ❷ 같은 모양 찾기

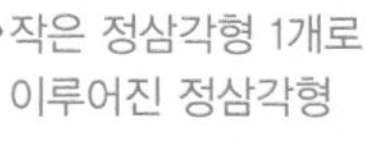

작은 정삼각형 1개로 이루어진 정삼각형 ➔ ①, ②, ③, ④

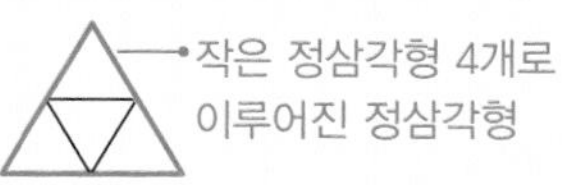

작은 정삼각형 4개로 이루어진 정삼각형 ➔ ①+②+③+④

쌍둥이 문제

2-1

길이가 같은 성냥개비 16개로/ 오른쪽 모양을 만들었습니다./ 이 모양에서 찾을 수 있는/ 크고 작은 정삼각형은 모두 몇 개인가요?

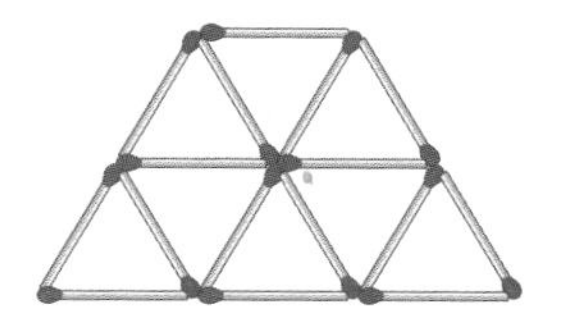

따라 풀기 ❶

❷

답 ______________

문해력 레벨 1

2-2

오른쪽 도형에서 찾을 수 있는/ 크고 작은 예각삼각형은 모두 몇 개인가요?

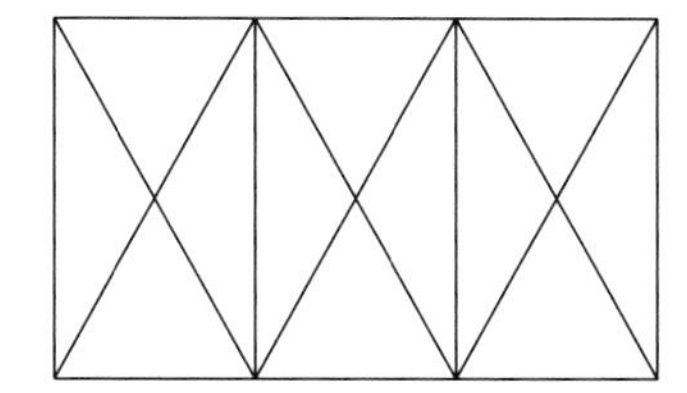

❶

❷

답 ______________

문해력 레벨 2

2-3

오른쪽 도형에서 찾을 수 있는/ 크고 작은 예각삼각형과 둔각삼각형은/ 각각 몇 개인지 구하세요.

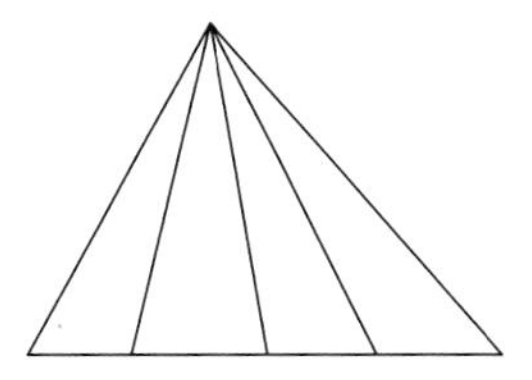

스스로 풀기 ❶ 크고 작은 예각삼각형의 수 구하기

❷ 크고 작은 둔각삼각형의 수 구하기

답 예각삼각형: ______________, 둔각삼각형: ______________

2일 수학 문해력 기르기

관련 단원 삼각형

문해력 문제 3

오른쪽 도형에서 삼각형 ㄱㄴㄷ은 정삼각형이고/
삼각형 ㄹㄴㄷ은 이등변삼각형입니다./
각 ㄱㄴㄹ의 크기는 몇 도인가요?
└ 구하려는 것

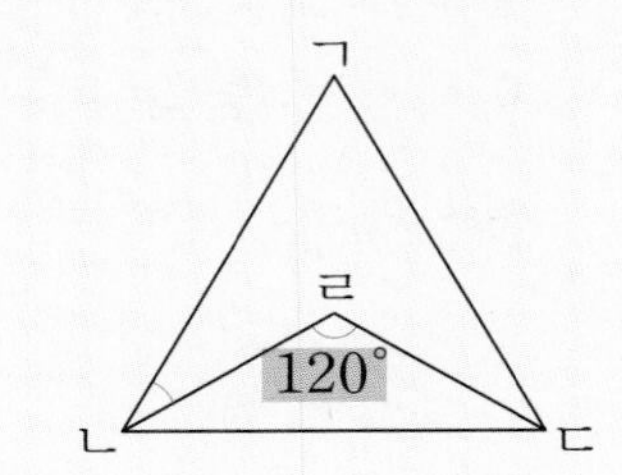

해결 전략

이등변삼각형은 두 각의 크기가 같으니까

❶ (각 ㄹㄴㄷ)+(각 ㄹㄷㄴ)=180°−(각 ______)을/를 구해
2로 나누어 각 ㄹㄴㄷ의 크기를 구한다.

정삼각형은 세 각의 크기가 모두 같으니까

❷ (각 ㄱㄴㄹ)=(각 ㄱㄴㄷ) ◯ (각 ㄹㄴㄷ)을 구한다.
(◯: +, −, ×, ÷ 중 알맞은 것 쓰기 / 각 ㄹㄴㄷ: ❶에서 구한 각도)

문제 풀기

❶ 삼각형 ㄹㄴㄷ은 이등변삼각형이므로
(각 ㄹㄴㄷ)+(각 ㄹㄷㄴ)=180°−120°=□°이다.
➔ (각 ㄹㄴㄷ)=(각 ㄹㄷㄴ)=□°÷2=□°

❷ (각 ㄱㄴㄷ)=60°이므로
(각 ㄱㄴㄹ)=60°−□°=□°이다.

답 ______________

문해력 레벨업 정삼각형은 세 각의 크기가 모두 같고, 이등변삼각형은 두 각의 크기가 같다.

예 삼각형 ㄱㄴㄷ이 정삼각형, 삼각형 ㄹㄴㄷ이 이등변삼각형일 때 각 ㄱㄴㄹ의 크기 구하기

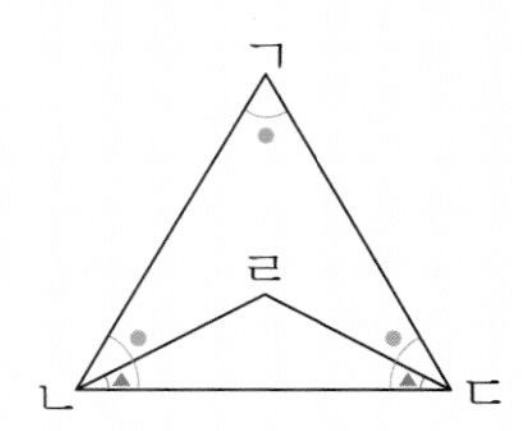

정삼각형은 세 각의 크기가 모두 같고,
이등변삼각형은 두 각의 크기가 같다.

➔ (각 ㄱㄴㄹ)=●−▲=60°−▲

정삼각형은
모든 각의 크기가 60°야.

• 정답과 해설 15쪽
복습책 23쪽에 유사, 심화문제 제공

쌍둥이 문제

3-1 오른쪽 도형에서 삼각형 ㄱㄴㄷ은 정삼각형,/ 삼각형 ㄹㄴㄷ은 이등변삼각형입니다./ 각 ㄱㄴㄹ의 크기는 몇 도인가요?

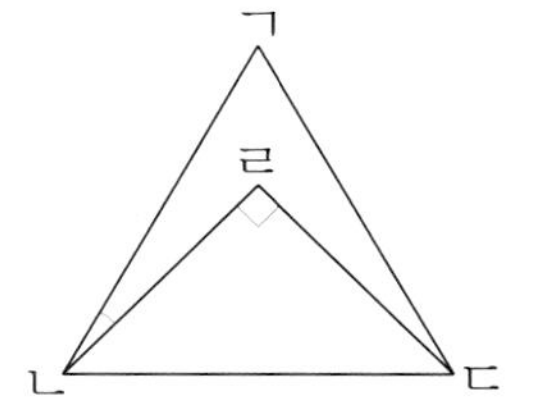

따라 풀기 ❶

❷

답 ____________

문해력 레벨 1

3-2 오른쪽 도형에서 삼각형 ㄱㄴㄷ과 삼각형 ㄹㄴㄷ은/ 이등변삼각형입니다./ 각 ㄴㄱㄷ의 크기는 몇 도인가요?

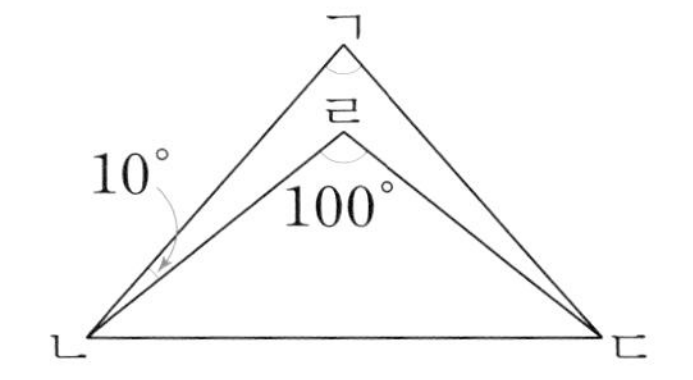

스스로 풀기 ❶

❷

❸

답 ____________

문해력 레벨 2

3-3 오른쪽 도형은/ 모양과 크기가 같은 이등변삼각형 2개를/ 겹쳐 만든 것입니다./ 각 ㄷㅂㅁ의 크기는 몇 도인가요?

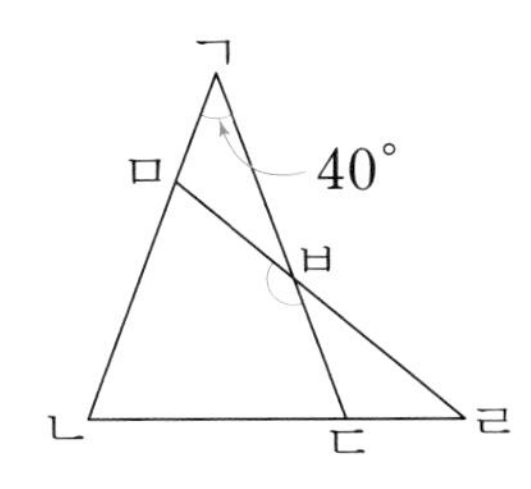

스스로 풀기 ❶ 각 ㄱㄴㄷ과 각 ㄱㄷㄴ의 크기 구하기

❷ 각 ㄹㅁㄴ의 크기 구하기

❸ 각 ㄷㅂㅁ의 크기 구하기

답 ____________

일

수학 문해력 기르기

관련 단원 삼각형

문해력 문제 4

오른쪽 도형에서 삼각형 ㄱㄴㄷ과 삼각형 ㄱㄷㄹ은 이등변삼각형입니다./
각 ㄱㄷㄹ의 크기는 몇 도인가요?
└ 구하려는 것

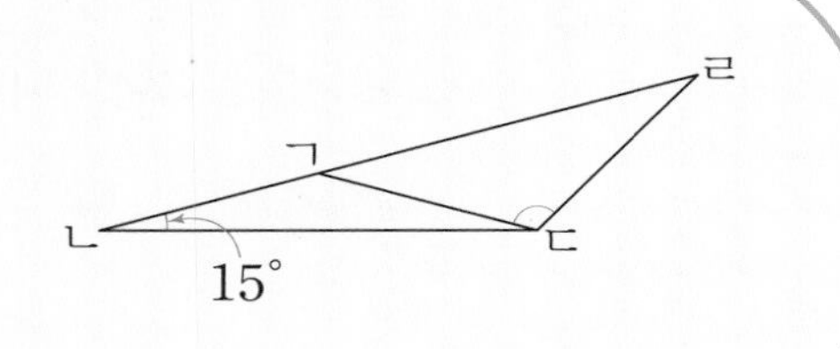

해결 전략

삼각형 ㄱㄴㄷ은 이등변삼각형이므로

❶ 각 ㄱㄷㄴ의 크기를 구해 각 ㄴㄱㄷ의 크기를 구하고

직선이 이루는 각도는 180°임을 이용하여

❷ (각 ㄷㄱㄹ)=180°−(각 ㄴㄱㄷ)을 구한다.
└ ❶에서 구한 각도

삼각형 ㄱㄷㄹ은 이등변삼각형이므로

❸ 각 ㄷㄱㄹ과 각 ㄷㄹㄱ의 크기를 구해 각 ㄱㄷㄹ의 크기를 구한다.

문제 풀기

❶ (각 ㄱㄷㄴ)=(각 ㄱㄴㄷ)=☐°

→ (각 ㄴㄱㄷ)=180°−15°−☐°=☐°

❷ (각 ㄷㄱㄹ)=180°−☐°=☐°

❸ (각 ㄷㄹㄱ)=(각 ㄷㄱㄹ)=☐°

→ (각 ㄱㄷㄹ)=180°−30°−☐°=☐°

답 ____________

문해력 레벨업 이등변삼각형은 한 각의 크기만 알면 나머지 각의 크기를 구할 수 있다.

① 크기가 같은 두 각 중 한 각의 크기만 알 때

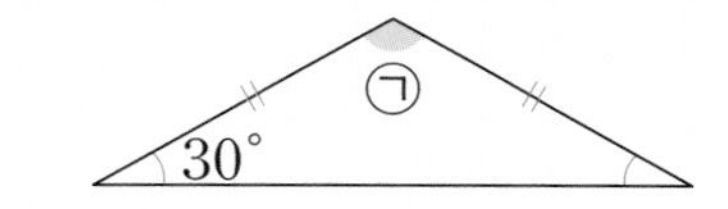

㉠=180°−30°−30°=120°

② 크기가 다른 한 각의 크기만 알 때

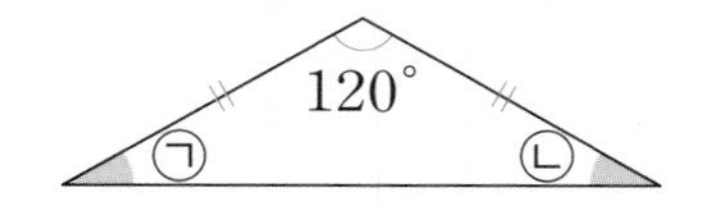

㉠+㉡=180°−120°=60°
→ ㉠=㉡=60°÷2=30°

복습책 24쪽에 유사, 심화문제 제공

쌍둥이 문제

4-1

오른쪽 도형에서 삼각형 ㄱㄴㄷ과 삼각형 ㄱㄷㄹ은 이등변 삼각형입니다./ 각 ㄱㄷㄹ의 크기는 몇 도인가요?

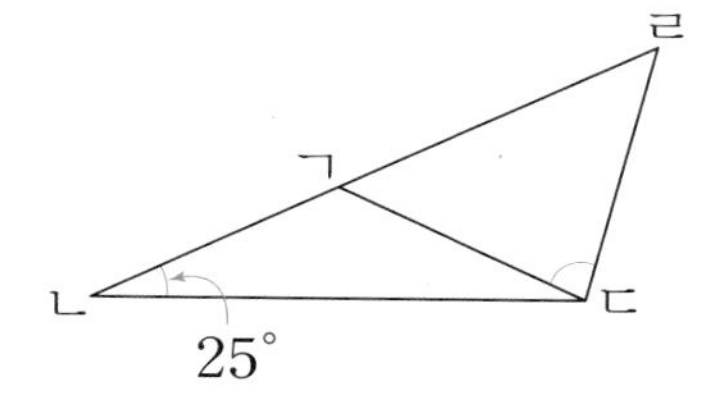

따라 풀기 ❶

❷

❸

답 ______________

문해력 레벨 1

4-2

오른쪽 도형은 삼각형 ㄱㄴㄷ을/ 서로 다른 이등변삼각형 2개로 나눈 것입니다./ 각 ㄱㄴㄹ의 크기는 몇 도인가요?

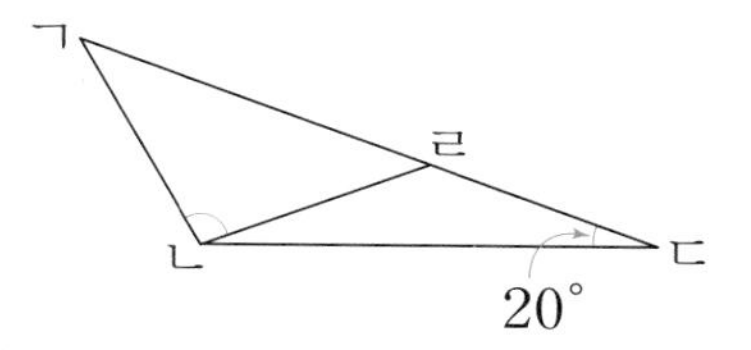

따라 풀기 ❶

❷

❸

답 ______________

문해력 레벨 2

4-3

서로 다른 이등변삼각형 모양의 쿠키 2개를/ 변끼리 맞닿게 이어 붙여 오른쪽과 같은 모양을 만들었습니다./ 삼각형 ㄱㄴㄹ에서 변 ㄱㄴ과 변 ㄱㄹ의 길이가 같고,/ 삼각형 ㄹㄴㄷ에서 변 ㄹㄴ과 변 ㄹㄷ의 길이가 같습니다./ 각 ㄴㄹㄷ의 크기는 몇 도인가요?

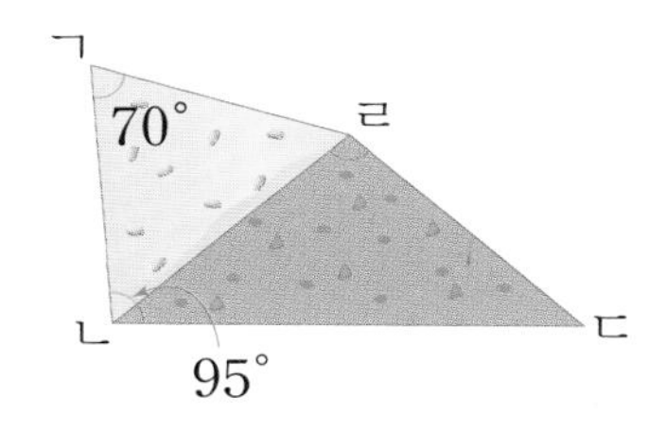

스스로 풀기 ❶ 각 ㄱㄴㄹ의 크기 구하기

❷ 각 ㄹㄴㄷ의 크기 구하기

❸ 각 ㄴㄹㄷ의 크기 구하기

답 ______________

수학 문해력 기르기

관련 단원 삼각형

문해력 문제 5

세 변의 길이의 합이 15 cm인 정삼각형 모양의 천을/
세 변의 길이의 합이 36 cm인 정삼각형 모양의 천 위에 ※덧대어/
오른쪽과 같이 세 변의 길이의 합이 36 cm인 정삼각형 모양의/
※조각보를 만들었습니다./
㉠의 길이는 몇 cm인가요?
└ 구하려는 것

㉠

해결 전략

작은 정삼각형의 한 변의 길이를 구하려면

❶ (작은 정삼각형의 세 변의 길이의 합)÷ ☐ 을/를 구하고

큰 정삼각형의 한 변의 길이를 구하려면

❷ (큰 정삼각형의 세 변의 길이의 합)÷ ☐ 을/를 구한다.

㉠의 길이를 구하려면

❸ (큰 정삼각형의 한 변의 길이)−(작은 정삼각형의 한 변의 길이)를 구한다.
└ ❷에서 구한 길이 └ ❶에서 구한 길이

문해력 어휘

덧대다: 이미 놓은 것 위에 옷이나 물건을 겹쳐서 붙이다.

조각보: 여러 조각의 천을 맞대어 이어 붙여 만든 보자기

문제 풀기

❶ (작은 정삼각형의 한 변의 길이)= ☐ ÷3= ☐ (cm)

❷ (큰 정삼각형의 한 변의 길이)= ☐ ÷3= ☐ (cm)

❸ ㉠= ☐ − ☐ = ☐ (cm)

답 ________

문해력 레벨업 한 꼭짓점이 같도록 두 정삼각형을 겹친 도형에서 길이를 알 수 있는 변을 먼저 찾자.

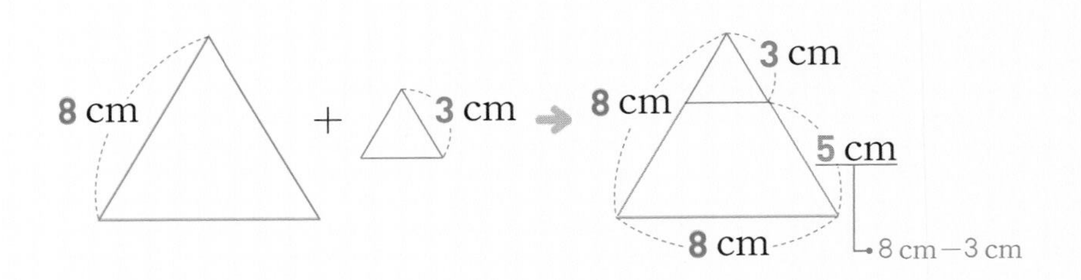

쌍둥이 문제

5-1 오른쪽 도형에서 삼각형 ㄱㄴㄷ은 세 변의 길이의 합이 45 cm인 정삼각형이고/ 삼각형 ㄱㄹㅁ은 세 변의 길이의 합이 27 cm인 정삼각형입니다./ 선분 ㄹㄴ의 길이는 몇 cm인가요?

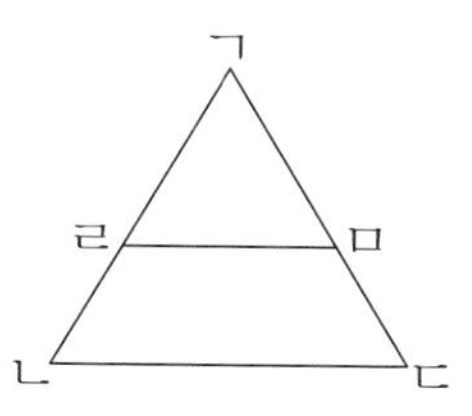

따라 풀기 ❶

❷

❸

답 ______

문해력 레벨 1

5-2 오른쪽 도형에서 삼각형 ㄱㄴㄷ과 삼각형 ㅁㄹㄷ은 정삼각형입니다./ 사각형 ㄱㄴㄹㅁ의 네 변의 길이의 합은 몇 cm인가요?

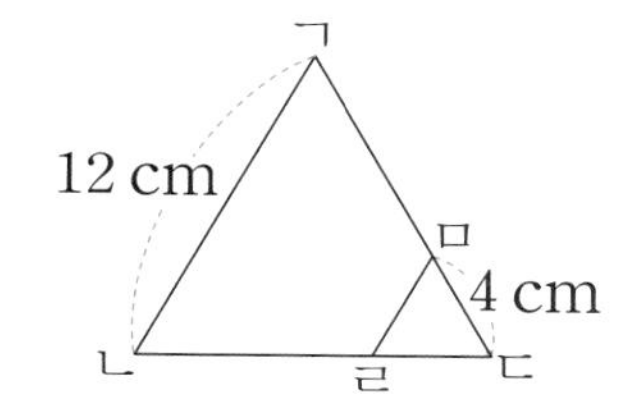

스스로 풀기 ❶ 변 ㅁㄹ의 길이 구하기

❷ 변 ㄴㄹ과 변 ㄱㅁ의 길이 구하기

❸ 사각형 ㄱㄴㄹㅁ의 네 변의 길이의 합 구하기

답 ______

문해력 레벨 2

5-3 한 변의 길이가 20 cm인 정삼각형 모양의 종이를/ 오른쪽과 같이 2개의 정삼각형을 잘라 내고/ 사각형 ㄹㄴㅁㅂ을 만들었습니다./ 사각형 ㄹㄴㅁㅂ의 네 변의 길이의 합은 몇 cm인가요?

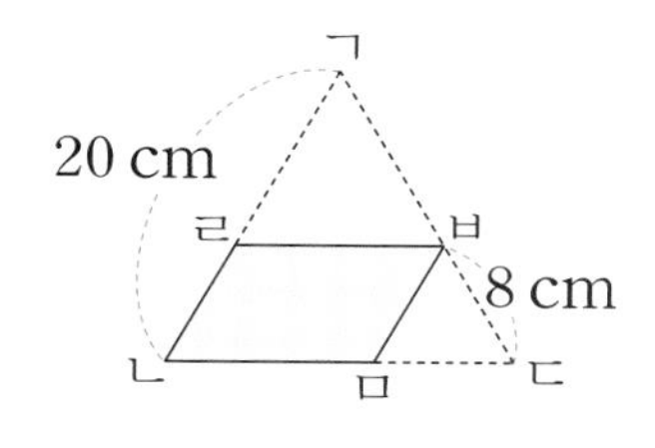

스스로 풀기 ❶ 변 ㅂㅁ과 변 ㄹㄴ의 길이 구하기

❷ 변 ㄴㅁ과 변 ㄹㅂ의 길이 구하기

❸ 사각형 ㄹㄴㅁㅂ의 네 변의 길이의 합 구하기

답 ______

수학 문해력 기르기

관련 단원 삼각형

문해력 문제 6

유리는 수업 시간에 다음과 같이 색종이를 접은 후 잘라/
정삼각형 ㄱㄴㄷ을 만들었습니다./
만든 정삼각형 ㄱㄴㄷ을 한 번 더 접었을 때/ 각 ㅂㄹㅁ의 크기는 몇 도인가요?
└구하려는 것

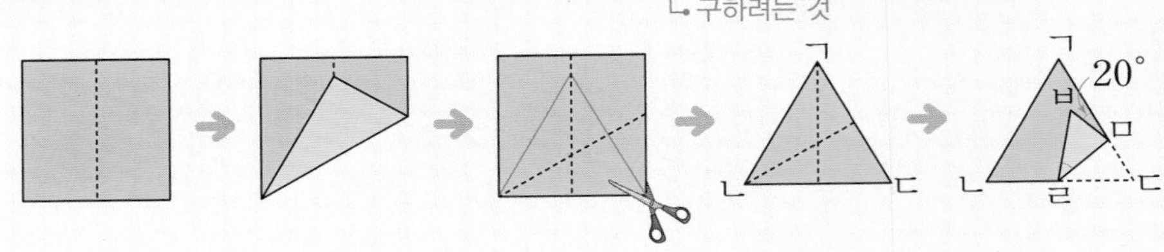

해결 전략

직선이 이루는 각도는 180°니까

❶ (각 ㄹㅁㅂ과 각 ㄹㅁㄷ의 크기의 합)=180°−(각 ㄱㅁㅂ)을 구하고

접은 부분과 접혀진 부분의 각의 크기는 같으니까

❷ (각 ㄹㅁㅂ)=(❶에서 구한 각도의 합) ◯ 2를 구한다.
└+, −, ×, ÷ 중 알맞은 것 쓰기

삼각형 ㄱㄴㄷ은 정삼각형이니까

❸ (각 ㅂㄹㅁ)=180°−(각 ㅁㅂㄹ)−(각 ㄹㅁㅂ)을 구한다.
(❷에서 구한 각도)

문제 풀기

❶ (각 ㄹㅁㅂ)+(각 ㄹㅁㄷ)=180°−☐°=☐°

❷ 접은 부분과 접혀진 부분의 각의 크기는 같다.

➔ (각 ㄹㅁㅂ)=☐°÷2=☐°

❸ (각 ㅁㅂㄹ)=(각 ㄱㄷㄴ)=60°

➔ (각 ㅂㄹㅁ)=180°−60°−☐°=☐°

답 ____________

문해력 레벨업 종이를 접었을 때 접은 부분과 접혀진 부분의 각의 크기는 같다.

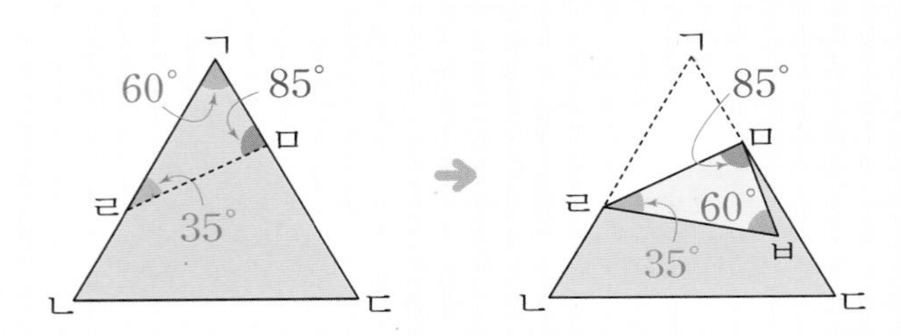

삼각형 ㄱㄹㅁ과 삼각형 ㅂㄹㅁ은 모양과 크기가 같으므로 접은 부분과 접혀진 부분의 각의 크기가 같다.

복습책 26쪽에 유사, 심화문제 제공

쌍둥이 문제

6-1

오른쪽 그림과 같이 정삼각형 모양의 종이를 접었습니다./
각 ㄹㅁㅂ의 크기는 몇 도인가요?

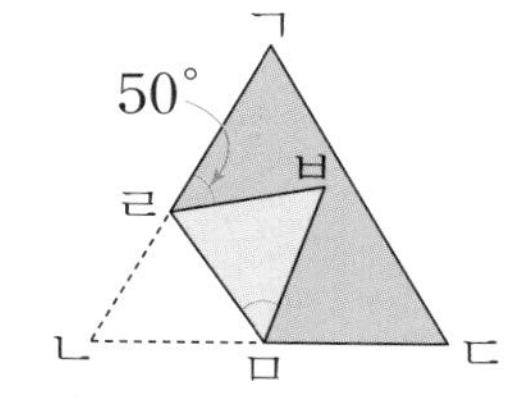

따라 풀기 ❶

❷

❸

답 ____________

문해력 레벨 1

6-2

오른쪽 그림과 같이 정삼각형 모양의 종이를 접었습니다./
각 ㄴㄹㅁ의 크기는 몇 도인가요?

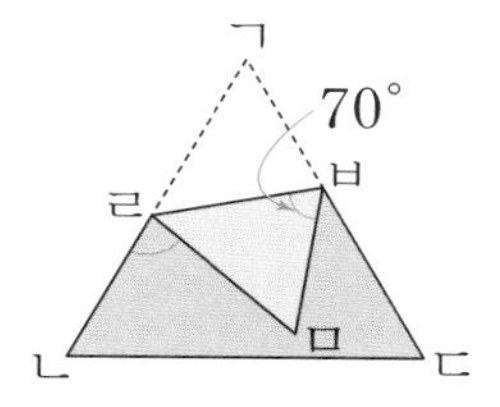

스스로 풀기 ❶ 각 ㅂㄹㅁ의 크기 구하기

❷ 각 ㅂㄹㄱ의 크기 구하기

❸ 각 ㄴㄹㅁ의 크기 구하기

답 ____________

문해력 레벨 2

6-3

오른쪽 그림과 같이 이등변삼각형 모양의 종이를 접었습니다./
각 ㅁㄱㄹ의 크기는 몇 도인가요?

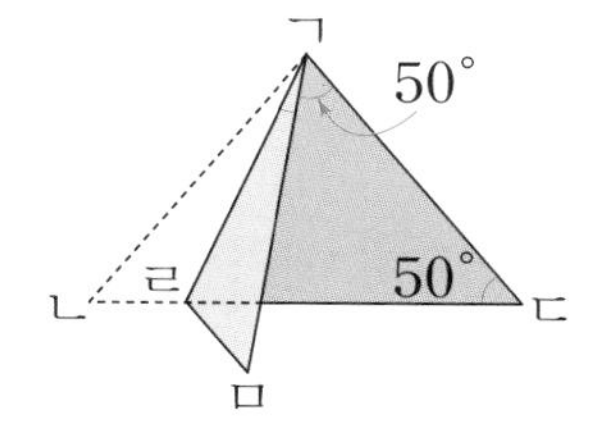

스스로 풀기 ❶ 각 ㄴㄱㄷ의 크기 구하기

❷ 각 ㄴㄱㅁ의 크기 구하기

❸ 각 ㅁㄱㄹ의 크기 구하기

답 ____________

수학 문해력 기르기

관련 단원 사각형

문해력 문제 7

변 ㄱㅇ과 변 ㄴㄷ은 서로 평행합니다./
변 ㄱㅇ과 변 ㄴㄷ 사이의 거리는 몇 cm인가요?
└ 구하려는 것

ㄱ ㅇ 7 cm ㅂ ㅅ 22 cm 9 cm ㄹ ㅁ 4 cm ㄴ 15 cm ㄷ

해결 전략

변 ㄱㅇ과 변 ㄴㄷ 사이의 거리를 구하려면

❶ 변 ㄱㅇ, 변 [　　] 과 평행한 변에 수직인 변을 모두 찾은 후

❷ 위 ❶에서 찾은 변의 길이를 모두 더한다.

문제 풀기

❶ 변 ㄱㅇ, 변 [　　] 과 평행한 변에 수직인 변:

변 ㅇㅅ, 변 [　　], 변 ㄹㄷ

❷ (변 ㄱㅇ과 변 ㄴㄷ 사이의 거리)

=(변 ㅇㅅ)+(변 [　　])+(변 ㄹㄷ)

=7+[　]+4=[　　] (cm)

답 ____________

문해력 레벨업 모양이 달라도 하나의 수직인 선분으로 만들어 평행선 사이의 거리를 구하자.

예 변 ㄱㅂ과 변 ㄹㅁ 사이의 거리 구하기

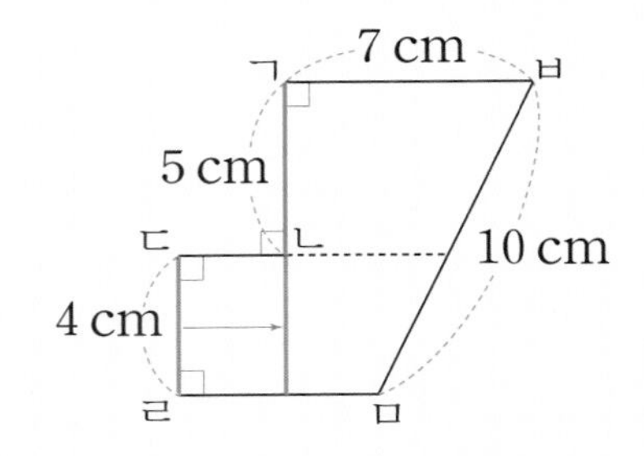

❶ 두 변과 평행한 변에 수직인 변 찾기	→	❷ ❶에서 찾은 변의 길이의 합 구하기
변 ㄱㄴ, 변 ㄷㄹ		5+4=9 (cm)

쌍둥이 문제

7-1

오른쪽 도형에서 변 ㄱㄴ과 변 ㅇㅅ은 서로 평행합니다./ 변 ㄱㄴ과 변 ㅇㅅ 사이의 거리는 몇 cm인가요?

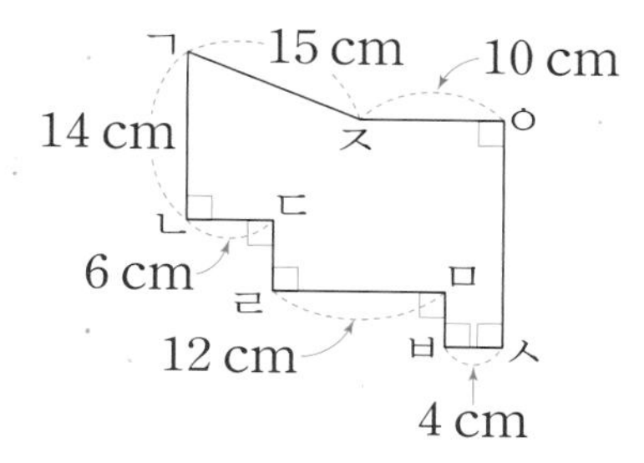

따라 풀기 ❶

❷

답 ______________

문해력 레벨 1

7-2

민주네 집 앞에는 오른쪽 그림과 같은 도로가 있습니다./ 직선 가, 나, 다, 라는 서로 평행하고/ 직선 가와 직선 라 사이의 거리는 17 m입니다./ 직선 나와 직선 다 사이의 거리는 몇 m인가요?

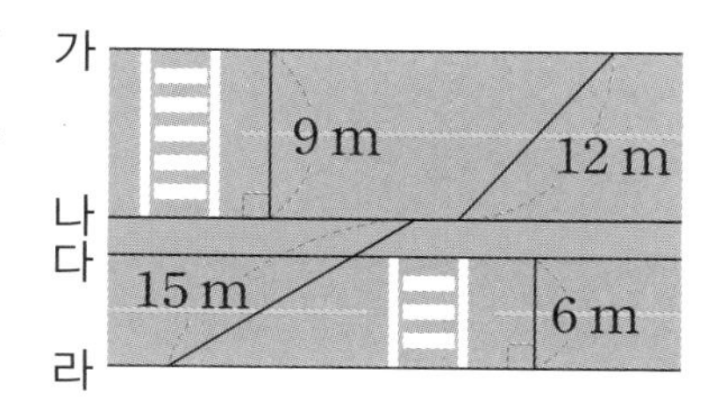

스스로 풀기 ❶ 직선 가와 나, 직선 다와 라의 사이의 거리 구하기

❷ 직선 나와 직선 다 사이의 거리 구하기

답 ______________

문해력 레벨 2

7-3

오른쪽 도형은 크기가 다른 정사각형 가, 나, 다를/ 겹치지 않게 이어 붙인 것입니다./ 변 ㄱㄴ과 변 ㄹㄷ 사이의 거리는 몇 cm인가요?

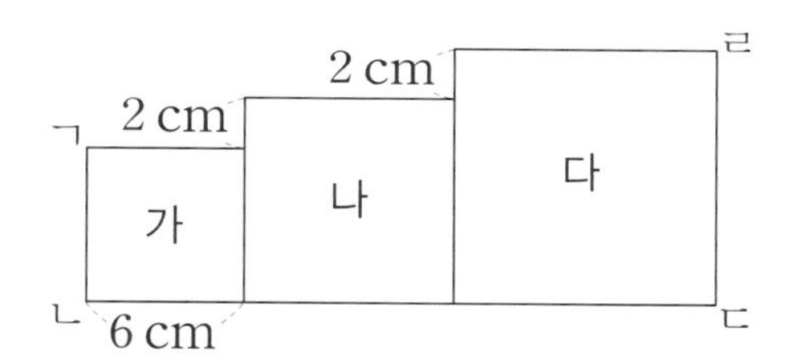

스스로 풀기 ❶ 정사각형 나의 한 변의 길이 구하기

변 ㄱㄴ과 변 ㄹㄷ 사이의 거리는 선분 ㄴㄷ의 길이와 같아.

❷ 정사각형 다의 한 변의 길이 구하기

❸ 변 ㄱㄴ과 변 ㄹㄷ 사이의 거리 구하기

답 ______________

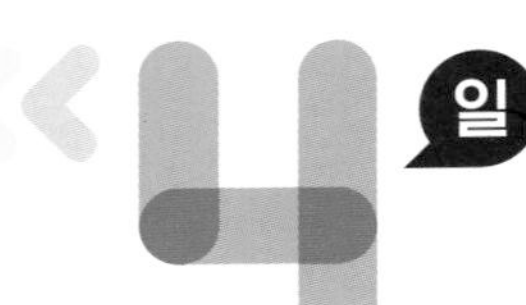

4일 수학 문해력 기르기

관련 단원 사각형

문해력 문제 8

겉으로 드러난 쪽의 평평한 바닥

빛은 곧게 나아가다 물체면에 닿으면/ 반사되어 꺾입니다./
그림과 같이 물체면과 수직인 ※법선을 기준으로/
빛의 ※입사각과 ※반사각의 크기는 서로 같습니다./
그림과 같이 물체면에 빛을 쏘았을 때/ ㉠과 ㉡의 각도의 차를 구하세요.

구하려는 것

들어오는 빛 법선 나가는 빛
입사각 반사각
물체면

→ 법선
30°
㉠
㉡
물체면

해결 전략

입사각과 반사각의 크기가 같으니까

❶ ㉠은 입사각의 크기와 같다.

법선은 물체면과 수직으로 만나니까

❷ ㉡= □°−(입사각의 크기)를 구한다.

❸ (❷에서 구한 각도)−(❶에서 구한 각도)를 구한다.

문해력 백과

법선: 평면에 있는 직선의 한 점을 지나는 수직인 직선
입사각: 들어오는 빛과 법선이 이루는 각
반사각: 나가는 빛과 법선이 이루는 각

문제 풀기

❶ ㉠=(입사각의 크기)= □°

❷ ㉡=90°− □°= □°

❸ (㉠과 ㉡의 각도의 차)= □°−30°= □°

답 ______________

문해력 레벨업 두 직선이 서로 수직이면 두 직선이 만나서 이루는 각도는 90°이다.

예 직선 가와 직선 나가 서로 수직일 때 ㉠의 각도 구하기

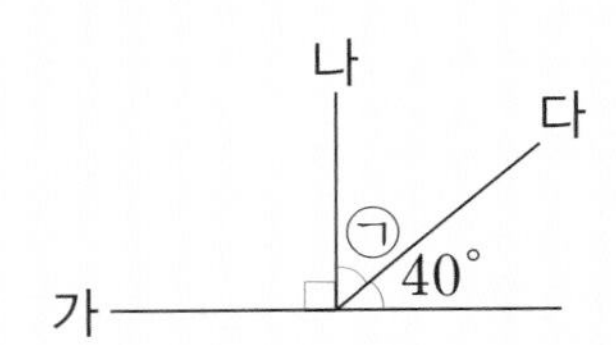

직선 가와 직선 나가 서로 수직일 때
(직선 가와 직선 나가 만나서 이루는 각도)=90°

→ ㉠=90°−40°=50°

• 정답과 해설 18쪽
복습책 28쪽에 유사, 심화문제 제공

쌍둥이 문제

8-1 오른쪽 그림에서 직선 가와 직선 나는 서로 수직입니다./ ㉠과 ㉡의 각도의 합을 구하세요.

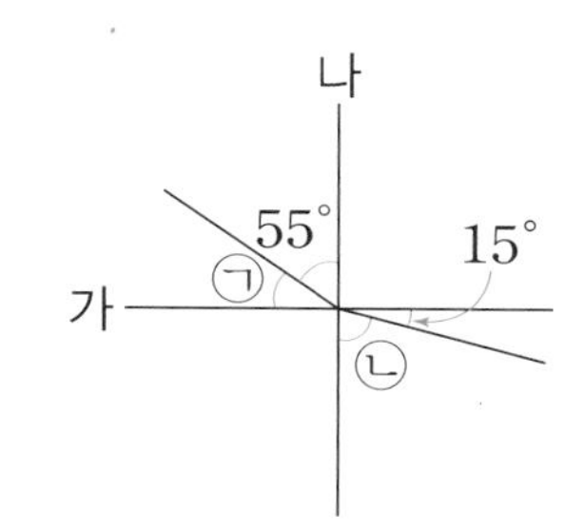

따라 풀기 ❶

❷

❸

답

문해력 레벨 1

8-2 오른쪽 그림에서 직선 가와 직선 나는 서로 수직입니다./ 직선을 한 개 그었을 때/ ㉠과 ㉡의 각도의 차를 구하세요.

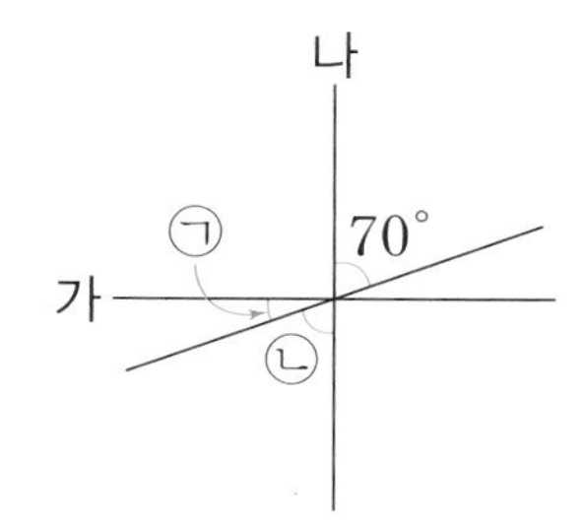

스스로 풀기 ❶

❷

❸

답

문해력 레벨 2

8-3 오른쪽 그림에서 선분 ㅁㅂ은 선분 ㄷㄹ에 대한 수선입니다./ ㉠과 ㉡의 각도의 차를 구하세요.

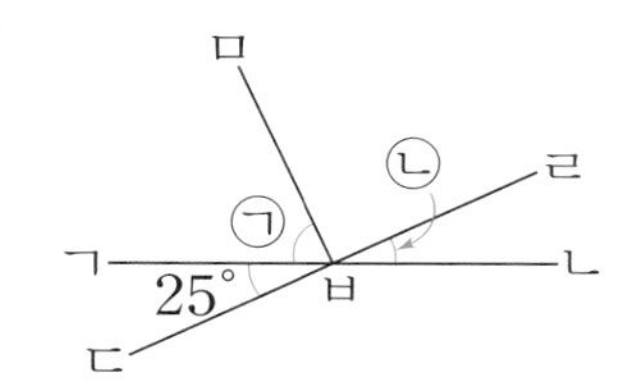

스스로 풀기 ❶ ㉠의 각도 구하기

문해력 핵심
두 직선이 서로 수직으로 만나면 한 직선을 다른 직선에 대한 수선이라고 한다.

❷ ㉡의 각도 구하기

❸ ㉠과 ㉡의 각도의 차 구하기

답

수학 문해력 완성하기

관련 단원 삼각형

기출 1 오른쪽 도형은 이등변삼각형 ㄱㄴㄷ과/ 정삼각형 ㄹㅁㄷ을 겹쳐 놓은 것입니다./ 각 ㅁㅂㄷ의 크기는 몇 도인지 구하세요.

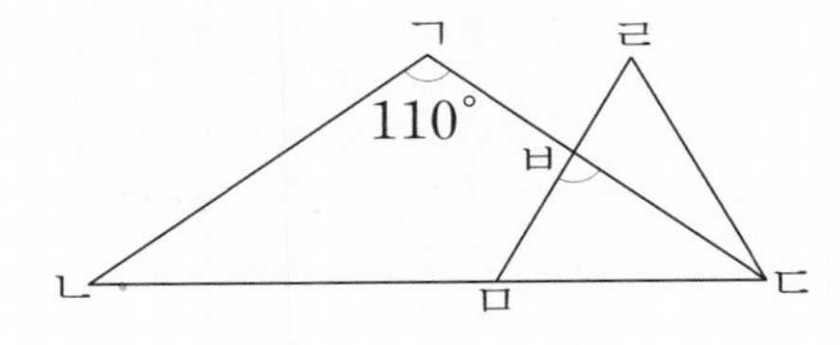

해결 전략

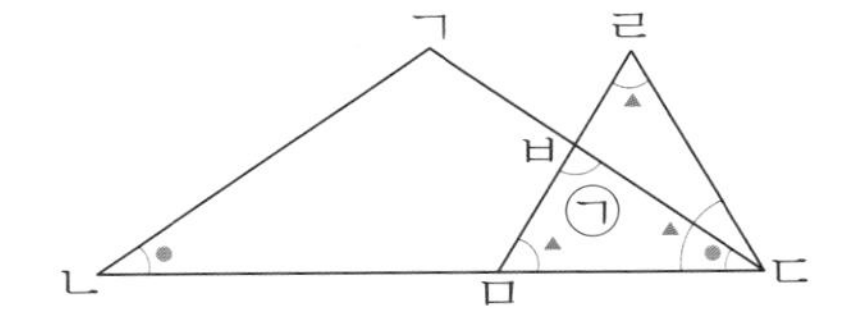

이등변삼각형은 두 각의 크기가 같고
정삼각형은 세 각의 크기가 모두 같다.

→ ㉠ $=180° - ● - ▲$

※20년 하반기 19번 기출 유형

문제 풀기

① 삼각형 ㄱㄴㄷ에서 각 ㄱㄴㄷ과 각 ㄱㄷㄴ의 크기의 합 구하기

② 이등변삼각형의 성질을 이용하여 각 ㄱㄷㄴ의 크기 구하기

③ 정삼각형의 성질을 이용하여 각 ㄹㅁㄷ의 크기 구하기

④ 삼각형 ㅂㅁㄷ에서 각 ㅁㅂㄷ의 크기 구하기

답 ____________

관련 단원 삼각형

기출 2 길이가 같은 성냥개비를 다음과 같이/ 일정한 규칙에 따라 늘어놓고 있습니다./ 성냥개비 84개를 사용한 모양에서 찾을 수 있는/ 가장 큰 정삼각형의 세 변의 길이의 합이 903 mm일 때/ 성냥개비 한 개의 길이는 몇 mm인지 구하세요./ (단, 성냥개비와 성냥개비 사이의 간격은 생각하지 않습니다.)

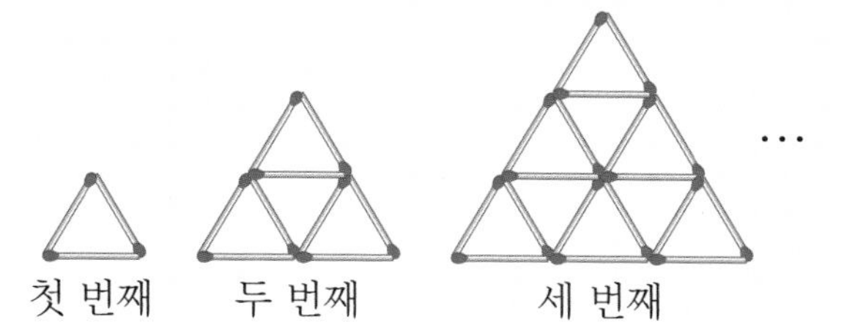

해결 전략

	첫 번째	두 번째	세 번째
▽를 제외한 △의 수	1개	1+2=3(개)	1+2+3=6(개)
가장 큰 정삼각형의 세 변에 있는 성냥개비의 수	1×3=3(개)	3×3=9(개)	6×3=18(개)

→ (가장 큰 정삼각형의 세 변에 있는 성냥개비의 수)=(▽를 제외한 △의 수)×3(개)

※20년 하반기 22번 기출 유형

문제 풀기

❶ 성냥개비 84개를 사용한 모양에서 ▽를 제외한 △의 수 구하기

▽를 제외한 △의 수를 □개라 하면 (성냥개비의 수)=3×□=84이다. → □=[   ](개)

❷ 몇 번째 도형인지 구하기

1+2+3+4+5+[   ]+[   ]=[   ]이므로 [   ] 번째 도형이다.

❸ 가장 큰 정삼각형의 세 변에 있는 성냥개비의 수 구하기

❹ 성냥개비 한 개의 길이 구하기

답 ______

수학 문해력 완성하기

관련 단원 삼각형

융합 3 원 모양의 ※드림캐쳐에 일정한 간격으로/ 10개의 구멍이 있습니다./ 이 중에서 3개의 구멍에 줄을 끼워서 삼각형을 만들려고 합니다./ 만들 수 있는 삼각형 중에서/ 이등변삼각형이면서 예각삼각형인 것은 모두 몇 개인가요?/ (단, 다른 구멍에 끼워 만든 삼각형은 서로 다른 삼각형으로 생각합니다.)

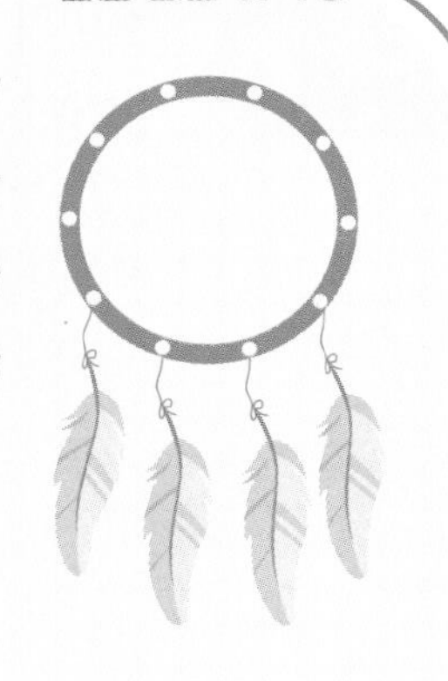

해결 전략

이등변삼각형을 만들려면 원의 한 점에서 같은 거리만큼 떨어진 두 점을 이어야 한다.

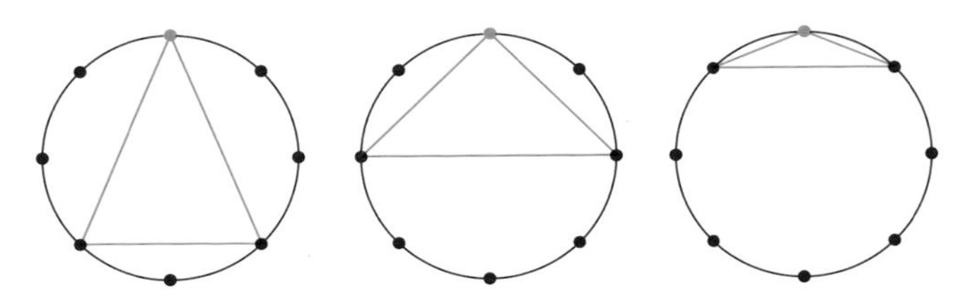

문제 풀기

❶ 한 구멍에서 만들 수 있는 이등변삼각형이면서 예각삼각형인 것을 그리고, 개수 구하기

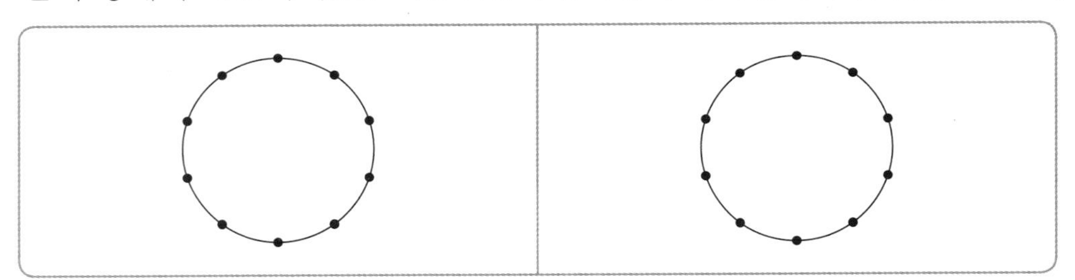

→ 한 구멍에서 만들 수 있는 이등변삼각형이면서 예각삼각형인 것은 ☐개이다.

❷ 만들 수 있는 삼각형 중에서 이등변삼각형이면서 예각삼각형인 것의 수 구하기

문해력 백과

드림캐쳐: 아메리카 원주민들이 악몽을 걸러주고, 좋은 꿈만 꾸게 해준다고 믿었던 토속 장신구

답 ________

관련 단원 사각형

코딩 4 |보기|를 보고 점 ㄱ부터 출발하여 |명령문|의 순서에 따라 움직였을 때/ 도착하는 곳까지 선을 그리고,/ 선분 ㄱㄴ과 가장 먼 평행선 사이의 거리는 몇 cm인지 구하세요.

|보기|

➔: 가던 방향으로 1칸 가기

⇧: 가던 방향에서 시계 반대 방향으로 90°만큼 돌리기

|명령문|

➔⇧➔⇧➔➔⇧⇧⇧➔➔➔⇧⇧⇧➔

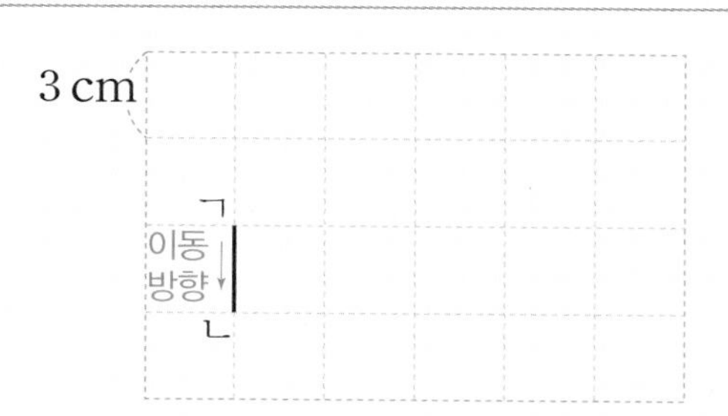

해결 전략

⇧: 가던 방향에서 시계 반대 방향으로 90°만큼 돌리기

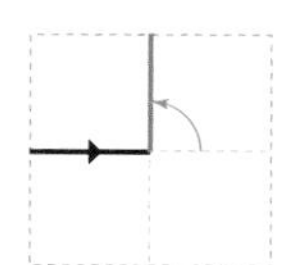

⇧⇧⇧: 가던 방향에서 시계 반대 방향으로 270°만큼 돌리기

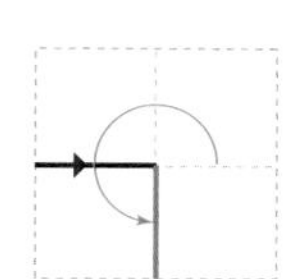

문제 풀기

❶ 명령문의 순서에 따라 위 그림에 그리기

❷ 선분 ㄱㄴ과 가장 먼 평행선 사이의 거리 구하기

선분 ㄱㄴ과 가장 먼 평행선 사이의 칸수는 ☐칸이므로

(선분 ㄱㄴ과 가장 먼 평행선 사이의 거리)=☐×☐=☐(cm)이다.

답 ________

수학 문해력 평가하기

문제를 읽고 조건을 표시하면서 풀어 봅니다.

72쪽 문해력 2

1 오른쪽 도형에서 찾을 수 있는 크고 작은 예각삼각형은 모두 몇 개인가요?

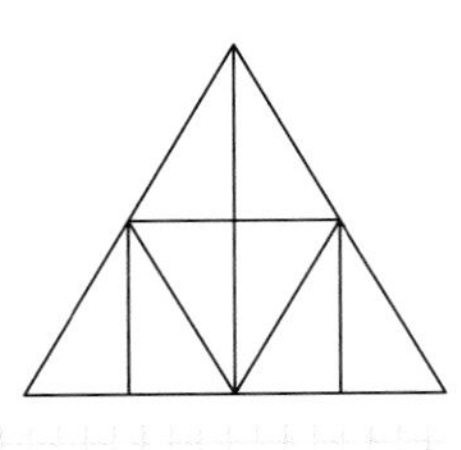

풀이

답 ____________________

70쪽 문해력 1

2 크기가 같은 정삼각형 6개를 이용하여 오른쪽과 같은 도형을 만들었습니다. 굵은 선의 길이가 66 cm일 때 정삼각형의 한 변의 길이는 몇 cm인가요?

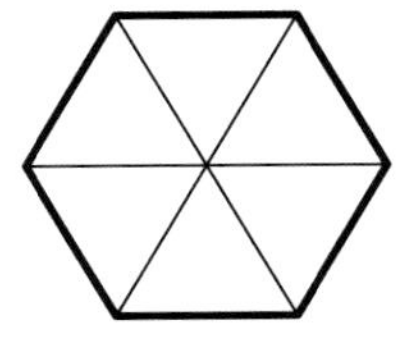

풀이

답 ____________________

78쪽 문해력 5

3 오른쪽 도형에서 삼각형 ㄱㄴㄷ은 세 변의 길이의 합이 54 cm인 정삼각형이고 삼각형 ㄱㄹㅁ은 세 변의 길이의 합이 30 cm인 정삼각형입니다. 선분 ㅁㄷ의 길이는 몇 cm인가요?

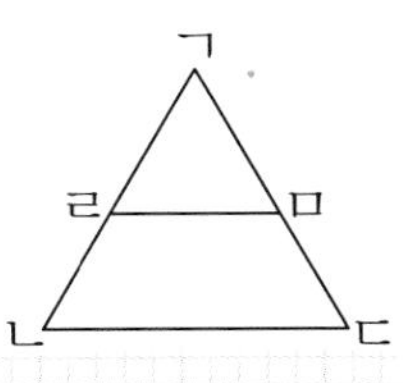

풀이

답 ____________________

• 정답과 해설 19쪽

74쪽 문해력 3

4 오른쪽 도형에서 삼각형 ㄱㄴㄷ은 이등변삼각형이고 삼각형 ㄹㄴㄷ은 정삼각형입니다. 각 ㄱㄴㄹ의 크기는 몇 도인가요?

풀이

답

76쪽 문해력 4

5 오른쪽 도형에서 삼각형 ㄱㄴㄷ과 삼각형 ㄱㄷㄹ은 이등변삼각형입니다. 각 ㄱㄷㄹ의 크기는 몇 도인가요?

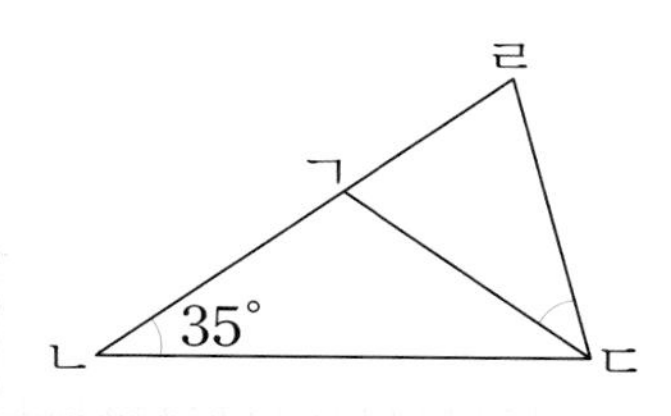

풀이

답

82쪽 문해력 7

6 오른쪽 도형에서 변 ㄱㄴ과 변 ㅇㅅ은 서로 평행합니다. 변 ㄱㄴ과 변 ㅇㅅ 사이의 거리는 몇 cm인가요?

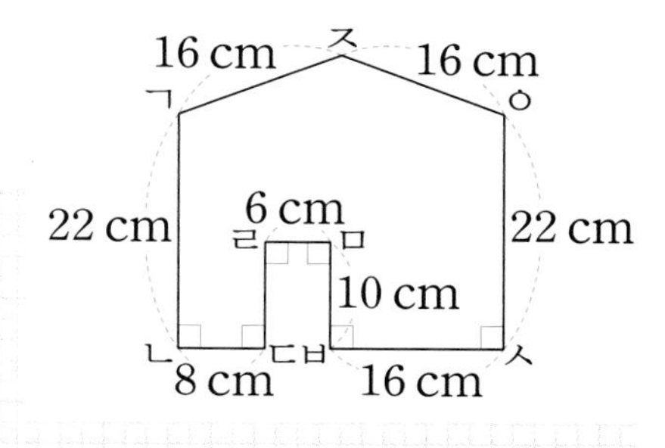

풀이

답

공부한 날 월 일

주말 평가

수학 문해력 평가하기

72쪽 문해력 2

7 작은 정삼각형으로 만든 도형입니다. 찾을 수 있는 크고 작은 정삼각형은 모두 몇 개인가요?

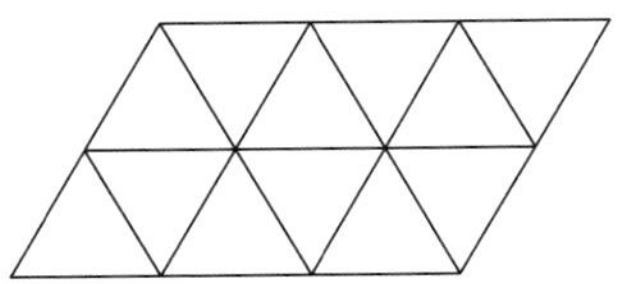

풀이

답

74쪽 문해력 3

8 삼각형 ㄱㄴㄷ과 삼각형 ㄹㄴㄷ은 이등변삼각형입니다. 각 ㄴㄱㄷ의 크기는 몇 도인지 구하세요.

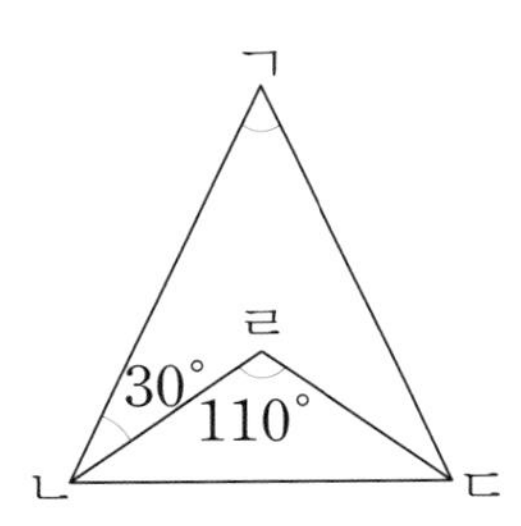

풀이

답

• 정답과 해설 19쪽

80쪽 문해력 6

9 그림과 같이 이등변삼각형 모양의 종이를 접었습니다. 각 ㅂㄹㅁ의 크기는 몇 도인지 구하세요.

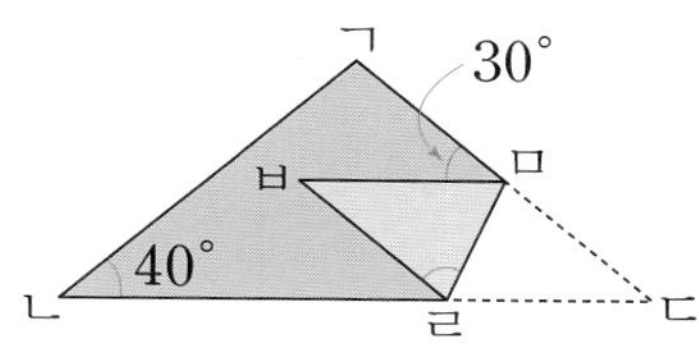

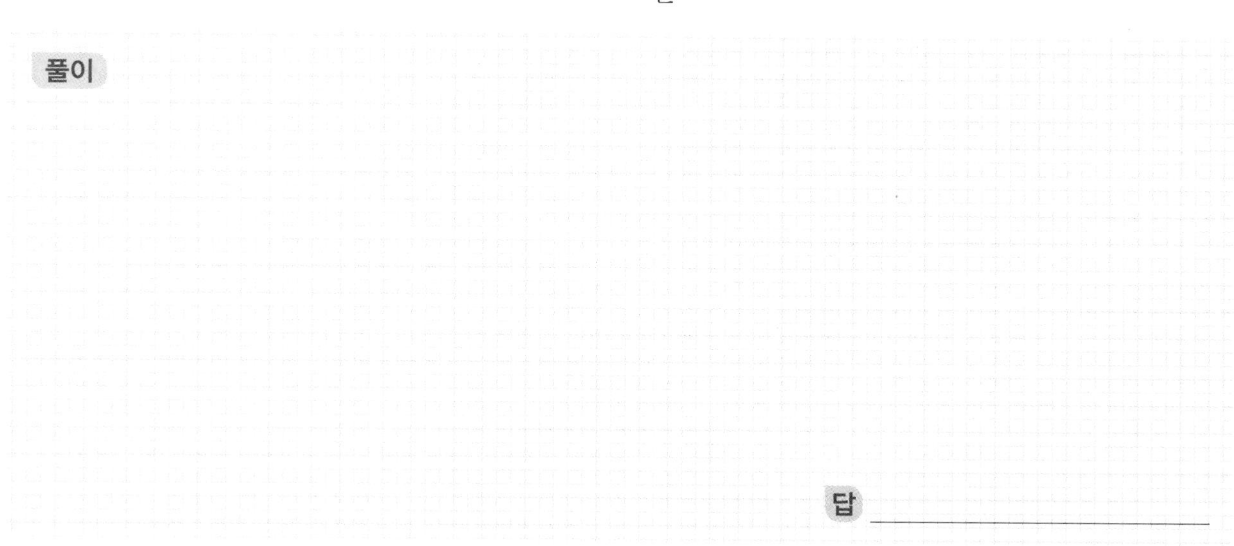

풀이

답 ______________

84쪽 문해력 8

10 그림과 같이 가, 나 두 막대는 서로 평행하고, 두 막대와 판자가 서로 수직인 울타리가 있습니다. 선을 그었을 때 ㉠과 ㉡의 각도의 합을 구하세요.

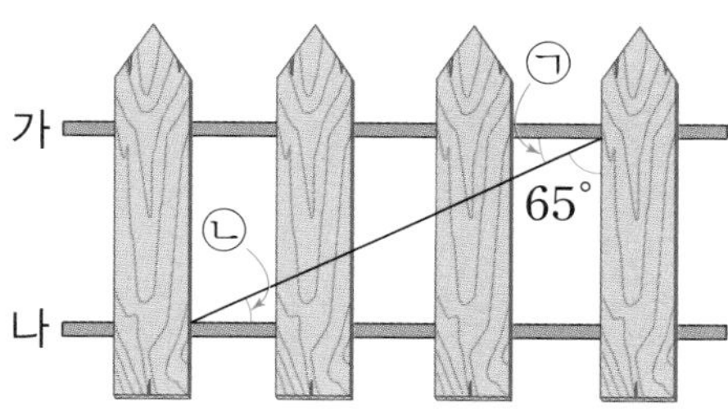

풀이

답 ______________

사각형 / 다각형

수직과 평행, 여러 가지 도형은 건축의 조형미와 예술을 표현하는 데 중요한 요소에요. 수직과 평행 관계를 이해하고, 사각형을 사다리꼴, 평행사변형, 마름모, 직사각형, 정사각형 등으로 분류하고 사각형의 성질을 알아보면서 다각형, 정다각형, 다각형의 대각선을 이해하고 문제를 해결해 봐요.

이번 주에 나오는 어휘 & 지식백과

108쪽 구절판 (九 아홉 구, 折 꺾을 절, 坂 고개 판)
팔각형 모양으로 만든 나무 그릇.
가운데 칸을 둥글게 하고, 그 둘레를 여덟 칸으로
나누었으며 뚜껑이 따로 있다.
구절판찬합이라고도 한다.

112쪽 벌집
벌이 알을 낳고 먹이와 꿀을 저장하며 생활하는 집.
벌집은 육각형 모양으로 빈틈이 전혀 없이 지을 수 있고 이 모양은 꿀을 가장 많이 저장할 수 있다.

113쪽 타일 (tile)
점토를 구워서 만든, 겉이 반들반들한 얇고 작은 도자기 판.
벽, 바닥 따위에 붙여 장식하는 데 쓴다.

115쪽 연 (鳶 솔개 연)
종이에 대나무의 가지를 붙여 실을 맨 다음 공중에 높이 날리는 장난감.
연의 종류에는 가오리연, 반달연 등이 있다.

119쪽 차선 (車 수레 차, 線 선 선)
자동차 도로에 운전하는 방향을 따라 일정한 간격으로 그어 놓은 선

문해력 기초 다지기

문장제에 적용하기

기초 문제가 어떻게 문장제가 되는지 알아봅니다.

1 평행사변형에서 ㉠의 각도 구하기

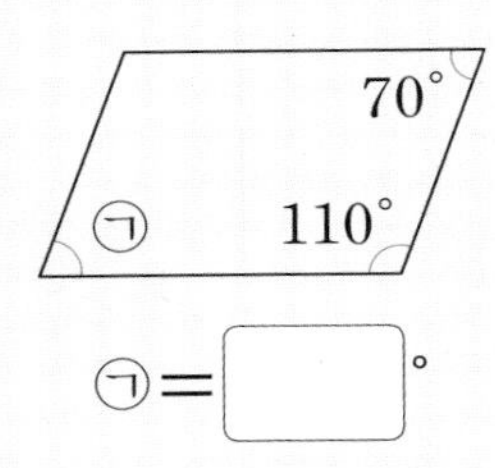

㉠=☐°

사각형 ㄱㄴㄷㄹ은 **평행사변형**입니다.
각 ㄱㄴㄷ의 크기는 몇 도인가요?

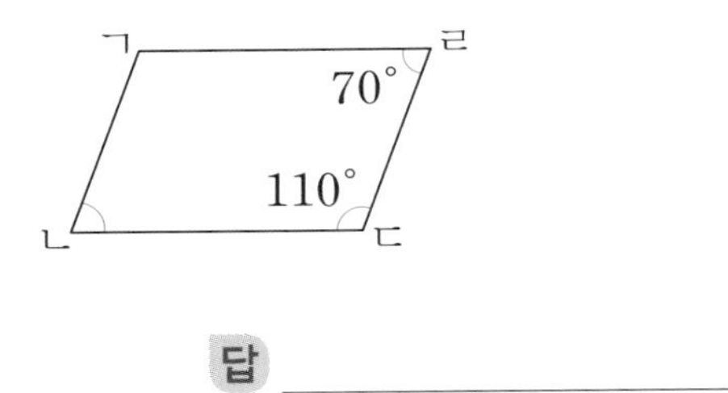

답 ______________

2 마름모에서 ㉠의 각도 구하기

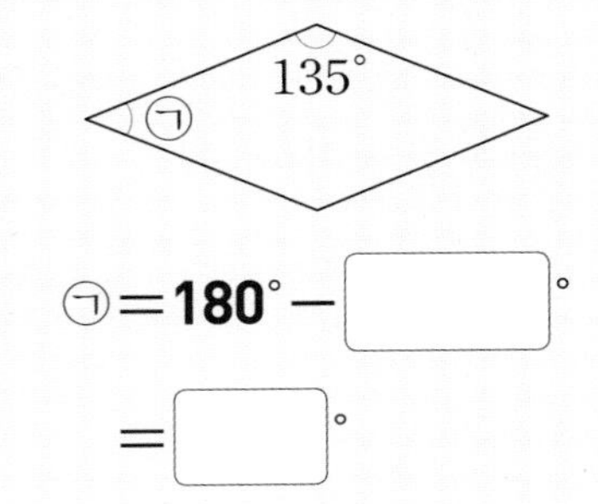

㉠=**180°**−☐°
=☐°

사각형 ㄱㄴㄷㄹ은 **마름모**입니다.
각 ㄱㄴㄷ의 크기는 몇 도인가요?

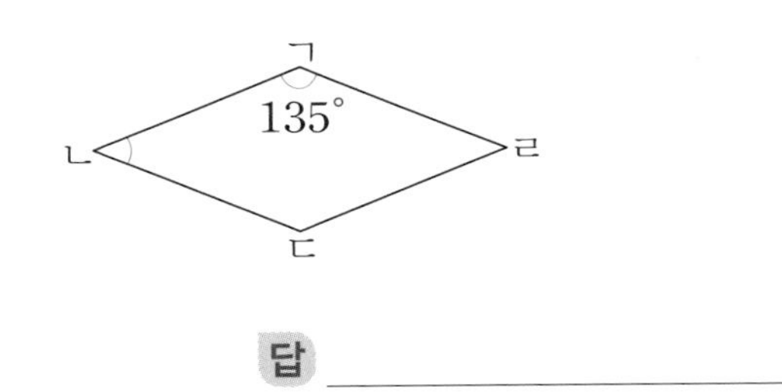

답 ______________

3 마름모에서 네 변의 길이의 합 구하기

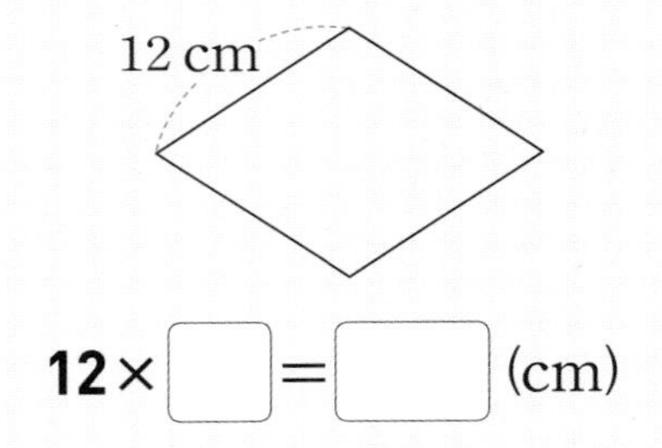

12×☐=☐(cm)

철사로 한 변의 길이가 **12 cm**인 **마름모**를 만들었습니다.
마름모의 **네 변의 길이의 합은 몇 cm**인가요?

식 12×☐=☐

꼭! 단위까지 따라 쓰세요.

답 ______________ cm

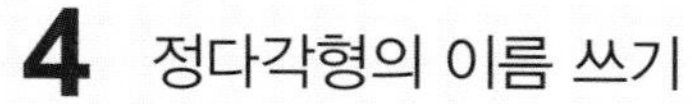

4 정다각형의 이름 쓰기

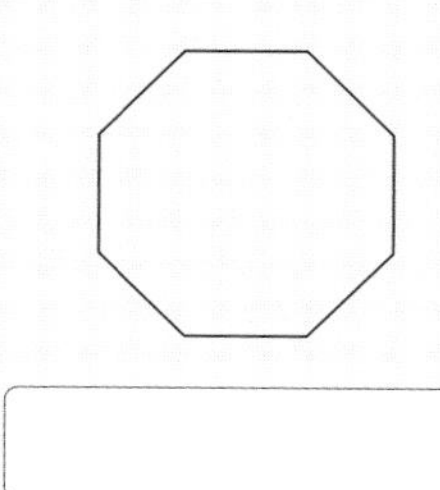

8개의 선분으로 둘러싸여 있고,
변의 길이와 각의 크기가 모두 같은
다각형의 이름은 무엇인가요?

답 ______________

5 오각형의 대각선의 수 구하기

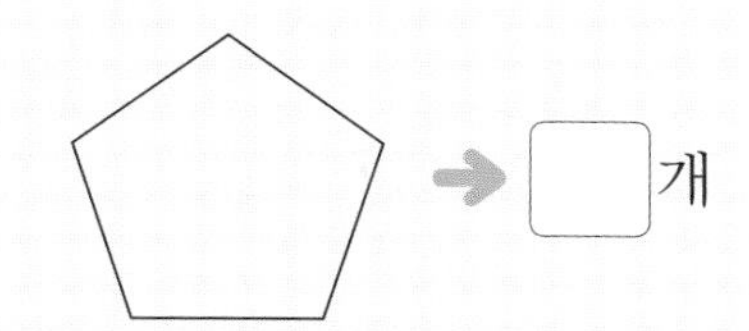

➜ ☐개

오각형에 그을 수 있는 **대각선은 모두 몇 개**인가요?

꼭! 단위까지 따라 쓰세요.

답 ______________ 개

6 정사각형의 대각선의 길이 구하기

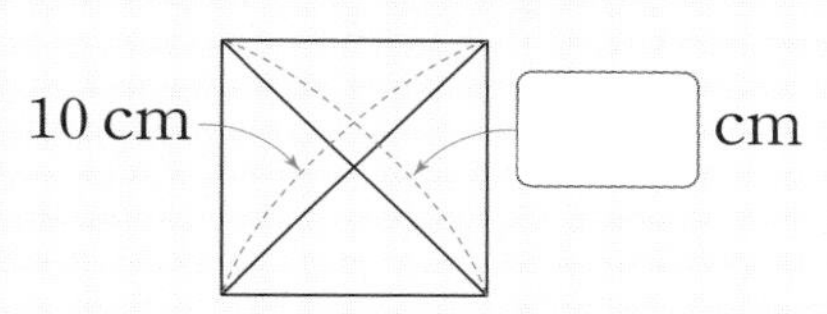

정사각형의 한 대각선의 길이가 **10 cm**일 때
다른 대각선의 길이는 몇 cm인가요?

답 ______________ cm

7 정육각형의 모든 변의 길이의 합 구하기

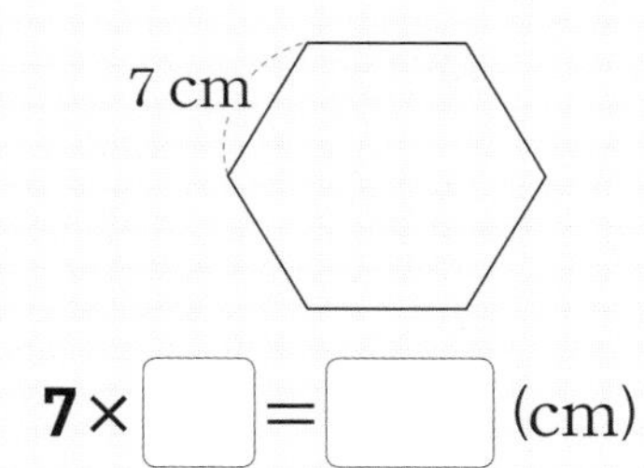

7× ☐ = ☐ (cm)

정육각형의 한 변의 길이가 **7 cm**일 때
모든 변의 길이의 합은 몇 cm인가요?

식 7× ☐ = ☐

답 ______________ cm

공부한 날 월 일

문해력 기초 다지기

문장 읽고 문제 풀기

간단한 문장제를 풀어 봅니다.

1 오른쪽 사각형 ㄱㄴㄷㄹ은 **평행사변형**입니다.
각 ㄱㄴㄷ의 **크기는 몇 도**인가요?

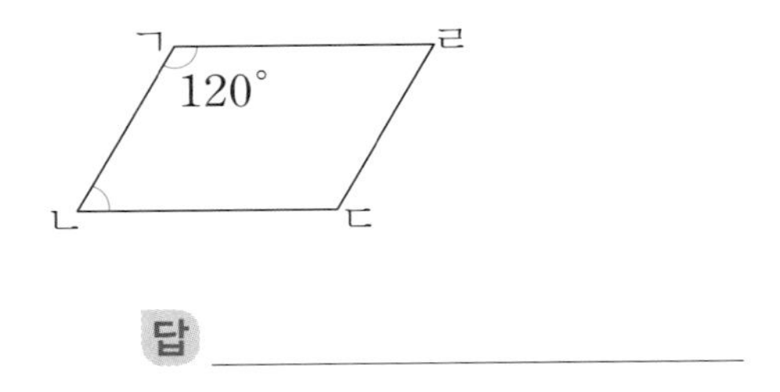

답 ______________

2 오른쪽 **평행사변형**의 **네 변의 길이의 합은 몇 cm**인가요?

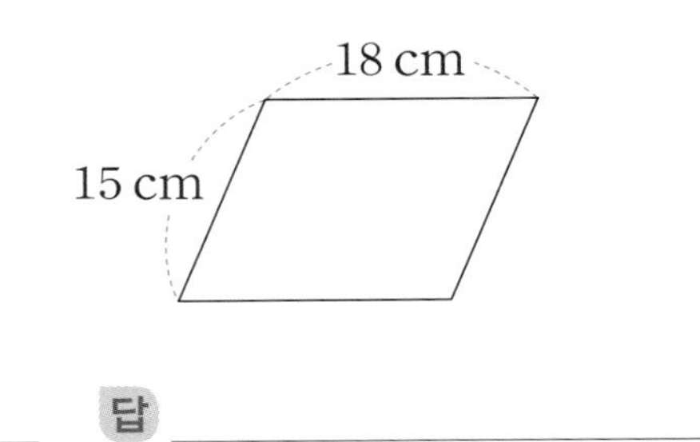

식 ______________ 답 ______________

3 길이가 **32 cm**인 철사를 모두 사용하여 **가장 큰 마름모 1개**를 만들려고 합니다.
마름모의 한 변의 길이를 몇 cm로 해야 하나요?

식 ______________ 답 ______________

4 한 변의 길이가 **15 cm**인 정오각형이 있습니다.
이 **정오각형의 모든 변의 길이의 합은 몇 cm**인가요?

식 ______________________ 답 ______________

5 한 변의 길이가 **9 cm**이고 모든 변의 길이의 합이 **72 cm**인 **정다각형**이 있습니다.
이 **도형의 이름**을 쓰세요.

답 ______________

6 오른쪽 액자는 육각형 모양입니다.
이 육각형에 그을 수 있는 **대각선은 모두 몇 개**인가요?

답 ______________

대각선의 수는
(한 꼭짓점에서 그을 수 있는 대각선의 수)
×(꼭짓점의 수)를 2로 나누어 구할 수 있어.

7 오른쪽 도형은 **직사각형**입니다.
두 대각선의 길이의 합은 몇 cm인가요?

14 cm

식 ______________________ 답 ______________

1일 수학 문해력 기르기

관련 단원 사각형

문해력 문제 1

오른쪽은 사다리꼴 ㄱㄴㄷㄹ 안에/
선분 ㄱㄴ과 평행한 선분 ㄹㅁ을 그은 것입니다./
삼각형 ㄹㅁㄷ의 세 변의 길이의 합은 몇 cm인가요?
(└ 구하려는 것)

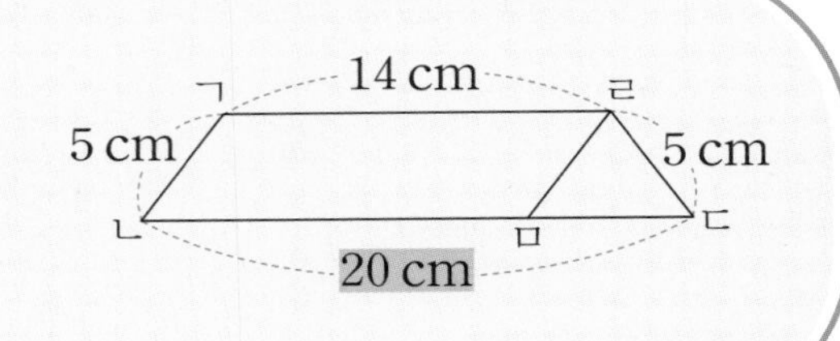

해결 전략

사각형 ㄱㄴㅁㄹ은 평행사변형임을 이용하여

❶ 선분 ㄹㅁ, 선분 ㄴㅁ의 길이를 각각 구하고

선분 ㅁㄷ의 길이를 구하려면

❷ (선분 ㄴㄷ)−(선분 ㄴㅁ)을 구한다.

❸ 삼각형 ㄹㅁㄷ의 세 변의 길이의 합을 구한다.

문해력 핵심

선분 ㄱㄹ과 선분 ㄴㅁ이 평행하고, 선분 ㄱㄴ과 선분 ㄹㅁ이 평행하므로 사각형 ㄱㄴㅁㄹ은 평행사변형이다.

문제 풀기

❶ 평행사변형은 마주 보는 두 변의 길이가 같으므로

(선분 ㄹㅁ)=(선분 ㄱㄴ)=□ cm,

(선분 ㄴㅁ)=(선분 ㄱㄹ)=□ cm이다.

❷ (선분 ㅁㄷ)=20−□=□ (cm)

❸ (삼각형 ㄹㅁㄷ의 세 변의 길이의 합)=□+6+□=□ (cm)

답 ____________

문해력 레벨업 평행사변형의 성질을 이용하여 길이가 주어지지 않은 변의 길이를 구하자.

마주 보는 두 변의 길이가 같다.

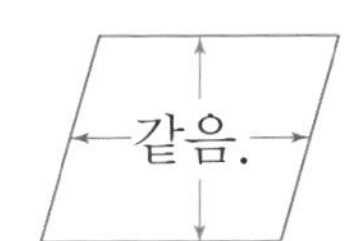

예 평행사변형에서 변 ㄹㄷ, 변 ㄴㄷ의 길이 구하기

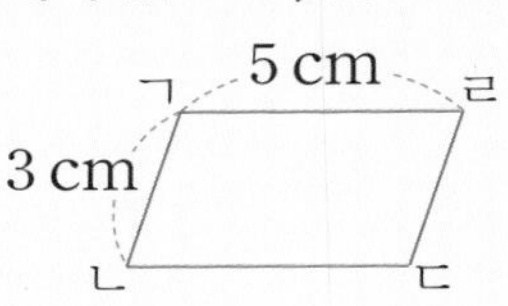

➜ (변 ㄹㄷ)=(변 ㄱㄴ)=3 cm
(변 ㄴㄷ)=(변 ㄱㄹ)=5 cm

쌍둥이 문제

1-1

오른쪽은 사다리꼴 ㄱㄴㄷㄹ 안에/ 선분 ㄹㄷ과 평행한 선분 ㄱㅁ을 그은 것입니다./ 삼각형 ㄱㄴㅁ의 세 변의 길이의 합은 몇 cm인가요?

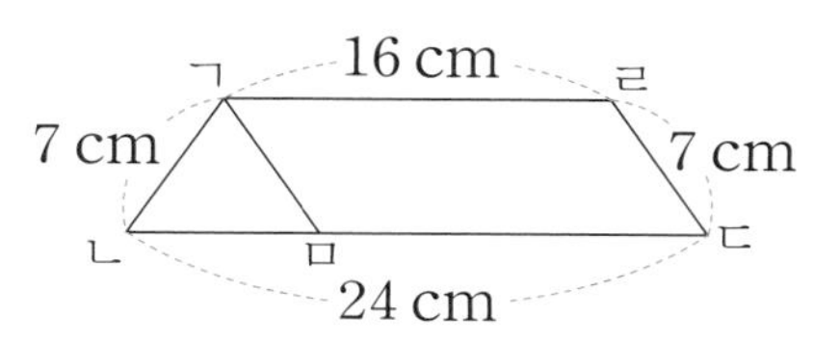

따라 풀기 ❶

❷

❸

답

문해력 레벨 1

1-2

오른쪽은 사다리꼴 ㄱㄴㄷㄹ 안에/ 선분 ㄱㄴ과 평행한 선분 ㄹㅁ을 그은 것입니다./ 삼각형 ㄹㅁㄷ의 세 변의 길이의 합은 몇 cm인가요?

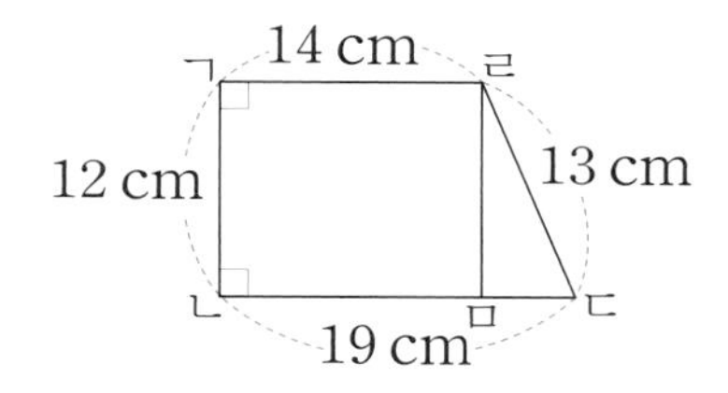

스스로 풀기 ❶

사각형 ㄱㄴㅁㄹ은 네 각이 모두 90°인 직사각형이야.

❷

❸

답

문해력 레벨 2

1-3

오른쪽은 정삼각형 ㄱㄴㅁ과 사다리꼴 ㄱㅁㄷㄹ을/ 변끼리 이어 붙여 평행사변형 ㄱㄴㄷㄹ을 만든 것입니다./ 평행사변형 ㄱㄴㄷㄹ의 네 변의 길이의 합은 몇 cm인가요?

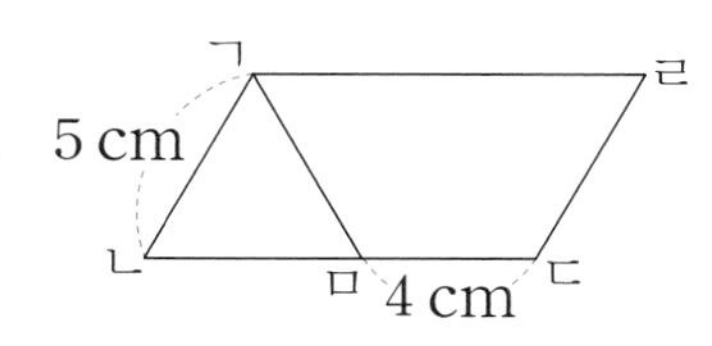

스스로 풀기 ❶ 선분 ㄴㄷ의 길이 구하기

❷ 선분 ㄱㄹ과 선분 ㄹㄷ의 길이 구하기

❸ 평행사변형 ㄱㄴㄷㄹ의 네 변의 길이의 합 구하기

답

1일 수학 문해력 기르기

관련 단원 사각형

문해력 문제 2

유정이네 아버지께서 지붕을 수리하기 위해/
오른쪽 그림과 같은 사다리를 타고 지붕에 올라갔습니다./
이 사다리의 빨간색 부분에서 찾을 수 있는/
크고 작은 사다리꼴은 모두 몇 개인가요?
└ 구하려는 것

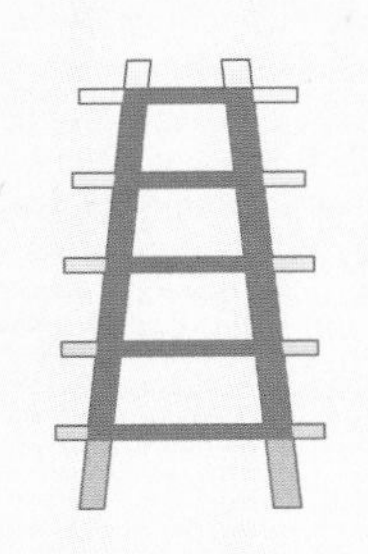

해결 전략

크고 작은 사다리꼴의 수를 모두 구하려면

❶ 작은 사각형 1개, 2개, 3개, 4개로 이루어진 사다리꼴을 각각 찾아 개수를 구하고

❷ 위 ❶에서 구한 사다리꼴의 수를 모두 더한다.

문제 풀기

작은 사각형에 각각 번호를 써서 나타내면

①
②
③
④

❶ 작은 사각형 1개, 2개, 3개, 4개로 이루어진 사다리꼴의 수 각각 구하기

작은 사각형 1개로 이루어진 사다리꼴: ①, ②, ③, ④ ➔ □개

작은 사각형 2개로 이루어진 사다리꼴: ①+②, ②+③, ③+④ ➔ □개

작은 사각형 3개로 이루어진 사다리꼴: ①+②+③, ②+③+④ ➔ □개

작은 사각형 4개로 이루어진 사다리꼴: ①+②+③+④ ➔ □개

❷ (크고 작은 사다리꼴의 수)=4+□+□+1=□(개)

답 ____________

문해력 레벨업 큰 도형을 이루는 작은 도형들을 먼저 찾자.

예 크고 작은 평행사변형 모두 찾기

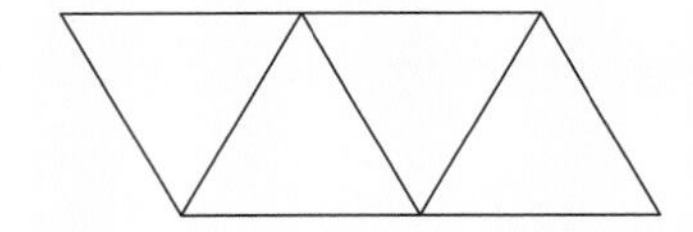

• 정삼각형 2개로 이루어진 평행사변형: 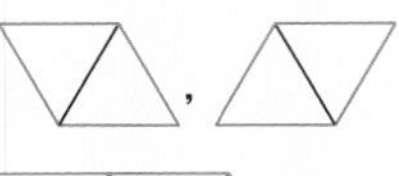

• 정삼각형 4개로 이루어진 평행사변형: 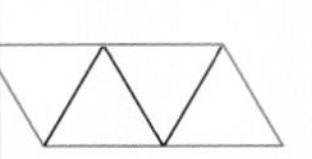

• 정답과 해설 21쪽
복습책 32쪽에 유사, 심화문제 제공

쌍둥이 문제

2-1 그림에서 찾을 수 있는/ 크고 작은 사다리꼴은 모두 몇 개인가요?

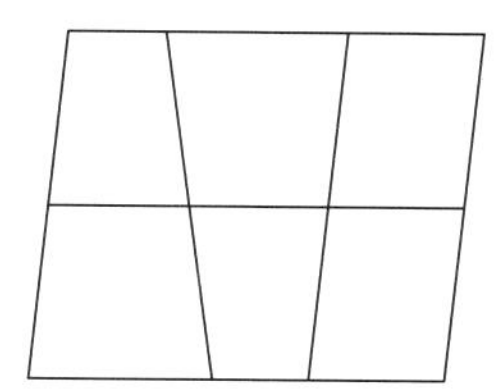

따라 풀기 ❶

❷

답

문해력 레벨 1

2-2 그림에서 찾을 수 있는/ 크고 작은 평행사변형은 모두 몇 개인가요?

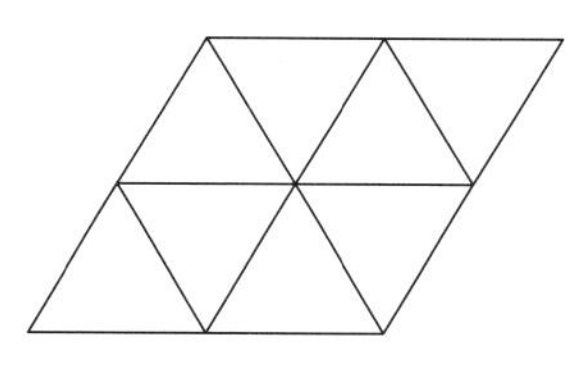

스스로 풀기 ❶

❷

답

일

수학 문해력 기르기

관련 단원 다각형

문해력 문제 3

길이가 2 m인 철사를 겹치지 않게 사용하여/
한 변의 길이가 35 cm인 정다각형을 한 개 만들었습니다./
남은 철사의 길이가 25 cm일 때/
만든 정다각형의 이름은 무엇인가요?
└ 구하려는 것

해결 전략

사용한 철사의 길이를 구하려면

❶ (전체 철사의 길이) ◯ (남은 철사의 길이)를 구하고
└ +, −, ×, ÷ 중 알맞은 것 쓰기

정다각형은 모든 변의 길이가 같으니까

❷ (만든 정다각형의 변의 수)=(사용한 철사의 길이)÷(한 변의 길이)를 구한다.
└ ❶에서 구한 길이

문제 풀기

❶ (사용한 철사의 길이)=2 m−25 cm

=□ cm−25 cm

=□ cm

❷ (만든 정다각형의 변의 수)=□÷35=□(개)

➜ 만든 정다각형의 이름은 □이다.

문해력 핵심
1 m=100 cm

답 ____________

문해력 레벨업 변의 수가 ◆개인 정다각형의 이름은 정◆각형이다.

(정다각형의 변의 수)=(모든 변의 길이의 합)÷(한 변의 길이)

예 길이가 **20 cm**인 철사를 겹치지 않게 모두 사용하여 한 변의 길이가 **5 cm**인 정◆각형을 만들었다.
┌ 모든 변의 길이의 합이 20 cm인
(정◆각형의 변의 수)=**20**÷**5**=**4**(개)
➜ 정◆각형의 이름은 정사각형이다.

정◆각형의 변의 수는 ◆개임을 이용해.

쌍둥이 문제

3-1 길이가 3 m인 색 테이프를 겹치지 않게 사용하여/ 한 변의 길이가 30 cm인 정다각형을 한 개 만들었습니다./ 남은 색 테이프의 길이가 90 cm일 때/ 만든 정다각형의 이름은 무엇인가요?

따라 풀기 ❶

❷

답 ____________

문해력 레벨 1

3-2 길이가 4 m인 끈을 똑같이 2도막으로 자른 후/ 그중 한 도막을 겹치지 않게 사용하여/ 한 변의 길이가 17 cm인 정다각형을 한 개 만들었더니/ 남은 끈의 길이가 30 cm였습니다./ 만든 정다각형의 이름은 무엇인가요?

스스로 풀기 ❶

❷

❸

답 ____________

문해력 레벨 2

3-3 은영이는 길이가 1 m 10 cm인 테이프를 가지고 있습니다./ 이 테이프를 겹치지 않게 모두 사용하여/ 한 변의 길이가 9 cm인 정육각형과/ 한 변의 길이가 7 cm인 정다각형을 1개씩 만들었습니다./ 한 변의 길이가 7 cm인 정다각형의 이름은 무엇인가요?

스스로 풀기 ❶ 정육각형을 만드는 데 사용한 테이프의 길이 구하기

❷ 한 변의 길이가 7 cm인 정다각형을 만드는 데 사용한 테이프의 길이 구하기

❸ 한 변의 길이가 7 cm인 정다각형의 이름 구하기

답 ____________

일 수학 문해력 기르기

관련 단원 다각형

문해력 문제 4

정사각형 모양의 냄비 받침대와 모든 변의 길이의 합이 같은/
정육각형 모양의 냄비 받침대를 만들었습니다./
정육각형 모양 냄비 받침대의 한 변의 길이는 몇 cm인가요?
└ 구하려는 것

12 cm

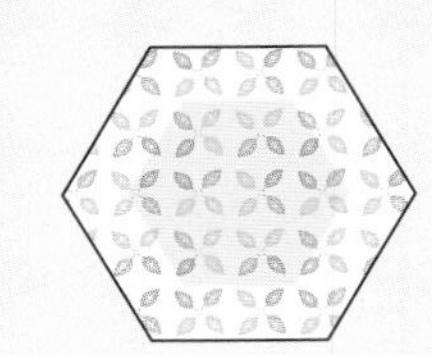

해결 전략

정사각형의 모든 변의 길이의 합을 구하려면

❶ (정사각형의 한 변의 길이)×(정사각형의 변의 수)를 구하고

정사각형과 정육각형의 모든 변의 길이의 합이 같음을 이용하여

❷ 정육각형의 모든 변의 길이의 합을 구해

정육각형 모양 냄비 받침대의 한 변의 길이를 구하려면

❸ (정육각형의 모든 변의 길이의 합)÷(정육각형의 변의 수)를 구한다.

문제 풀기

❶ (정사각형의 모든 변의 길이의 합)=12×☐=☐ (cm)

❷ (정육각형의 모든 변의 길이의 합)=☐ cm

❸ (정육각형 모양 냄비 받침대의 한 변의 길이)

=☐÷☐=☐ (cm)

답

문해력 레벨업 정◆각형의 모든 변의 길이의 합은 한 변의 길이의 ◆배이다.

예 정육각형의 모든 변의 길이의 합 구하기

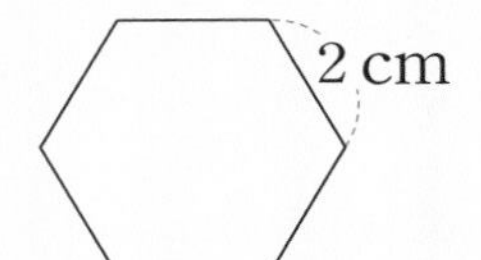

정육각형은 길이가 같은 변이 6개 → (모든 변의 길이의 합)
=(한 변의 길이)×6
=2×6=12 (cm)

정다각형은 모든 변의 길이가 같아.

쌍둥이 문제

4-1 정삼각형과 모든 변의 길이의 합이 같은/ 정팔각형이 있습니다./ 정삼각형의 한 변의 길이가 24 cm일 때/ 정팔각형의 한 변의 길이는 몇 cm인가요?

따라 풀기 ❶

❷

❸

답 ____________

문해력 레벨 1

4-2 철사를 겹치지 않게 모두 사용하여/ 한 변의 길이가 10 cm인 정육각형을 한 개 만들었습니다./ 이 철사를 다시 펴서 겹치지 않게 모두 사용하여/ 정사각형을 한 개 만들었다면/ 만든 정사각형의 한 변의 길이는 몇 cm인가요?

스스로 풀기 ❶

❷

❸

답 ____________

문해력 레벨 2

4-3 보미와 재현이는 색 테이프를 똑같은 길이로 나누어 가졌습니다./ 각자 색 테이프를 겹치지 않게 모두 사용하여/ 보미는 한 변의 길이가 20 cm인 정칠각형을 1개 만들었고/ 재현이는 똑같은 크기의 정오각형을 2개 만들었습니다./ 재현이가 만든 정오각형의 한 변의 길이는 몇 cm인가요?

스스로 풀기 ❶ 보미가 정칠각형을 만드는 데 사용한 색 테이프의 길이 구하기

보미가 만든 정칠각형의 모든 변의 길이의 합은 두 사람이 똑같이 나누어 가진 색 테이프의 길이야.

❷ 정오각형을 1개 만드는 데 사용한 색 테이프의 길이 구하기

❸ 재현이가 만든 정오각형의 한 변의 길이 구하기

답 ____________

일

수학 문해력 기르기

관련 단원 다각형

문해력 문제 5

오른쪽은 정팔각형 모양의 ※구절판을/ 위에서 보고 그린 그림입니다./
㉠의 각도는 몇 도인지 구하세요.
└ 구하려는 것

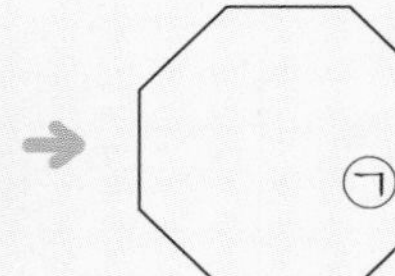

해결 전략

삼각형의 세 각의 크기의 합(180°)을 이용해서 모든 각의 크기의 합을 구하려면

❶ 정팔각형을 몇 개의 삼각형으로 나눌 수 있는지 구한 후

❷ (정팔각형의 모든 각의 크기의 합)
＝180°×(나눌 수 있는 삼각형의 수)를 구한다.
└ ❶에서 구한 수

㉠의 각도를 구하려면

❸ (정팔각형의 모든 각의 크기의 합)÷☐을/를 구한다.
└ ❷에서 구한 각도

문해력 백과
구절판: 팔각형 모양으로 만든 나무 그릇

문제 풀기

❶ 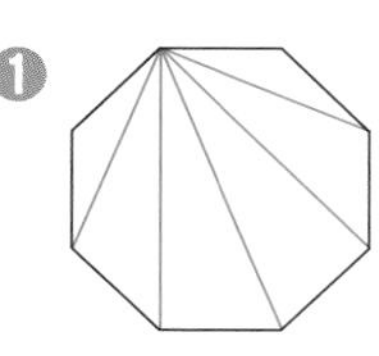 ➔ 정팔각형은 삼각형 ☐개로 나눌 수 있다.

❷ (정팔각형의 모든 각의 크기의 합)＝180°×☐＝☐°

❸ ㉠＝☐°÷8＝☐°

답 ______________

문해력 레벨업 정다각형의 한 꼭짓점에서 대각선을 그어 삼각형 또는 사각형으로 나누자.

• 삼각형으로 나누는 경우

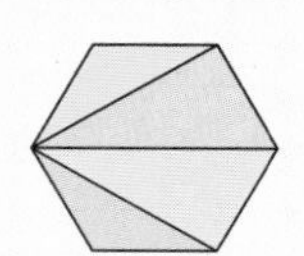

나눌 수 있는 삼각형의 수: 4개
➔ (모든 각의 크기의 합)
$=180°\times 4=720°$

육각형을 삼각형으로 나눌 때 다음과 같이 대각선이 겹치게 나누면 안돼!

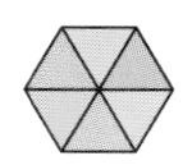

• 사각형으로 나누는 경우

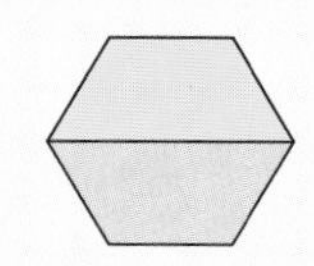

나눌 수 있는 사각형의 수: 2개
➔ (모든 각의 크기의 합)
$=360°\times 2=720°$

쌍둥이 문제

5-1 오른쪽 정오각형의 한 각의 크기는 몇 도인지 구하세요.

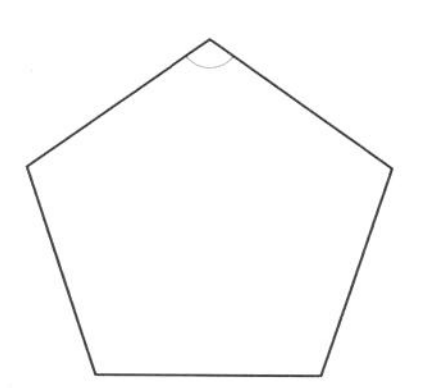

따라 풀기 ①

②

③

답 ____________

문해력 레벨 1

5-2 오른쪽은 정육각형 안에 겹치지 않게 대각선 2개를 그어/ 직사각형을 만든 것입니다./ ㉠의 각도는 몇 도인지 구하세요.

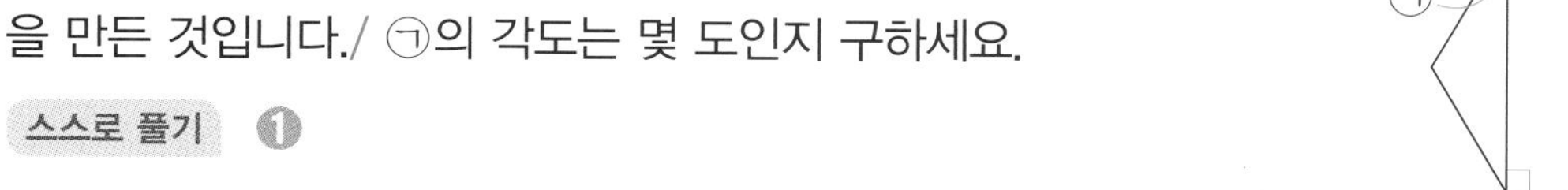

스스로 풀기 ①

②

③

④ ㉠의 각도 구하기

답 ____________

문해력 레벨 2

5-3 오른쪽은 정구각형 안에 두 꼭짓점을 잇는 선분 ㄱㅇ을/ 그은 것입니다./ 각 ㅈㅇㄱ의 크기는 몇 도인지 구하세요.

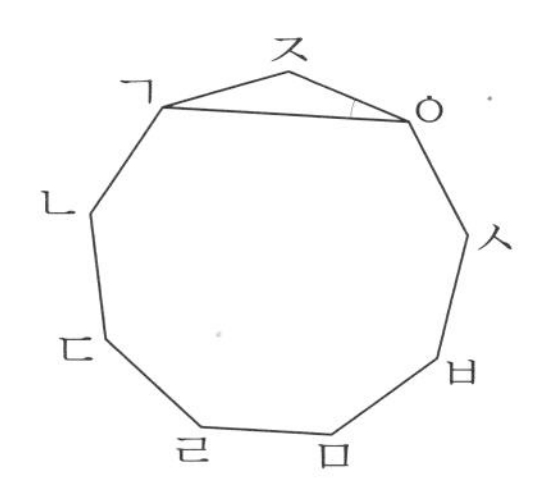

스스로 풀기 ① 정구각형 안에 선을 그어 나눌 수 있는 삼각형의 수 구하기

정구각형이니까 변 ㄱㅈ과 변 ㅈㅇ의 길이가 같아.

② 정구각형의 모든 각의 크기의 합 구하기

③ 정구각형의 한 각의 크기 구하기

④ 각 ㅈㅇㄱ의 크기 구하기

답 ____________

공부한 날 월 일

3일

수학 문해력 기르기

관련 단원 다각형

문해력 문제 6

오른쪽은 정사각형과 정육각형을/
겹치지 않게 이어 붙인 것입니다./
㉠의 각도는 몇 도인지 구하세요.
└ 구하려는 것

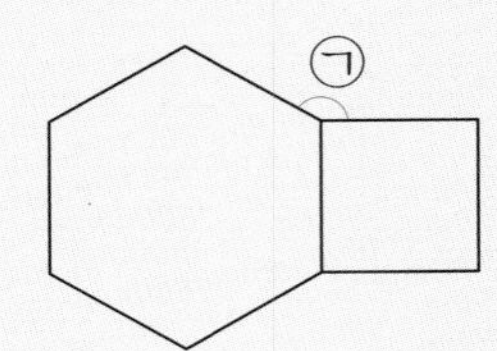

해결 전략

❶ 정사각형의 한 각의 크기를 구하고

정육각형의 한 각의 크기를 구하려면

❷ 정육각형의 모든 각의 크기의 합을 구한 후 6으로 나누어 구한다.

㉠의 각도를 구하려면

❸ 360° ◯ (정사각형의 한 각의 크기) ◯ (정육각형의 한 각의 크기)를 구한다.
(❶에서 구한 각도 / ❷에서 구한 각도 / +, −, ×, ÷ 중 알맞은 것 쓰기)

문제 풀기

❶ 정사각형의 한 각의 크기는 □°이다.

❷ (정육각형의 모든 각의 크기의 합)$=180° \times 4=$ □°

➔ (정육각형의 한 각의 크기)$=$ □°$\div 6=$ □°

❸ ㉠$=360°-90°-$ □°$=$ □°

답 ____________

문해력 레벨업 한 바퀴를 돌았을 때 각의 크기는 360°임을 이용하여 구하자.

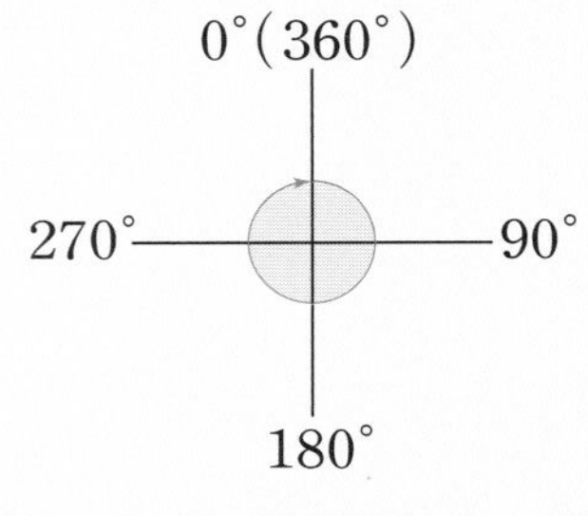

(한 바퀴의 각도)$=$**360°**

예 ㉠의 각도 구하기

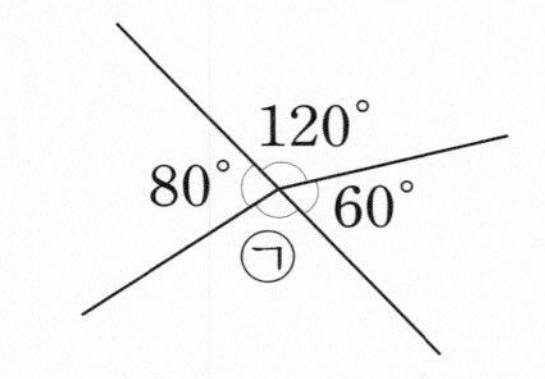

㉠$=$**360°**$-80°-120°-60°=100°$

• 정답과 해설 23쪽
복습책 36쪽에 유사, 심화문제 제공

쌍둥이 문제

6-1

오른쪽은 정삼각형과 정팔각형을/ 겹치지 않게 이어 붙인 것입니다./ ㉠의 각도는 몇 도인지 구하세요.

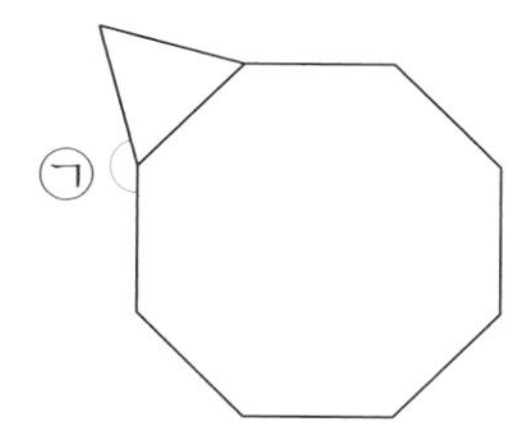

따라 풀기 ❶ 정삼각형의 한 각의 크기 구하기

❷ 정팔각형의 한 각의 크기 구하기

❸

답 ____________________

문해력 레벨 1

6-2

대부분의 축구공은 12개의 검은색 정오각형 조각과/ 20개의 흰색 정육각형 조각을 이어서 만듭니다./ 다음은 축구공의 한 부분을 평면에 펼쳐 놓은 그림입니다./ ㉠의 각도는 몇 도인지 구하세요.

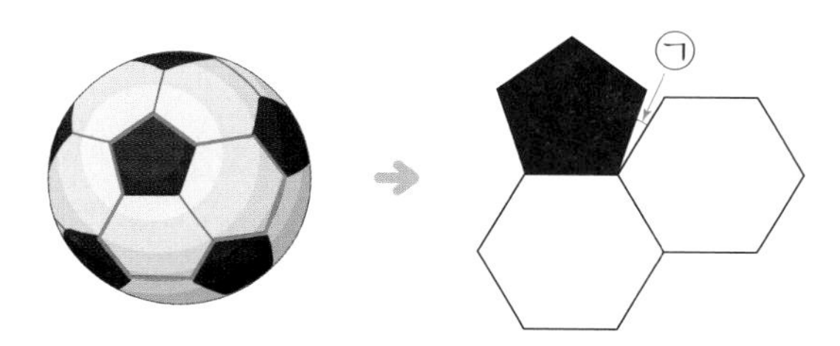

스스로 풀기 ❶ 정오각형의 한 각의 크기 구하기

❷ 정육각형의 한 각의 크기 구하기

❸ ㉠의 각도 구하기

답 ____________________

수학 문해력 기르기

관련 단원 다각형

문해력 문제 7

모든 변의 길이의 합이 132 mm인/ 정육각형이 있습니다./
똑같은 정육각형 7개를 겹치지 않게 이어 붙여/
오른쪽과 같은 ※벌집 모양을 만들었습니다./
만든 벌집 모양에서 굵은 선의 길이는 몇 mm인가요?
└ 구하려는 것

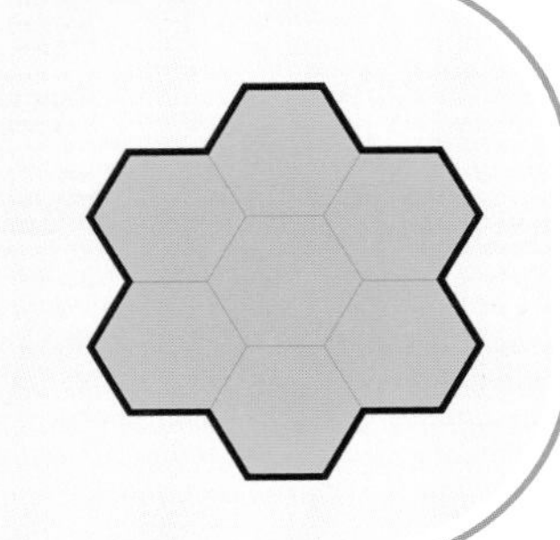

해결 전략

정육각형의 한 변의 길이를 구하려면

❶ (정육각형의 모든 변의 길이의 합) ÷ ☐ 을/를 구하고

문해력 백과
벌집은 육각형 모양으로 빈틈이 전혀 없이 지을 수 있고 이 모양은 꿀을 가장 많이 저장할 수 있다.

굵은 선의 길이를 구하려면

❷ 굵은 선의 길이는 정육각형의 한 변의 길이로 몇 개인지 세어
(정육각형의 한 변의 길이) ○ (정육각형의 변의 수)를 구한다.
└ +, −, ×, ÷ 중 알맞은 것 쓰기

문제 풀기

❶ (정육각형의 한 변의 길이)=132÷☐=☐(mm)

❷ 굵은 선의 길이는 정육각형의 한 변의 길이로 ☐개이다.

➜ (굵은 선의 길이)=☐×☐=☐(mm)

답 ____________

문해력 레벨업 맞닿아 있는 변의 길이는 서로 같다는 것을 이용하여 구하자.

예 정사각형과 정삼각형으로 만든 도형에서 굵은 선의 길이 구하기

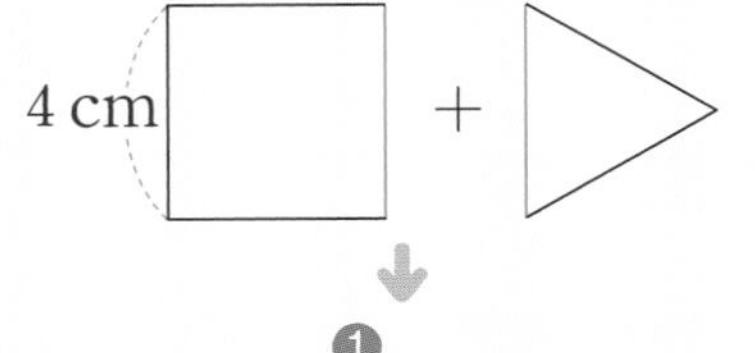

맞닿아 있는 변의 길이는 서로 같으므로
(정사각형의 한 변의 길이)=(정삼각형의 한 변의 길이)

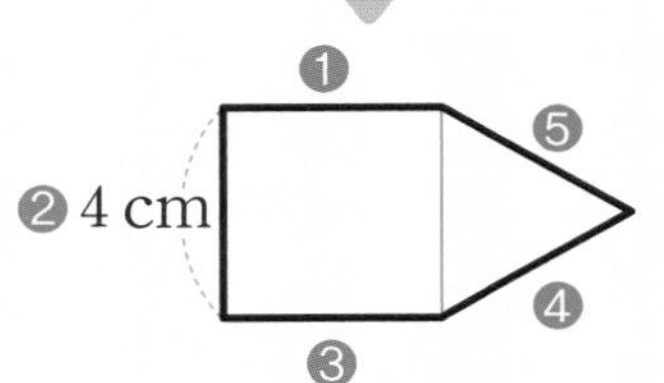

(굵은 선의 길이)=(한 변의 길이)×(굵은 선에 있는 변의 수)
=4 cm×5개=20 cm

• 정답과 해설 23쪽
복습책 37쪽에 유사, 심화문제 제공

쌍둥이 문제

7-1 모든 변의 길이의 합이 60 cm인/ 정사각형 모양의 ※타일이 있습니다./ 똑같은 타일 6개를 겹치지 않게 이어 붙여/ 오른쪽과 같은 모양을 만들었습니다./ 만든 모양에서 굵은 선의 길이는 몇 cm인가요?

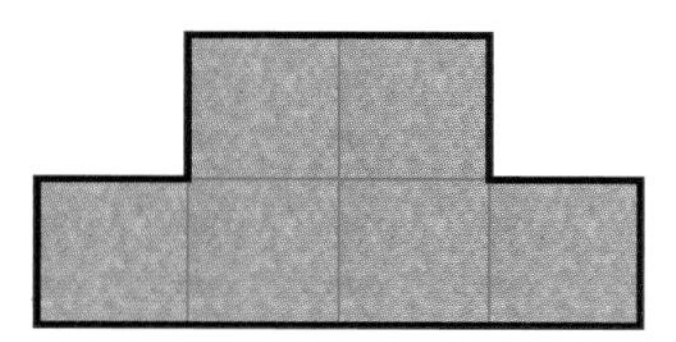
출처: hbpictures/shutterstock

따라 풀기 

문해력 어휘
타일: 얇고 작은 도자기 판으로 벽이나 바닥에 붙여 장식하는 데 쓴다.

❷

답

문해력 레벨 1

7-2 모든 변의 길이의 합이 45 cm인 정오각형이 있습니다./ 이 정오각형에 정다각형 2개를 겹치지 않게 이어 붙여/ 오른쪽 도형을 만들었습니다./ 만든 도형에서 굵은 선의 길이는 몇 cm인가요?

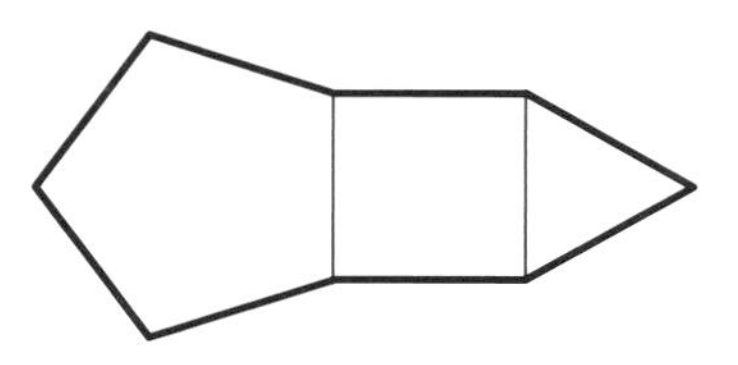

스스로 풀기 

❷

답

문해력 레벨 2

7-3 오른쪽은 정육각형 4개와 정사각형 1개를 겹치지 않게 이어 붙여 만든 도형입니다./ 굵은 선의 길이가 180 cm일 때/ 정사각형의 네 변의 길이의 합은 몇 cm인지 구하세요.

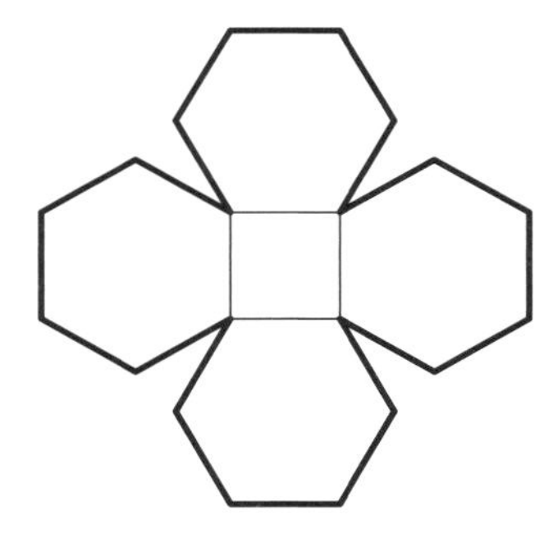

스스로 풀기 ❶ 정육각형의 한 변의 길이 구하기

❷ 정사각형의 한 변의 길이 구하기

❸ 정사각형의 네 변의 길이의 합 구하기

답

공부한 날 월 일

4일

수학 문해력 기르기

관련 단원 다각형

문해력 문제 8

평행사변형 ㄱㄴㄷㄹ에/ 두 대각선을 그은 것입니다./
삼각형 ㄱㄴㅁ의 세 변의 길이의 합은 몇 cm인가요?
↳ 구하려는 것

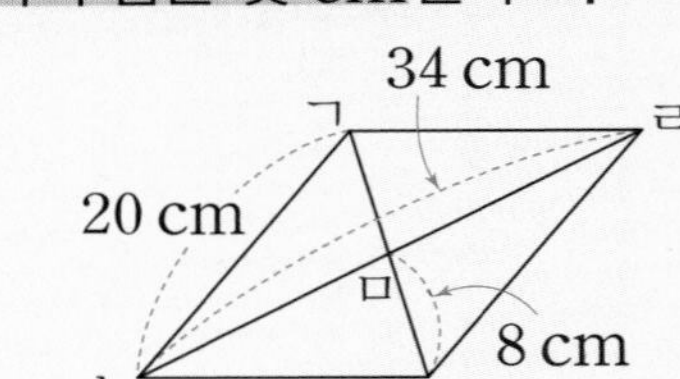

해결 전략

평행사변형은 한 대각선이 다른 대각선을 똑같이 둘로 나누니까

❶ (선분 ㄱㅁ) ◯ (선분 ㄷㅁ)임을 이용하여 선분 ㄱㅁ의 길이를 구하고
↳ >, =, < 중 알맞은 것 쓰기

❷ (선분 ㄴㅁ)=(선분 ㄴㄹ) ◯ 2를 구한다.
↳ +, −, ×, ÷ 중 알맞은 것 쓰기

삼각형 ㄱㄴㅁ의 세 변의 길이의 합을 구하려면

❸ (선분 ㄱㄴ)+(선분 ㄱㅁ)+(선분 ㄴㅁ)을 구한다.
❶에서 구한 길이 ↲ ↳ ❷에서 구한 길이

문제 풀기

❶ (선분 ㄱㅁ)=(선분 ㄷㅁ)=☐ cm

❷ (선분 ㄴㅁ)=34÷2=☐ (cm)

❸ (삼각형 ㄱㄴㅁ의 세 변의 길이의 합)=20+☐+☐=☐ (cm)

답 ____________

문해력 레벨업 사각형의 대각선의 성질을 이용하여 모르는 변의 길이를 구하자.

한 대각선이 다른 대각선을 똑같이 둘로 나누는 사각형

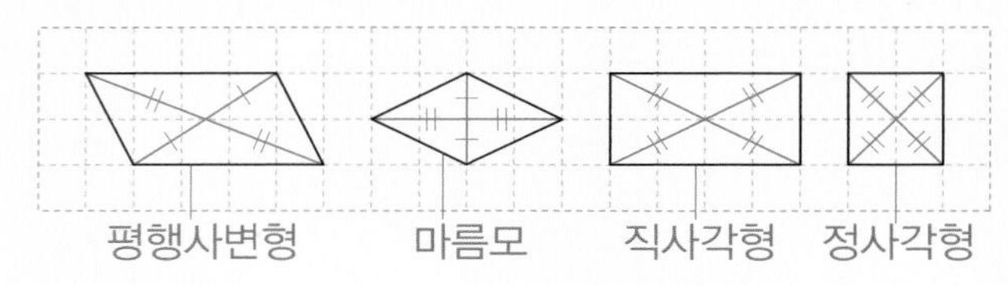

두 대각선의 길이가 같은 사각형

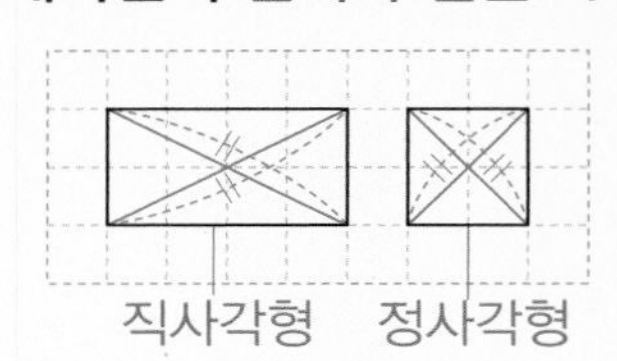

쌍둥이 문제

8-1

오른쪽은 평행사변형 ㄱㄴㄷㄹ에/ 두 대각선을 그은 것입니다./ 삼각형 ㅁㄴㄷ의 세 변의 길이의 합은 몇 cm인가요?

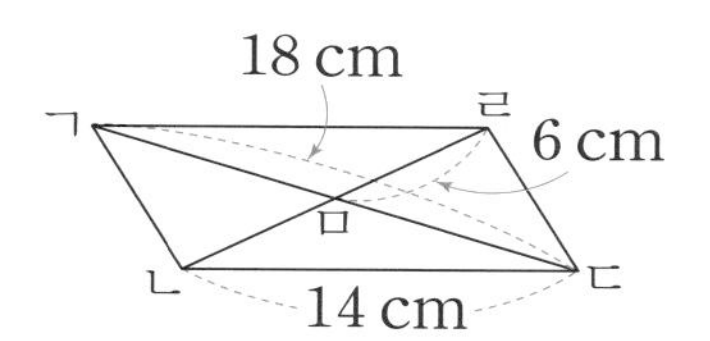

따라 풀기 ❶

❷

❸

답 ______________

문해력 레벨 1

8-2

오른쪽은 직사각형 ㄱㄴㄷㄹ의 각 변의 가운데에 점을 찍고,/ 찍은 점을 이어 마름모 ㅁㅂㅅㅇ을 그린 것입니다./ 마름모 ㅁㅂㅅㅇ에 그은 두 대각선의 길이의 합은 몇 cm인가요?

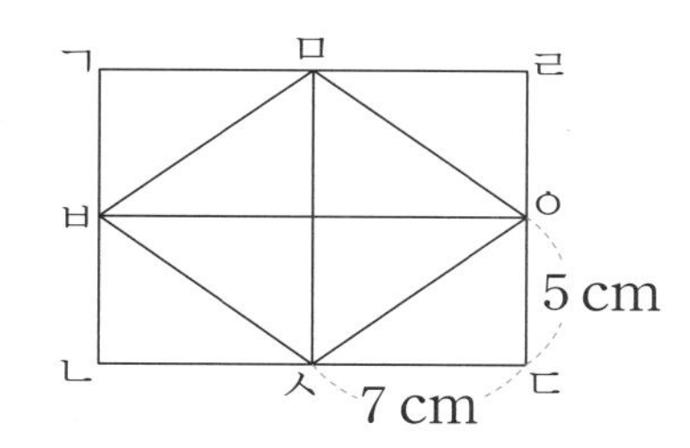

스스로 풀기 ❶ 선분 ㅂㅇ의 길이 구하기

❷ 선분 ㅁㅅ의 길이 구하기

❸ 마름모 ㅁㅂㅅㅇ의 두 대각선의 길이의 합 구하기

답 ______________

문해력 레벨 2

8-3

오른쪽 ※연은 마름모 모양입니다./ 이 연의 두 대각선의 길이의 차가 14 cm일 때/ 삼각형 ㄱㄴㅁ의 세 변의 길이의 합은 몇 cm인가요?/ (단, 선분 ㄴㄹ의 길이는 선분 ㄱㄷ의 길이보다 더 깁니다.)

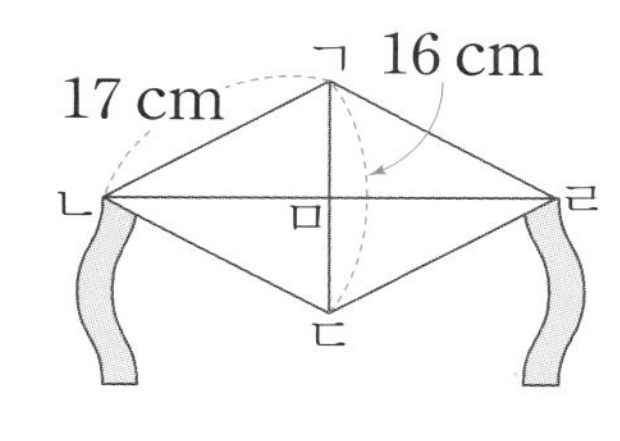

스스로 풀기 ❶ 선분 ㄱㅁ의 길이 구하기

문해력 백과

연: 종이에 대나무의 가지를 붙여 실을 맨 다음 공중에 높이 날리는 장난감

■ > ●이고
두 수의 차가 ▲이면
■ = ● + ▲야.

❷ 선분 ㄴㄹ의 길이 구하기

❸ 선분 ㄴㅁ의 길이 구하기

❹ 삼각형 ㄱㄴㅁ의 세 변의 길이의 합 구하기

답 ______________

수학 문해력 완성하기

관련 단원 사각형

기출 1

다음 도형은 평행사변형입니다./ 각 ㄱㄴㄷ의 크기와 각 ㄴㄷㄹ의 크기의 차가 90°일 때/ 각 ㄴㄷㄹ의 크기는 몇 도인지 구하세요./ (단, 각 ㄴㄷㄹ의 크기는 각 ㄱㄴㄷ의 크기보다 더 큽니다.)

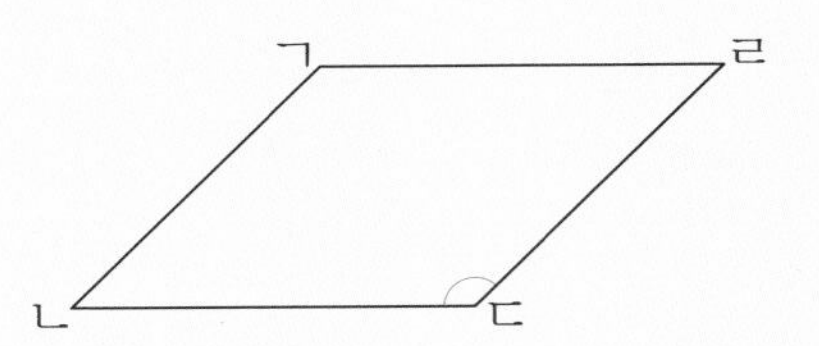

해결 전략

- 각 ㄱㄴㄷ의 크기와 각 ㄴㄷㄹ의 크기의 차가 **90°**이다.
- 각 ㄴㄷㄹ의 크기는 각 ㄱㄴㄷ의 크기보다 더 크다.

↓

(각 ㄴㄷㄹ)=(각 ㄱㄴㄷ)+**90°** 또는 (각 ㄱㄴㄷ)=(각 ㄴㄷㄹ)−**90°**

※20년 하반기 21번 기출 유형

문제 풀기

❶ 각 ㄱㄴㄷ의 크기와 각 ㄴㄷㄹ의 크기의 차가 90°임을 식으로 나타내기

(각 ☐)=(각 ☐)−90°

❷ 위 ❶을 이용하여 각 ㄴㄷㄹ의 크기 구하기

이웃한 두 각의 크기의 합이 180°이므로 (각 ㄱㄴㄷ)+(각 ㄴㄷㄹ)=☐°이다.

(각 ㄴㄷㄹ)−90°+(각 ㄴㄷㄹ)=180°,

➔ (각 ㄴㄷㄹ)×☐=☐°, (각 ㄴㄷㄹ)=☐°

답 ________

관련 단원 사각형

기출 2 가로가 7 cm, 세로가 5 cm인 직사각형에/ 세로만 3 cm씩 더 길어지는 직사각형을/ 겹치지 않게 오른쪽에 이어 붙여/ 다음과 같은 모양을 만들고 있습니다./ 만든 모양에서 가장 먼 평행선 사이의 거리가 112 cm일 때,/ 맨 오른쪽에 있는 직사각형의 네 변의 길이의 합은/ 몇 cm인지 구하세요.

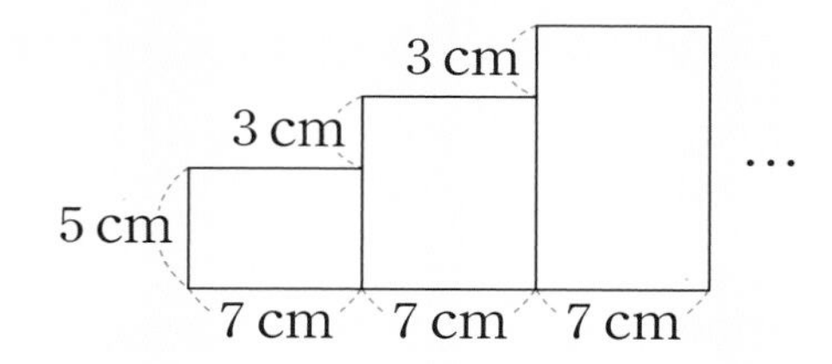

해결 전략

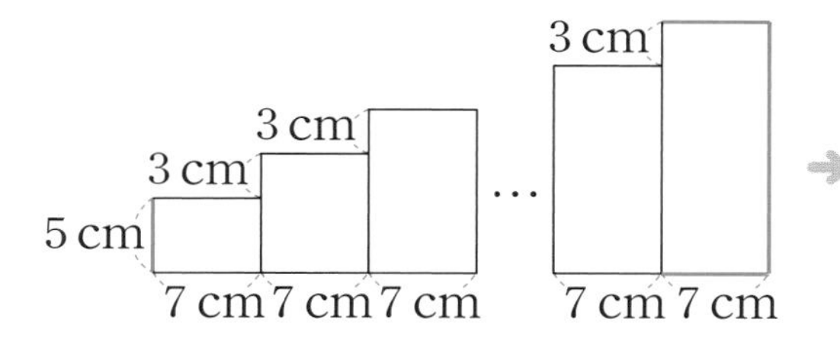

직사각형이 1개씩 늘어날수록
파란색 평행선 사이의 거리는 **7 cm**씩 늘어나고
빨간색 평행선 사이의 거리는 **3 cm**씩 늘어나므로
가장 먼 평행선 사이의 거리는 이어 붙인 직사각형의 가로의 합과 같다.

※21년 하반기 20번 기출 유형

문제 풀기

1. 이어 붙인 직사각형의 수 구하기

가장 먼 평행선 사이의 거리는 이어 붙인 직사각형의 가로의 합과 같으므로

(이어 붙인 직사각형의 수)=112÷☐=☐(개)이다.

2. 맨 오른쪽에 있는 직사각형의 세로 구하기

3. 맨 오른쪽에 있는 직사각형의 네 변의 길이의 합 구하기

답 ____________

공부한 날 월 일

5일

수학 문해력 완성하기

관련 단원 사각형

창의 3 왼쪽 사다리꼴 모양의 타일을 이용하여/ 오른쪽 직사각형 모양의 벽을 겹치지 않고 빈틈없이 채우려고 합니다./ 사다리꼴 모양의 타일은 모두 몇 개 필요한가요?

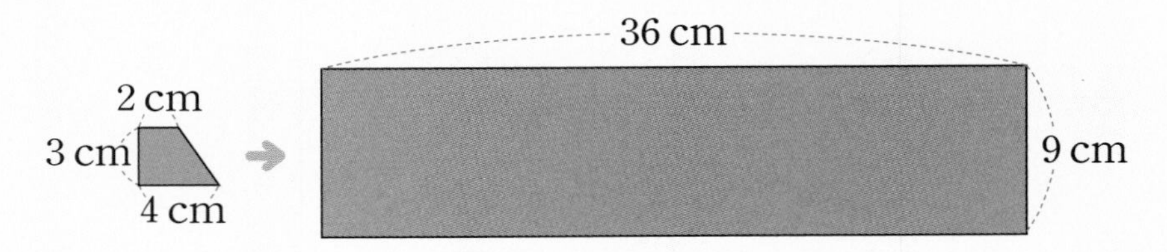

해결 전략

사다리꼴 모양 2개를 붙여 직사각형 모양을 만들자.

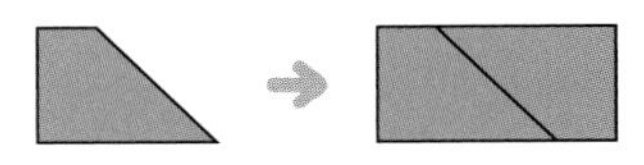

문제 풀기

❶ 사다리꼴 모양의 타일 2개를 붙여 직사각형 모양 만들기

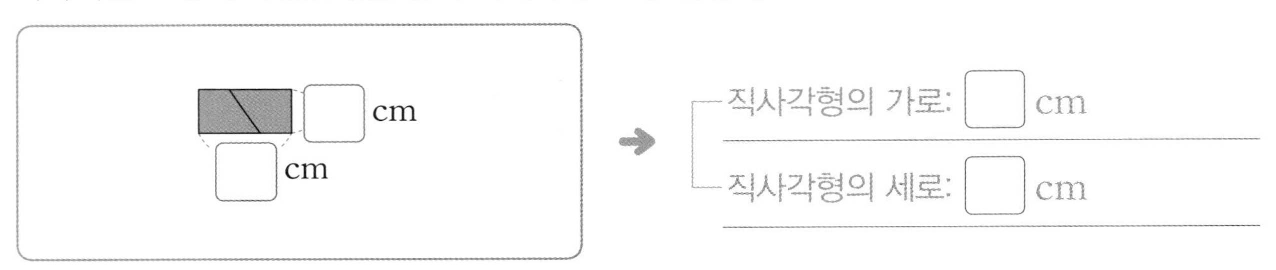

❷ 벽을 빈틈없이 채우려면 위 ❶에서 만든 직사각형 모양이 몇 개 필요한지 구하기

직사각형 모양은 가로에 36÷□=□(개), 세로에 9÷□=□(개) 필요하다.

➔ 위 ❶에서 만든 직사각형 모양은 모두 □×□=□(개) 필요하다.

❸ 사다리꼴 모양의 타일은 모두 몇 개 필요한지 구하기

답 ____________

관련 단원 다각형

융합 4

가, 나, 다, 라, 마 5개의 마을이 다음과 같이 위치하고 있습니다./ 천재 건설 회사에서 두 마을을 연결하는 도로를/ 건설하려고 합니다./ 가, 나와 같이 서로 이웃한 마을에는 ※2차선 도로를,/ 가, 다와 같이 서로 이웃하지 않는 마을에는 ※4차선 도로를/ 건설하기로 하였습니다./ 건설해야 하는 2차선 도로와 4차선 도로의 수는 각각 몇 개인지 구하세요.

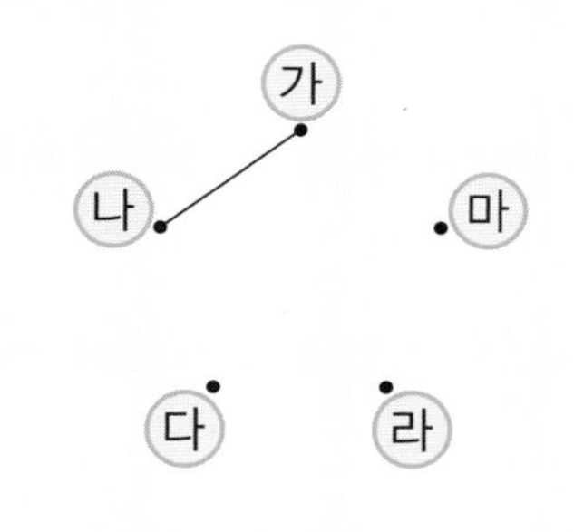

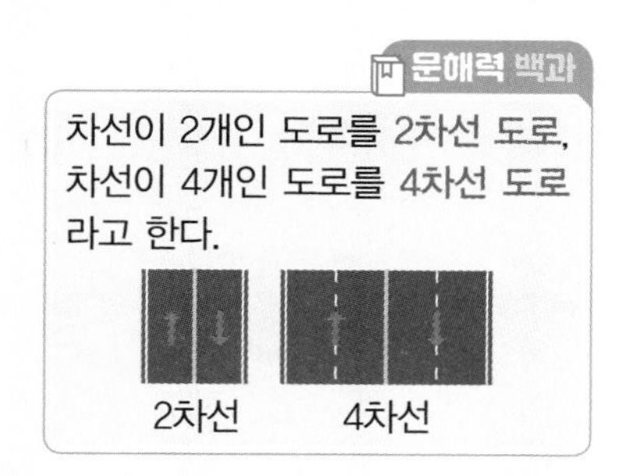

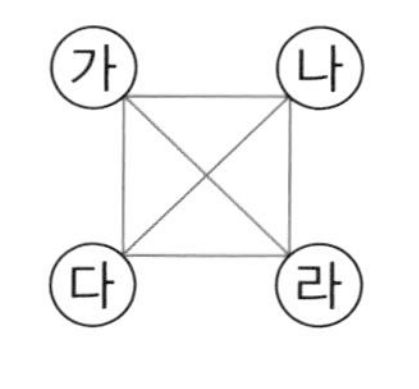

→ 서로 이웃한 마을을 잇는 선: 변
서로 이웃하지 않는 마을을 잇는 선: 대각선

이웃한 마을끼리 연결하여 만들어지는 도형의 모양을 생각해 봐.

문제 풀기

❶ 이웃한 마을끼리 연결하여 만들어지는 도형의 변과 대각선의 수 각각 구하기

❷ 건설해야 하는 2차선 도로와 4차선 도로의 수 각각 구하기

(알맞은 말에 ○표 하기)

• 건설해야 하는 2차선 도로의 수는 (변 , 대각선)의 수와 같으므로 ☐개이다.

• 건설해야 하는 4차선 도로의 수는 (변 , 대각선)의 수와 같으므로 ☐개이다.

답 2차선 도로: ______, 4차선 도로: ______

수학 문해력 평가하기

문제를 읽고 조건을 표시하면서 풀어 봅니다.

104쪽 문해력 3

1 길이가 1 m인 철사를 겹치지 않게 사용하여 한 변의 길이가 11 cm인 정다각형을 한 개 만들었습니다. 남은 철사의 길이가 12 cm일 때 만든 정다각형의 이름은 무엇인가요?

풀이

답 ______________

108쪽 문해력 5

2 오른쪽 정육각형의 한 각의 크기는 몇 도인지 구하세요.

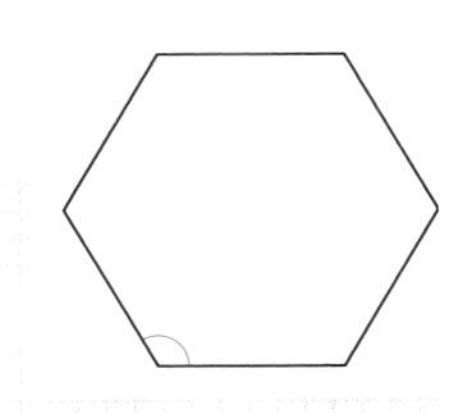

풀이

답 ______________

106쪽 문해력 4

3 정오각형과 모든 변의 길이의 합이 같은 정칠각형이 있습니다. 정오각형의 한 변의 길이가 14 cm일 때 정칠각형의 한 변의 길이는 몇 cm인가요?

풀이

답 ______________

• 정답과 해설 25쪽

102쪽 문해력 2

4 그림에서 찾을 수 있는 크고 작은 사다리꼴은 모두 몇 개인가요?

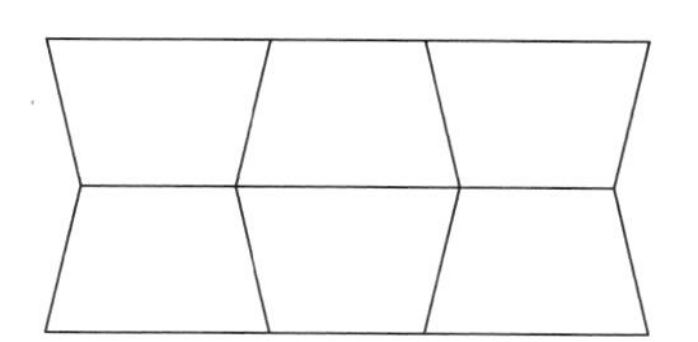

풀이

답 ______________

112쪽 문해력 7

5 모든 변의 길이의 합이 64 cm인 정팔각형 모양 블록이 있습니다. 똑같은 블록 4개를 겹치지 않게 이어 붙여 오른쪽과 같은 모양을 만들었습니다. 만든 모양에서 굵은 선의 길이는 모두 몇 cm인가요?

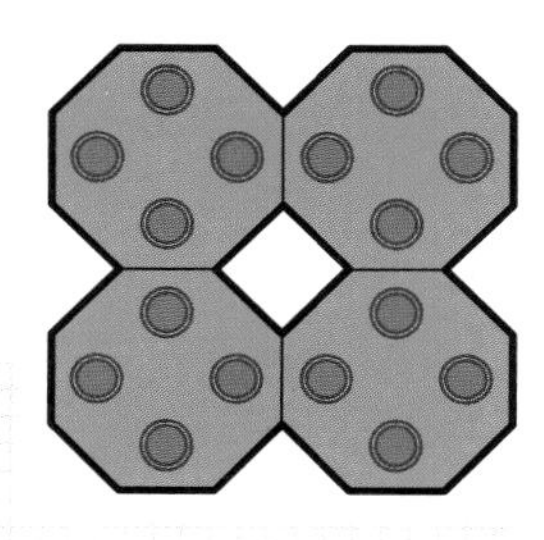

풀이

답 ______________

100쪽 문해력 1

6 오른쪽은 사다리꼴 ㄱㄴㄷㄹ 안에 선분 ㄱㄴ과 평행한 선분 ㄹㅁ을 그은 것입니다. 삼각형 ㄹㅁㄷ의 세 변의 길이의 합은 몇 cm인가요?

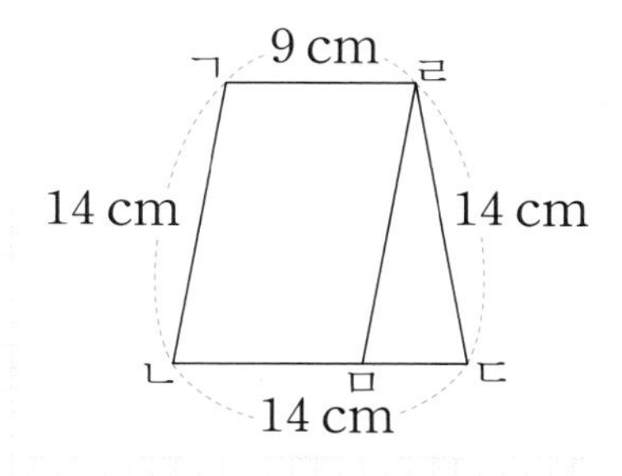

풀이

답 ______________

공부한 날 월 일

주말 평가

주말 TEST 수학 문해력 평가하기

114쪽 문해력 8

7 평행사변형 ㄱㄴㄷㄹ에 두 대각선을 그은 것입니다. 삼각형 ㄱㄴㅁ의 세 변의 길이의 합은 몇 cm인가요?

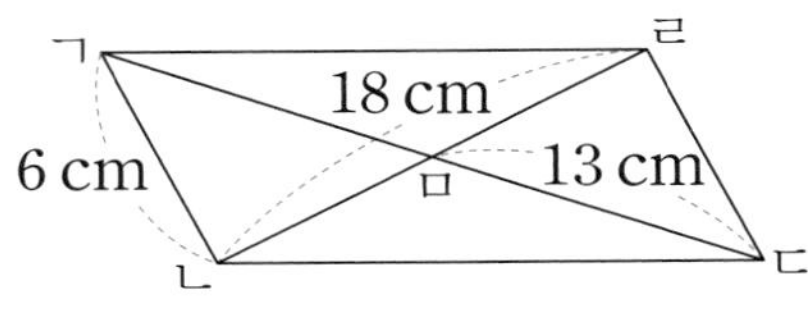

풀이

답 ______________

110쪽 문해력 6

8 정사각형과 정오각형을 겹치지 않게 이어 붙인 것입니다. ㉠의 각도는 몇 도인지 구하세요.

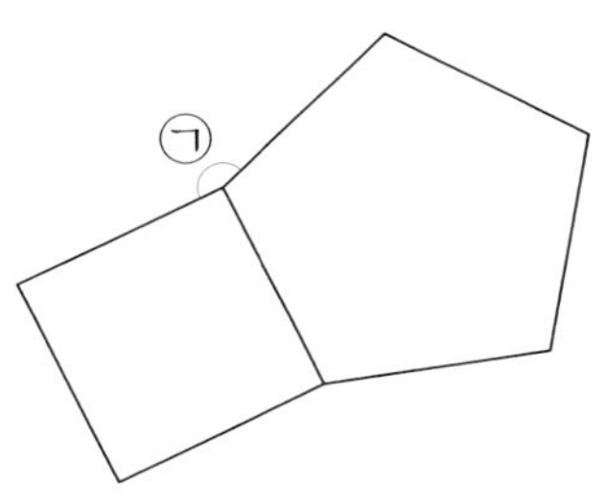

풀이

답 ______________

• 정답과 해설 25쪽

114쪽 문해력 8

9 오른쪽은 직사각형 ㄱㄴㄷㄹ 안에 각 변의 가운데에 점을 찍고, 찍은 점을 이어 마름모 ㅁㅂㅅㅇ을 그린 것입니다. 마름모 ㅁㅂㅅㅇ에 그은 두 대각선의 길이의 합은 몇 cm인가요?

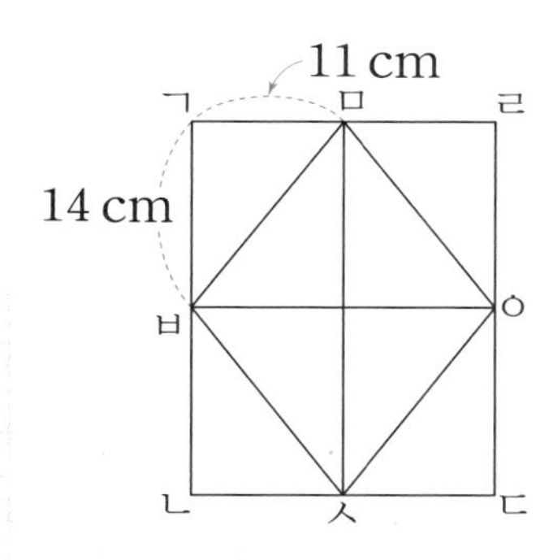

풀이

답 ______________

102쪽 문해력 2

10 그림에서 찾을 수 있는 크고 작은 직사각형은 모두 몇 개인가요?

풀이

답 ______________

MEMO

www.chunjae.co.kr

천재교육

본책 11쪽의 유사 문제
• 정답과 해설 26쪽

1-1 유사 문제

1 혜진이는 털실로 가방을 만들었습니다. 가방끈 부분을 만드는 데 $\frac{6}{8}$ m를 사용하고 가방 주머니 부분을 만드는 데는 가방끈 부분을 만들 때보다 $3\frac{1}{8}$ m 더 많이 사용하였습니다. 혜진이가 가방을 만드는 데 사용한 털실은 모두 m인가요?

풀이

답 ______________

1-2 유사 문제

2 호준이와 도희는 각자 종이배를 물위에 띄웠습니다. 호준이의 종이배는 $3\frac{2}{5}$분 동안 물위에 떠 있었고, 도희의 종이배는 호준이보다 $\frac{4}{5}$분 더 짧게 떠 있었습니다. 두 사람의 종이배가 물위에 떠 있던 시간은 모두 몇 분인가요?

풀이

답 ______________

1-3 유사 문제

3 채희는 일주일 중 화요일과 목요일에는 춤 연습을 하고, 금요일에는 작곡 연습을 합니다. 하루에 춤 연습은 $1\frac{17}{20}$시간씩, 작곡 연습은 춤 연습 시간보다 $\frac{10}{20}$시간 더 길게 합니다. 채희가 일주일 동안 춤과 작곡 연습을 하는 시간은 모두 몇 시간인가요?

풀이

답 ______________

2-2 유사 문제

4 재호는 고양이 화장실에 넣을 모래가 부족하여 모래 $1\frac{5}{9}$ kg을 사 왔습니다. 재호가 가진 모래 중 $3\frac{7}{9}$ kg을 사용하였더니 $2\frac{2}{9}$ kg이 남았습니다. 재호가 처음에 가지고 있던 모래는 몇 kg인가요?

풀이

답 ____________

2-3 유사 문제

5 오늘 어느 택시가 운행하는 동안 처음에 있던 휘발유의 $\frac{4}{5}$를 쓴 후 주유소에서 휘발유 $11\frac{3}{10}$ L를 넣었더니 13 L가 되었습니다. 처음에 있던 휘발유는 몇 L인가요?

풀이

답 ____________

문해력 레벨 3

6 할머니께서 수확한 고구마 중 $3\frac{3}{10}$ kg만큼 남기고 나머지를 모두 태형이네 집에 보냈습니다. 태형이네 집에서는 할머니께 받은 고구마를 삼촌과 고모에게 각각 $1\frac{5}{10}$ kg씩 나누어 준 후 태형이네 가족은 $\frac{6}{10}$ kg을 먹었습니다. 태형이네 집에 남은 고구마가 $1\frac{2}{10}$ kg일 때 할머니께서 수확한 고구마는 몇 kg인가요?

풀이

답 ____________

• 정답과 해설 27쪽

3-1 유사 문제

1 길이가 4 m인 색 테이프 4장을 $\frac{3}{8}$ m씩 겹쳐서 한 줄로 길게 이어 붙였습니다. 이어 붙인 색 테이프의 전체 길이는 몇 m인가요?

풀이

답 ____________

3-2 유사 문제

2 길이가 $2\frac{8}{15}$ m인 리본 끈 3개를 같은 길이만큼씩 겹쳐서 매듭을 묶고 한 줄로 길게 이었습니다. 이은 리본 끈의 전체 길이가 $6\frac{2}{15}$ m일 때 몇 m씩 겹쳐서 매듭을 묶어 이은 것인지 구하세요.

풀이

답 ____________

4-2 유사 문제

3 길이가 15 cm인 양초가 있습니다. 이 양초에 불을 붙이면 10분에 $1\frac{5}{16}$ cm씩 일정한 빠르기로 탑니다. 양초에 불을 붙인 지 30분 후에 불이 꺼졌습니다. 다시 이 양초에 불을 붙이고 20분이 지난 후 남은 양초의 길이는 몇 cm인가요?

풀이

답 ____________

4-3 유사 문제

4 길이가 20 cm인 양초에 불을 붙인 지 20분 후에 남은 양초의 길이를 재었더니 $15\frac{3}{4}$ cm였습니다. 양초가 일정한 빠르기로 탄다면 처음 양초에 불을 붙인 지 1시간 후 남은 양초의 길이는 몇 cm인가요?

풀이

답 ____________

문해력 레벨 3

5 길이가 16 cm인 양초가 있습니다. 이 양초에 불을 붙인 지 15분 후에 남은 양초의 길이를 재었더니 $12\frac{12}{15}$ cm였습니다. 이 양초가 일정한 빠르기로 탄다면 처음 양초가 모두 타는 데 몇 시간 몇 분이 걸리나요?

풀이

답 ____________

본책 19쪽의 유사 문제
• 정답과 해설 28쪽

5-1 유사 문제

1 분모가 10인 두 진분수가 있습니다. 합이 $1\frac{3}{10}$, 차가 $\frac{1}{10}$인 두 진분수를 각각 구하세요.

풀이

답 ______________________

5-2 유사 문제

2 재욱이와 석우가 철사를 사용하여 토끼를 각각 만들었습니다. 두 사람이 사용한 철사의 길이는 모두 $4\frac{7}{12}$ m이고 재욱이가 석우보다 $\frac{9}{12}$ m 더 많이 사용하였습니다. 두 사람이 사용한 철사의 길이는 각각 몇 m인지 대분수로 구하세요. (단, 분모는 모두 12입니다.)

풀이

답 재욱: ______________, 석우: ______________

6-2 유사 문제

3 6장의 수 카드 2, 12, 3, 6, 12, 9 를 한 번씩 모두 사용하여 분모가 같은 두 대분수를 만들려고 합니다. 합이 가장 작게 되도록 두 대분수를 만들었을 때 만든 두 대분수의 합을 구하세요.

풀이

답 ______________

6-3 유사 문제

4 6장의 수 카드 1, 9, 6, 9, 8, 2 를 한 번씩 모두 사용하여 분모가 같은 두 대분수를 만들려고 합니다. 차가 가장 크게 되도록 두 대분수를 만들었을 때 만든 두 대분수의 차를 구하세요.

풀이

답 ______________

문해력 레벨 3

5 6장의 수 카드 13, 4, 7, 10, 13, 6 을 한 번씩 모두 사용하여 분모가 같은 두 대분수를 만들려고 합니다. 차가 가장 작게 되도록 두 대분수를 만들었을 때 만든 두 대분수의 차를 구하세요.

풀이

문해력 핵심

두 대분수 ●$\frac{▲}{9}$, ■$\frac{★}{9}$의 차는 ●>■일 때 ▲<★이 되면 받아내림이 있는 대분수의 뺄셈이 되므로 차가 가장 작다.

답 ______________

본책 23쪽의 유사 문제
• 정답과 해설 29쪽

7-1 유사 문제

1 하루에 $1\frac{1}{3}$분씩 일정하게 빨라지는 고장 난 시계가 있습니다. 이 시계를 8월 5일 오후 10시에 정확히 맞추어 놓았다면 8월 8일 오후 10시에 이 시계가 가리키는 시각은 오후 몇 시 몇 분인가요?

풀이

답 ______________________

7-2 유사 문제

2 하루에 $1\frac{4}{5}$분씩 일정하게 늦어지는 고장 난 시계가 있습니다. 이 시계를 9월 7일 오전 4시에 정확히 맞추어 놓았다면 9월 12일 오전 4시에 이 시계가 가리키는 시각은 오전 몇 시 몇 분인가요?

풀이

답 ______________________

문해력 레벨 2

3 하루에 $2\frac{1}{4}$분씩 일정하게 빨라지는 고장 난 시계를 1월 2일 오후 1시에 정확한 시계보다 2분 늦게 맞추어 놓았습니다. 1월 6일 오후 1시 정각에 이 시계가 가리키는 시각은 오후 몇 시 몇 분인가요?

풀이

답 ______________________

8-1 유사 문제

4 규현이와 은우가 어떤 일을 함께 하려고 합니다. 하루에 혼자 하는 일의 양이 규현이는 전체의 $\frac{1}{16}$, 은우는 전체의 $\frac{3}{16}$입니다. 두 사람이 하루씩 번갈아 가며 쉬는 날 없이 일을 한다면 며칠 만에 모두 끝낼 수 있는지 구하세요. (단, 하루 동안 하는 일의 양은 각각 일정합니다.)

풀이

답 ____________

8-2 유사 문제

5 민수와 희재가 어떤 일을 함께 하려고 합니다. 하루에 혼자 하는 일의 양이 민수는 전체의 $\frac{2}{17}$, 희재는 전체의 $\frac{3}{17}$입니다. 민수가 먼저 시작하여 두 사람이 하루씩 번갈아 가며 쉬는 날 없이 일을 한다면 며칠 만에 모두 끝낼 수 있는지 구하세요. (단, 하루 동안 하는 일의 양은 각각 일정합니다.)

풀이

답 ____________

문해력 레벨 2

6 모내기는 ※모를 모판에 심어서 기르다가 어느 정도 크면 논으로 옮겨 심는 일입니다. 영지 부모님께서 모내기를 하려고 합니다. 하루에 혼자 하는 일의 양이 아버지는 전체의 $\frac{2}{13}$, 어머니는 전체의 $\frac{1}{13}$입니다. 첫째 날은 어머니 혼자 일을 했다면 앞으로 부모님이 함께 며칠 동안 일을 해야 모두 끝낼 수 있는지 구하세요. (단, 하루 동안 하는 일의 양은 각각 일정합니다.)

풀이

문해력 어휘
모: 논에 옮겨 심기 위하여 기르는 어린 벼

답 ____________

본책 26쪽의 유사 문제
• 정답과 해설 29쪽

기출 1 유사 문제

1 양팔저울의 왼쪽 접시에 $1\frac{1}{10}$ kg짜리 추 4개를 올려놓고, 오른쪽 접시에 $\frac{13}{10}$ kg짜리 추 1개와 책 1권을 올려놓았더니 양팔저울이 수평이 되었습니다. 책 1권의 무게를 구하세요.

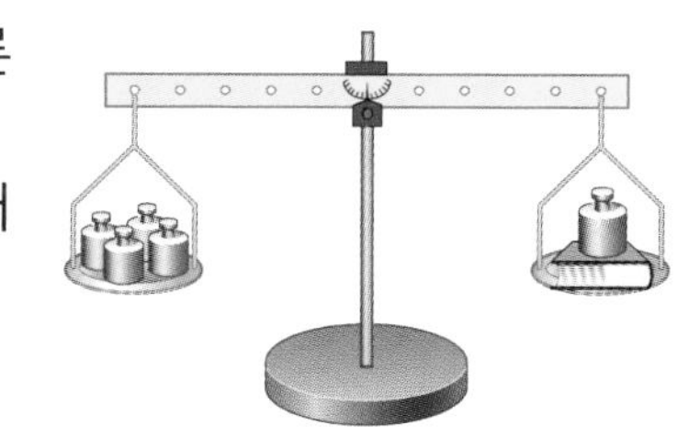

풀이

답 ______________

기출 변형

2 양팔저울의 왼쪽 접시에 무게가 같은 추 4개를 올려놓고, 오른쪽 접시에 무게가 $2\frac{4}{8}$ kg인 책 1권을 올려놓았더니 양팔저울이 수평이 되었습니다. 왼쪽 접시에 올려놓은 추와 똑같은 추 6개의 무게의 합을 구하세요.

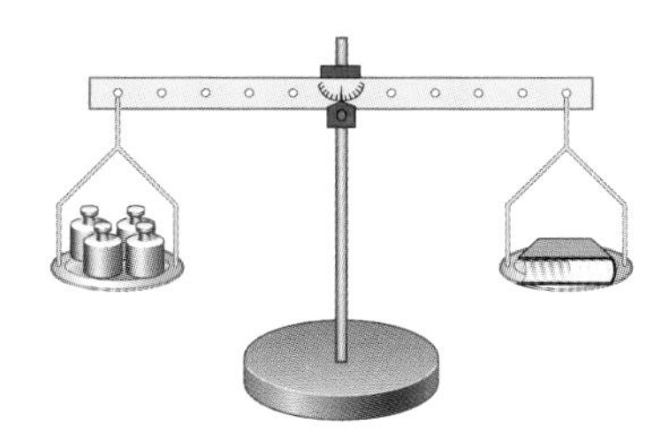

풀이

답 ______________

기출 2 유사 문제

3 5를 분모가 9인 두 대분수의 합으로 나타내려고 합니다. 모두 몇 가지로 나타낼 수 있나요?
(단, $1\frac{2}{9}+2\frac{7}{9}$과 $2\frac{7}{9}+1\frac{2}{9}$와 같이 두 분수를 바꾸어 더한 경우는 한 가지로 생각합니다.)

풀이

답 ____________

기출 변형

4 4를 분모가 8인 세 대분수의 합으로 나타내려고 합니다. 모두 몇 가지로 나타낼 수 있나요?
(단, $1\frac{1}{8}+1\frac{2}{8}+1\frac{5}{8}$와 $1\frac{5}{8}+1\frac{2}{8}+1\frac{1}{8}$과 같이 세 분수를 바꾸어 더한 경우는 한 가지로 생각합니다.)

풀이

답 ____________

1-1 유사 문제

1 감자가 들어 있는 상자의 무게는 3.9 kg이었습니다. 상자에서 무게가 220 g인 감자 1개를 꺼냈습니다. 지금 감자가 들어 있는 상자의 무게는 몇 kg인가요?

풀이

답 ______________

1-2 유사 문제

2 보리차 3.45 L가 들어 있는 주전자에 보리차 850 mL를 더 부었습니다. 지금 주전자에 들어 있는 보리차는 몇 L인가요? (단, 주전자의 보리차는 넘치지 않습니다.)

풀이

답 ______________

1-3 유사 문제

3 병에 간장 4.5 L가 들어 있었습니다. 이 병에서 간장 1450 mL를 요리하는 데 사용한 후에 간장 0.8 L를 채워 넣었습니다. 지금 병에 들어 있는 간장은 몇 L인가요?

풀이

답 ______________

2-1 유사 문제

4 무게가 똑같은 인형 12개가 들어 있는 주머니의 무게를 재었더니 3.75 kg이었습니다. 주머니에서 인형 6개를 뺀 후 다시 무게를 재었더니 1.95 kg이었습니다. 빈 주머니의 무게는 몇 kg인가요?

풀이

답 ______________

2-2 유사 문제

5 고추장이 가득 담겨 있는 통의 무게를 재었더니 5.45 kg이었습니다. 이 통에 들어 있는 고추장의 $\frac{1}{2}$만큼을 사용한 후 다시 무게를 재었더니 2.85 kg이었습니다. 빈 통의 무게는 몇 kg인가요?

풀이

답 ______________

2-3 유사 문제

6 성현이는 2.58 kg짜리 장바구니 1개를 들고 체중계에 올라가 무게를 재었더니 40.42 kg이었습니다. 장바구니를 내려 놓고 무게가 똑같은 상자 2개를 들고 다시 무게를 재었더니 39.44 kg이었습니다. 상자 1개의 무게는 몇 kg인가요?

풀이

답 ______________

본책 45쪽의 유사 문제
• 정답과 해설 31쪽

3-1 유사 문제

1 어떤 수에 1.73을 더해야 할 것을 잘못하여 뺐더니 5.21이 되었습니다. 바르게 계산하면 얼마인가요?

풀이

답 ____________

3-2 유사 문제

2 가방에 무게가 0.97 kg인 물건을 넣어야 하는데 잘못하여 1.35 kg인 물건을 넣었더니 가방의 무게가 6.78 kg이 되었습니다. 잘못 넣은 물건을 빼고 원래 넣으려고 했던 물건을 넣었다면 가방은 몇 kg이 되는지 구하세요.

풀이

답 ____________

3-3 유사 문제

3 어떤 수에서 4.52를 빼야 할 것을 잘못하여 어떤 수의 일의 자리 숫자와 소수 첫째 자리 숫자를 바꾼 수에 45.2를 더했더니 50이 되었습니다. 바르게 계산하면 얼마인가요?

풀이

답 ____________

4-1 유사 문제

4 선물 1개를 포장하는 데 끈이 1.17 m 필요합니다. 길이가 4 m인 끈을 사용하여 선물 3개를 포장했습니다. 사용하고 남은 끈은 몇 m인가요?

풀이

답 ______________

4-2 유사 문제

5 딸기 5 kg을 사용하여 똑같은 양의 딸기잼 2병을 만들었더니 딸기가 2.36 kg 남았습니다. 딸기잼 1병을 만드는 데 사용한 딸기는 몇 kg인가요?

풀이

답 ______________

4-3 유사 문제

6 가로는 4.3 m이고 세로는 가로보다 1.56 m 더 짧은 직사각형 모양의 칠판이 있습니다. 칠판의 네 변을 따라 색 테이프를 겹치지 않게 이어 붙였더니 색 테이프가 0.72 m 남았습니다. 처음에 가지고 있던 색 테이프는 몇 m인가요?

풀이

답 ______________

5-2 유사 문제

1 4장의 카드 6, 4, 1, . 을 한 번씩 모두 사용하여 소수를 만들려고 합니다. 만들 수 있는 소수 중에서 가장 작은 소수 한 자리 수와 가장 큰 소수 두 자리 수의 차를 구하세요.

풀이

답 ______________

5-3 유사 문제

2 5장의 카드 2, 7, 0, 9, . 을 한 번씩 모두 사용하여 가장 큰 소수 두 자리 수와 가장 작은 소수 두 자리 수를 각각 만들었습니다. 만든 두 소수의 차를 구하세요. (단, 가장 높은 자리와 소수점 아래 끝자리에는 0이 오지 않습니다.)

풀이

답 ______________

문해력 레벨 3

3 5장의 카드 4, 0, 2, 8, . 을 한 번씩 모두 사용하여 소수를 만들려고 합니다. 만들 수 있는 소수 첫째 자리 숫자가 8인 소수 두 자리 수 중에서 가장 큰 수와 가장 작은 수의 합을 구하세요. (단, 가장 높은 자리와 소수점 아래 끝자리에는 0이 오지 않습니다.)

풀이

답 ______________

6-1 유사 문제

4 일정한 빠르기로 민정이는 30분 동안 2.52 km를 걷고 재호는 20분 동안 1.94 km를 걷습니다. 두 사람이 같은 곳에서 동시에 출발하여 서로 같은 방향으로 직선 도로를 쉬지 않고 걸을 때 1시간 후 두 사람 사이의 거리는 몇 km인가요?

풀이

답 ______________

6-2 유사 문제

5 일정한 빠르기로 혜진이는 15분 동안 1.33 km를 걷고 민규는 20분 동안 1.85 km를 걷습니다. 두 사람이 같은 곳에서 동시에 출발하여 서로 반대 방향으로 직선 도로를 쉬지 않고 걸을 때 1시간 후 두 사람 사이의 거리는 몇 km인가요?

풀이

답 ______________

6-3 유사 문제

6 일정한 빠르기로 경민이는 40분 동안 3.7 km를 걷고 나언이는 60분 동안 5.17 km를 걷습니다. 두 사람이 같은 곳에서 동시에 출발하여 서로 반대 방향으로 원 모양의 호수 둘레를 따라 쉬지 않고 걸었더니 두 사람이 출발한 지 2시간 만에 처음으로 만났습니다. 이 호수의 둘레는 몇 km인가요?

풀이

답 ______________

• 정답과 해설 32쪽

7-2 유사 문제

1 집에서 태권도장을 거쳐 서점까지 가는 거리는 8.59 km이고 태권도장에서 서점을 거쳐 우체국까지 가는 거리는 7.61 km입니다. 태권도장에서 서점까지의 거리가 4.83 km일 때 집에서 태권도장과 서점을 거쳐 우체국까지 가는 거리는 몇 km인가요? (단, 집, 태권도장, 서점, 우체국은 모두 직선 도로 위에 차례로 있습니다.)

풀이

답

문해력 레벨 2

2 집에서 병원, 은행, 서점을 차례로 거쳐 백화점까지 가는 거리는 10.78 km이고 집에서 병원과 은행을 거쳐 서점까지 가는 거리는 6.4 km입니다. 병원에서 은행과 서점을 거쳐 백화점까지 가는 거리는 8.6 km입니다. 은행에서 서점까지의 거리가 2.64 km일 때 병원에서 은행까지의 거리는 몇 km인가요? (단, 집, 병원, 은행, 서점, 백화점은 모두 직선 도로 위에 차례로 있습니다.)

풀이

답

8-1 유사 문제

3 재호, 민영, 진서가 출발 지점에서 동시에 출발하여 1 km 직선 달리기를 하고 있습니다. 재호는 도착 지점을 0.2 km 앞에 두고 있고 민영이는 재호보다 0.15 km 뒤에 있습니다. 진서는 민영이보다 0.08 km 뒤에 있을 때 민영이와 진서가 달린 거리는 각각 몇 km인가요?

풀이

답 민영: ____________, 진서: ____________

문해력 레벨 2

4 정수, 세호, 해인이가 출발 지점에서 동시에 출발하여 10 km 직선 달리기를 하고 있습니다. 정수는 출발 지점에서 6.28 km를 달렸고 해인이는 도착 지점을 4.7 km 앞에 두고 있습니다. 세호는 해인이보다 2.78 km 앞에 있을 때 정수와 세호 사이의 거리는 몇 km인가요?

풀이

답 ____________

기출 1 유사 문제

1 일정한 규칙에 따라 수를 늘어놓고 있습니다. 7번째 수와 9번째 수의 합을 구하세요.

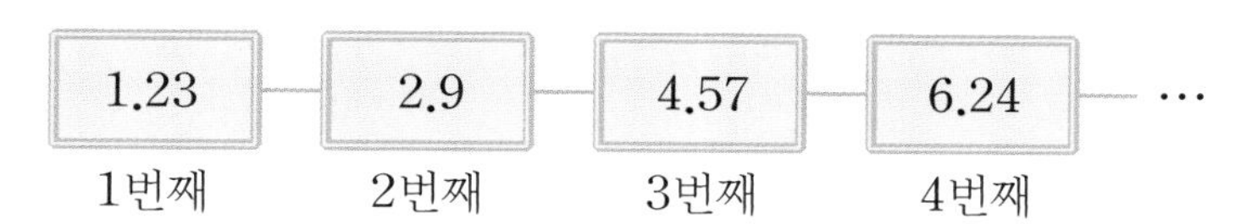

풀이

답 ____________________

기출 변형

2 일정한 규칙에 따라 수를 늘어놓고 있습니다. 6번째 수와 8번째 수의 합을 구하세요.

1.35 — 1.7 — 2.15 — 2.7 — …

1번째　2번째　3번째　4번째

풀이

답 ____________________

기출 2 유사 문제

3 5장의 카드 [3], [7], [5], [9], [.]을 한 번씩 모두 사용하여 만들 수 있는 소수 세 자리 수 중 가장 큰 수가 ㉠, 셋째로 큰 수가 ㉡이라고 합니다. ㉡보다 크고 ㉠보다 작은 소수 두 자리 수는 모두 몇 개인가요? (단, 소수 둘째 자리 숫자가 0인 경우는 제외합니다.)

풀이

답 ______________

기출 변형

4 5장의 카드 [0], [2], [4], [1], [.]을 한 번씩 모두 사용하여 만들 수 있는 소수 세 자리 수 중 가장 작은 수가 ㉠, 넷째로 작은 수가 ㉡이라고 합니다. ㉠보다 크고 ㉡보다 작은 소수 두 자리 수는 모두 몇 개인가요? (단, 소수 둘째 자리 숫자가 0인 경우는 제외합니다.)

풀이

답 ______________

1-1 유사 문제

1 크기가 같은 정삼각형 10개를 변끼리 맞닿게 이어 붙여 오른쪽 도형을 만들었습니다. 굵은 선의 길이가 112 cm일 때 정삼각형의 한 변의 길이는 몇 cm인가요?

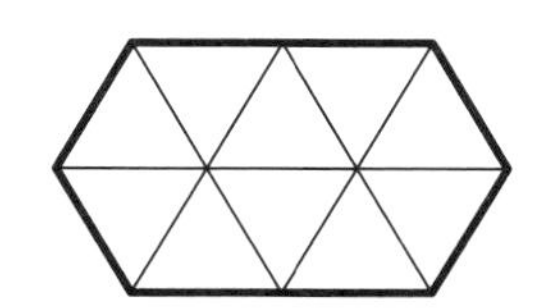

풀이

답

1-2 유사 문제

2 크기가 같은 이등변삼각형 4개를 긴 변끼리 맞닿게 이어 붙여 오른쪽 도형을 만들었습니다. 굵은 선의 길이가 52 cm일 때 변 ㄱㅂ의 길이는 몇 cm인가요?

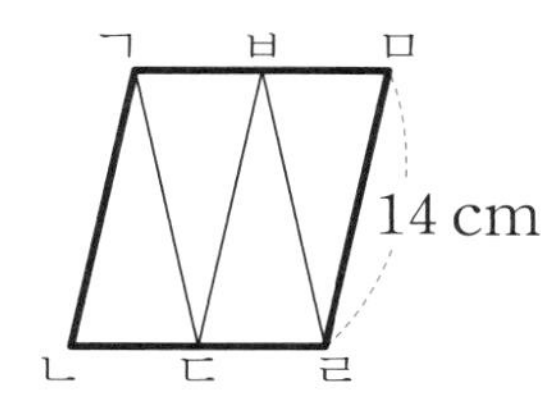

풀이

답

문해력 레벨 2

3 크기가 같은 이등변삼각형 4개와 크기가 같은 정삼각형 4개를 변끼리 맞닿게 이어 붙여 오른쪽 도형을 만들었습니다. 굵은 선의 길이가 38 cm일 때 정삼각형의 한 변의 길이는 몇 cm인가요?

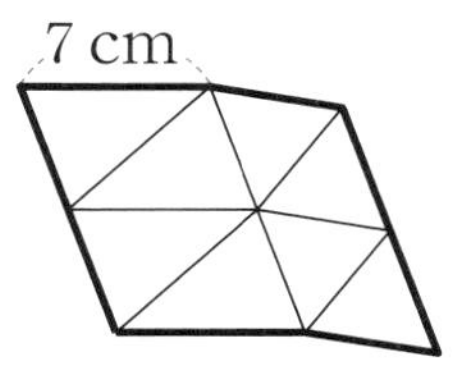

풀이

답

2-1 유사 문제

4 오른쪽 도형은 정삼각형을 겹치지 않게 이어 붙여 만든 것입니다. 도형에서 찾을 수 있는 크고 작은 정삼각형은 모두 몇 개인가요?

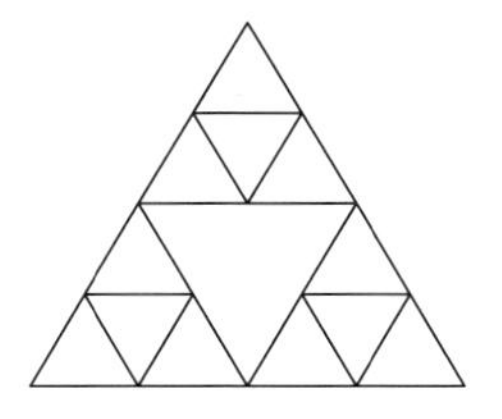

풀이

답 ____________

2-2 유사 문제

5 오른쪽 도형에서 찾을 수 있는 크고 작은 둔각삼각형은 모두 몇 개인가요?

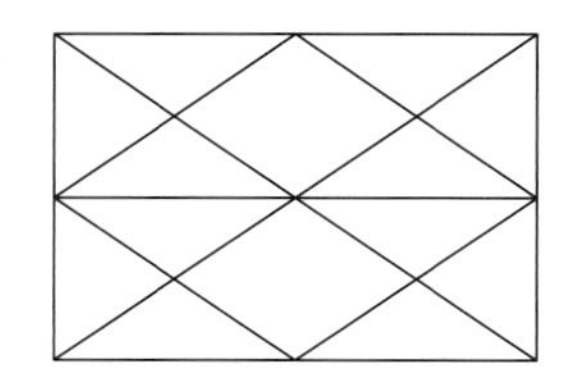

풀이

답 ____________

2-3 유사 문제

6 오른쪽 도형에서 찾을 수 있는 크고 작은 예각삼각형과 둔각삼각형은 각각 몇 개인지 구하세요.

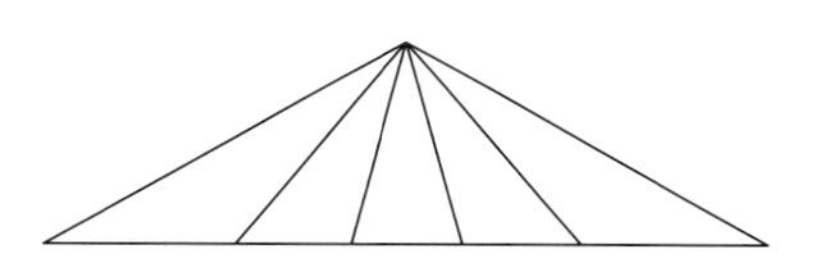

풀이

답 예각삼각형: ____________, 둔각삼각형: ____________

본책 75쪽의 유사 문제
• 정답과 해설 35쪽

3-1 유사 문제

1 오른쪽 도형에서 삼각형 ㄱㄴㄷ은 정삼각형이고 삼각형 ㄹㄴㄷ은 이등변삼각형입니다. 각 ㄱㄴㄹ의 크기는 몇 도인가요?

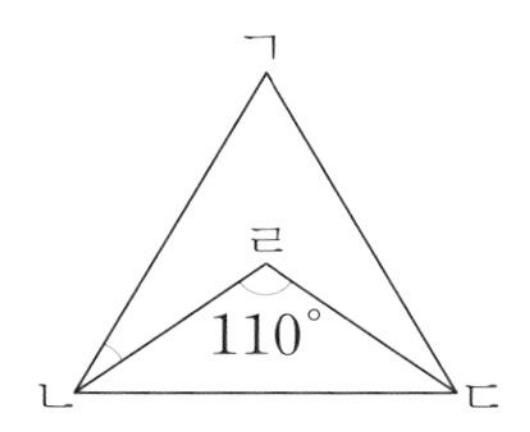

풀이

답 ____________

3-2 유사 문제

2 오른쪽 도형에서 삼각형 ㄱㄴㄷ과 삼각형 ㄱㄹㄷ은 이등변삼각형입니다. 각 ㄱㄴㄷ의 크기는 몇 도인가요?

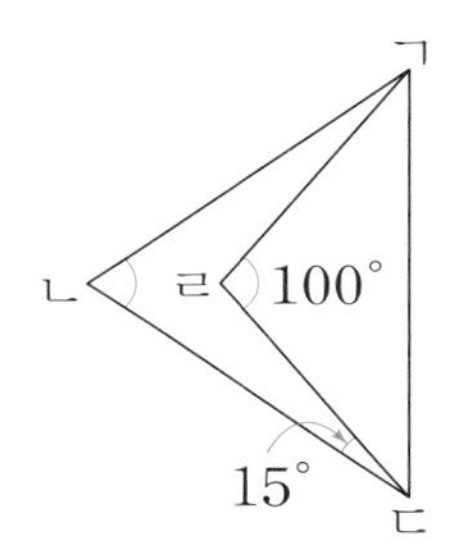

풀이

답 ____________

3-3 유사 문제

3 오른쪽 도형에서 삼각형 ㄱㄴㄷ과 삼각형 ㅁㄷㄹ은 모양과 크기가 같은 이등변삼각형입니다. 각 ㄹㅂㄴ의 크기는 몇 도인가요?

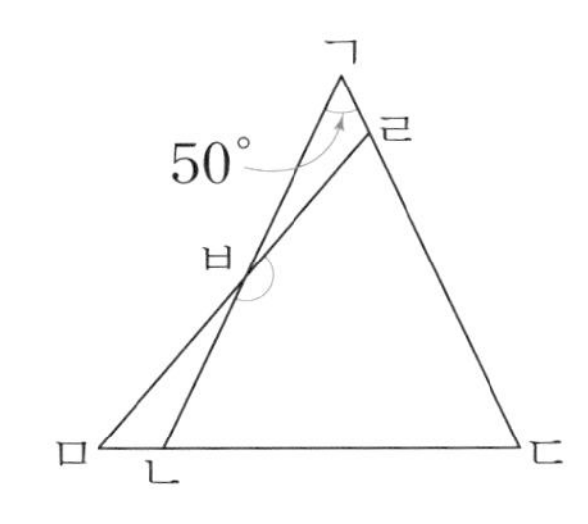

풀이

답 ____________

4-2 유사 문제

4 오른쪽 도형은 삼각형 ㄱㄴㄷ을 서로 다른 이등변삼각형 2개로 나눈 것입니다. 각 ㄱㄷㄹ의 크기는 몇 도인가요?

풀이

답 ______________________

4-3 유사 문제

5 오른쪽 도형에서 삼각형 ㄱㄴㄷ은 변 ㄱㄴ과 변 ㄱㄷ의 길이가 같고, 삼각형 ㄹㄱㄷ은 변 ㄱㄹ과 변 ㄹㄷ의 길이가 같습니다. 각 ㄴㄱㄷ의 크기는 몇 도인가요?

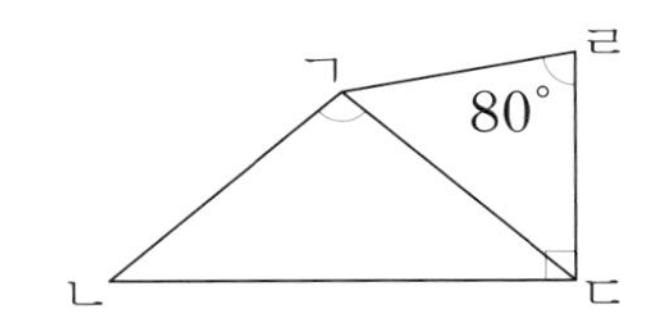

풀이

답 ______________________

문해력 레벨 3

6 오른쪽 도형은 삼각형 ㄱㄴㄷ을 서로 다른 이등변삼각형 3개로 나눈 것입니다. 각 ㅁㄱㄷ의 크기는 몇 도인가요?

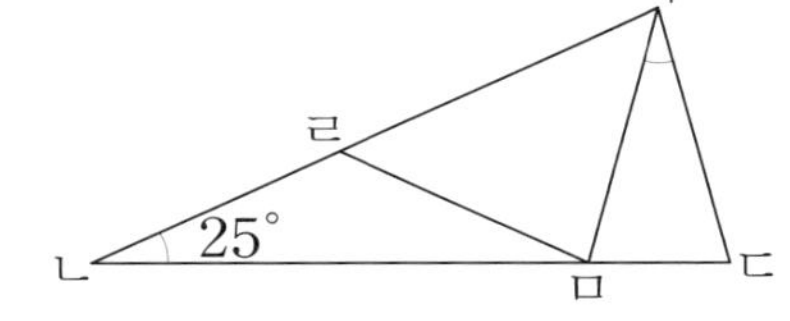

풀이

답 ______________________

5-1 유사 문제

1 오른쪽 도형에서 삼각형 ㄱㄴㄷ은 세 변의 길이의 합이 51 cm인 정삼각형이고 삼각형 ㄹㅁㄷ은 세 변의 길이의 합이 39 cm인 정삼각형입니다. 선분 ㄴㅁ의 길이는 몇 cm인가요?

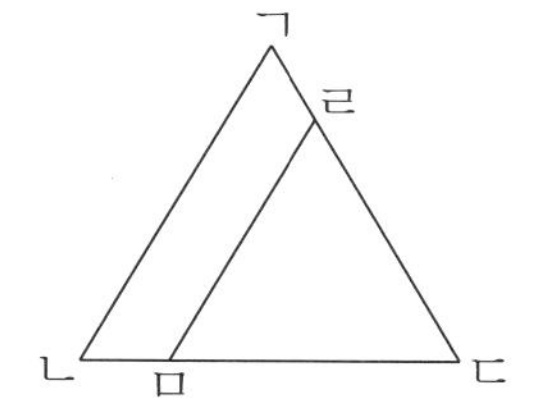

풀이

답 ______________

5-2 유사 문제

2 오른쪽 도형에서 삼각형 ㄱㄴㄷ과 삼각형 ㄹㄴㅁ은 정삼각형입니다. 사각형 ㄱㄹㅁㄷ의 네 변의 길이의 합은 몇 cm인가요?

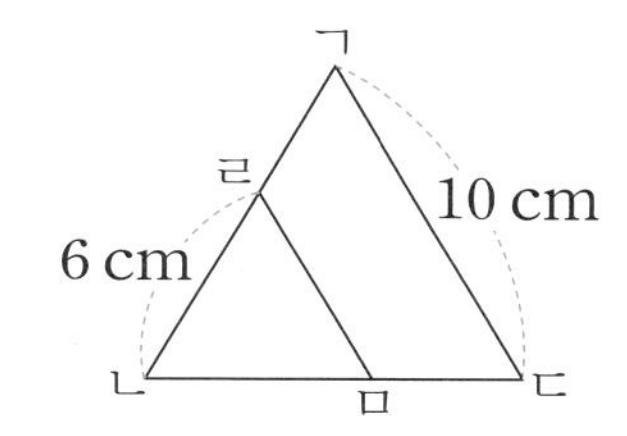

풀이

답 ______________

5-3 유사 문제

3 한 변의 길이가 17 cm인 정삼각형 모양의 종이를 오른쪽과 같이 2개의 정삼각형을 잘라 내고 사각형 ㄹㅁㄷㅂ을 만들었습니다. 사각형 ㄹㅁㄷㅂ의 네 변의 길이의 합은 몇 cm인가요?

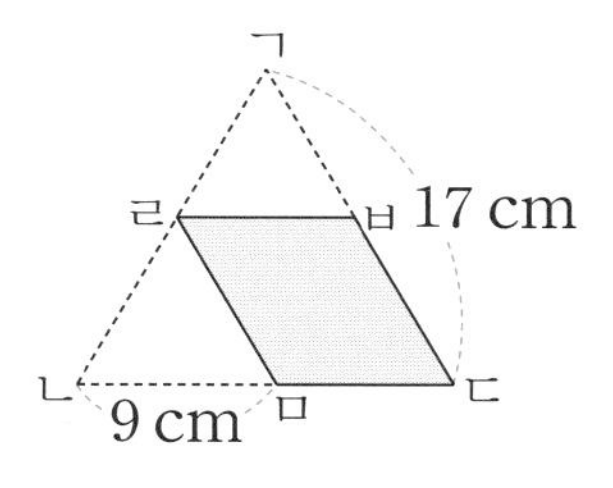

풀이

답 ______________

6-2 유사 문제

4 오른쪽 그림과 같이 정삼각형 모양의 종이를 접었습니다. 각 ㅂㅁㄷ의 크기는 몇 도인지 구하세요.

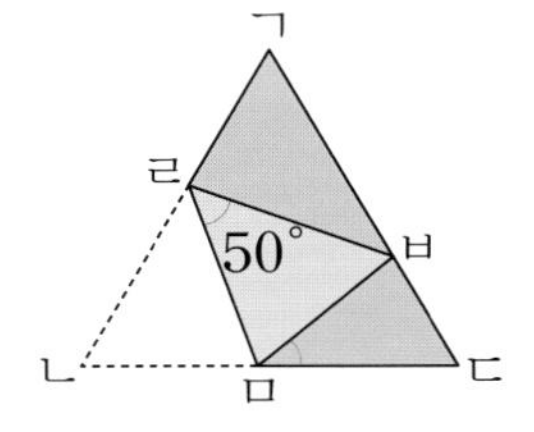

풀이

답

6-3 유사 문제

5 오른쪽 그림과 같이 이등변삼각형 모양의 종이를 접었습니다. 각 ㄹㄱㅁ의 크기는 몇 도인지 구하세요.

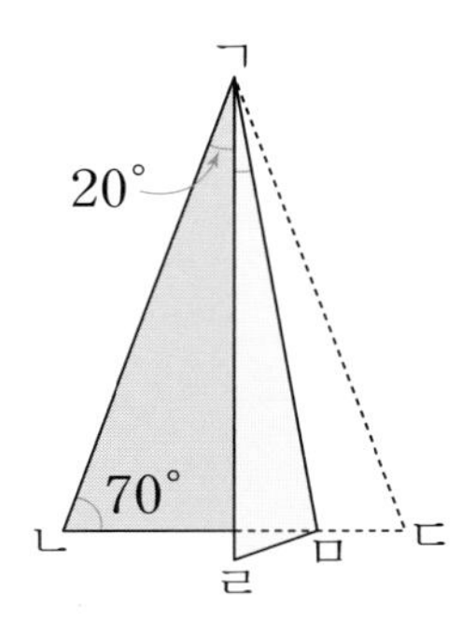

풀이

답

문해력 레벨 3

6 오른쪽 그림과 같이 이등변삼각형 모양의 종이를 접었습니다. 각 ㄱㄹㄷ의 크기는 몇 도인지 구하세요.

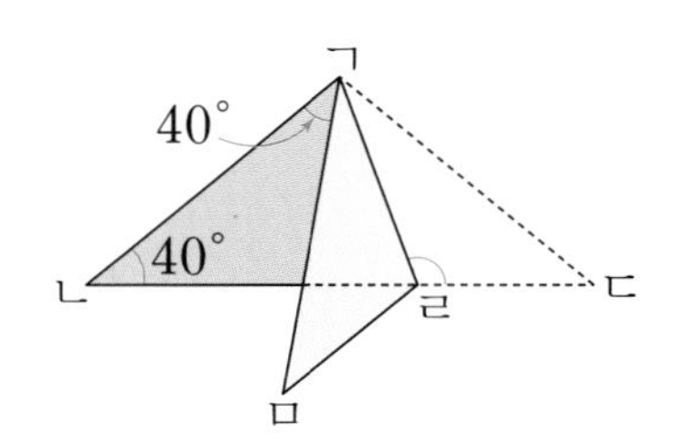

풀이

답

7-1 유사 문제

1 오른쪽 도형에서 변 ㄱㅈ과 변 ㄷㄹ은 서로 평행합니다. 변 ㄱㅈ과 변 ㄷㄹ 사이의 거리는 몇 cm인가요?

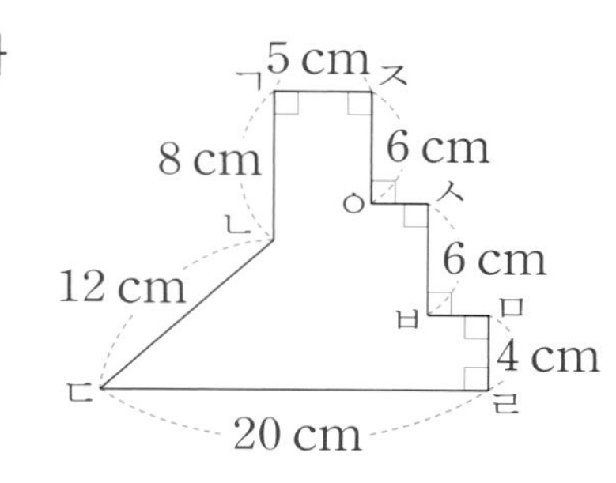

풀이

답 ______________

7-2 유사 문제

2 오른쪽 그림에서 직선 가, 나, 다, 라는 서로 평행합니다. 직선 가와 직선 라 사이의 거리가 21 cm일 때 직선 나와 직선 다 사이의 거리는 몇 cm인가요?

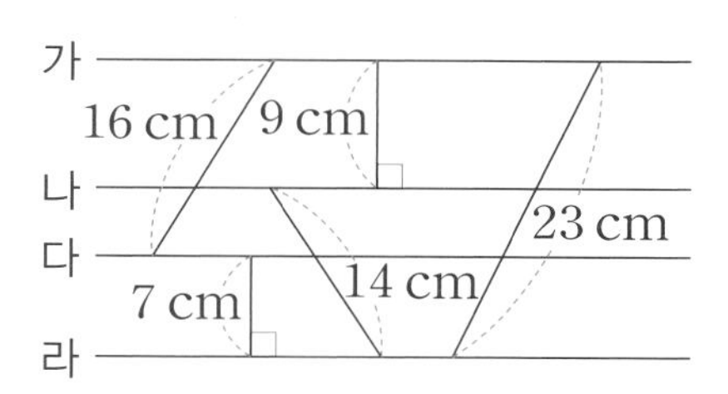

풀이

답 ______________

7-3 유사 문제

3 크기가 다른 정사각형 가, 나, 다, 라를 겹치지 않게 이어 붙인 것입니다. 변 ㄱㄴ 과 변 ㄹㄷ 사이의 거리는 몇 cm인가요?

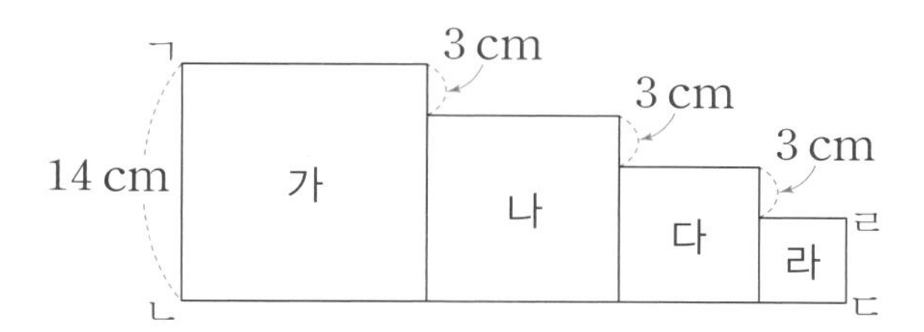

풀이

답 ______________

8-2 유사 문제

4 오른쪽 그림에서 직선 가와 직선 나는 서로 수직입니다. 직선을 한 개 그었을 때 ㉠과 ㉡의 각도의 차를 구하세요.

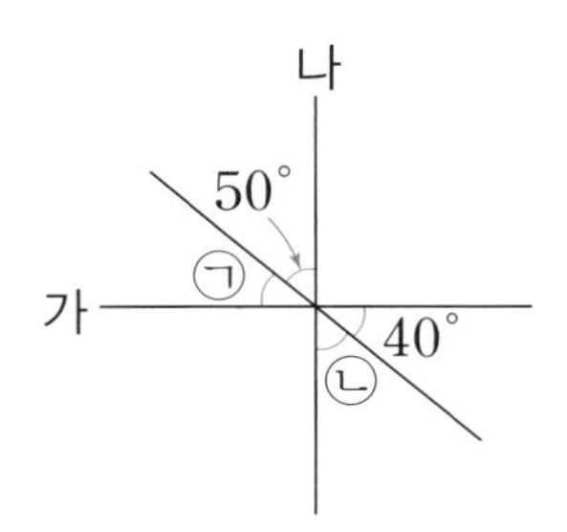

풀이

답

8-3 유사 문제

5 오른쪽 그림에서 선분 ㅁㅂ은 선분 ㄷㄹ에 대한 수선입니다. ㉠과 ㉡의 각도의 차를 구하세요.

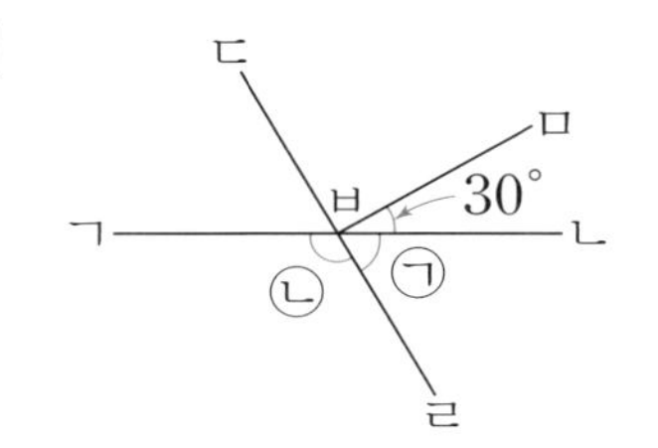

풀이

답

문해력 레벨 3

6 오른쪽 그림에서 직선 가와 직선 나는 서로 수직입니다. ㉡의 각도는 ㉠의 각도의 2배이고 ㉢의 각도는 ㉡의 각도의 2배일 때 ㉠과 ㉢의 각도의 합을 구하세요.

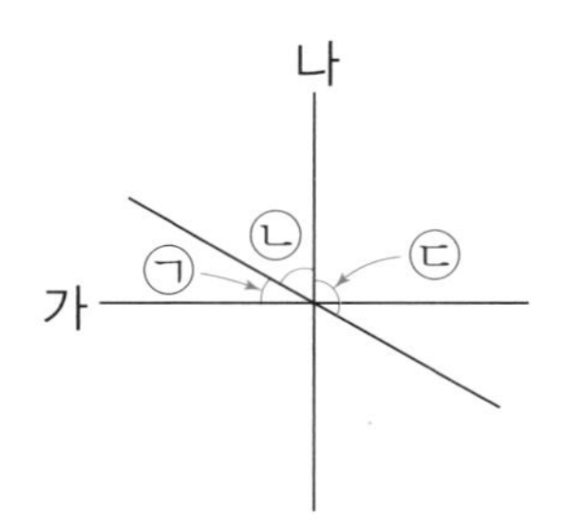

풀이

답

기출 1 유사 문제

1 이등변삼각형 ㄱㄴㄷ과 정삼각형 ㄹㅁㄷ을 겹쳐 놓은 것입니다. 각 ㅁㅂㄷ의 크기는 몇 도인지 구하세요.

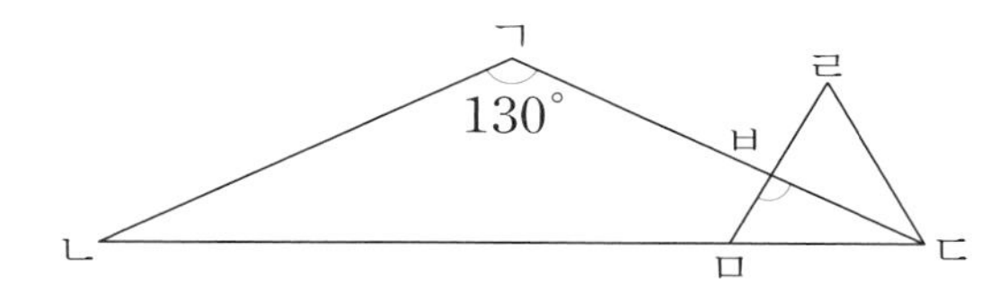

풀이

답 ______________

기출 변형

2 정삼각형 ㄱㄴㄷ과 이등변삼각형 ㄹㄴㅁ을 겹쳐 놓은 것입니다. 각 ㄹㅂㄷ의 크기는 몇 도인지 구하세요.

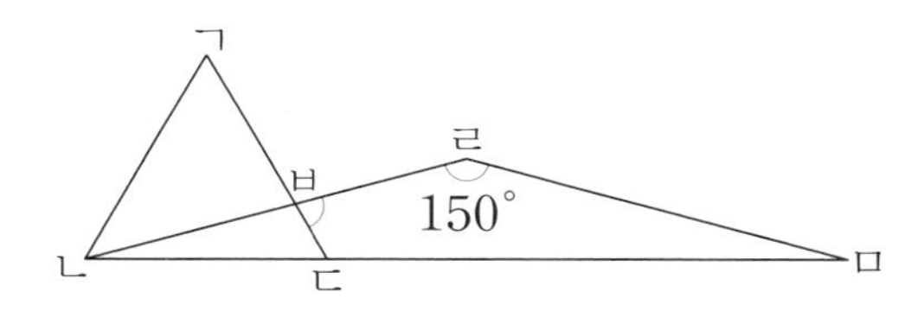

풀이

답 ______________

기출 2 유사 문제

3 길이가 같은 성냥개비를 다음과 같이 일정한 규칙에 따라 늘어놓고 있습니다. 성냥개비 63개를 사용한 모양에서 찾을 수 있는 가장 큰 정삼각형의 세 변의 길이의 합이 612 mm일 때 성냥개비 한 개의 길이는 몇 mm인지 구하세요.

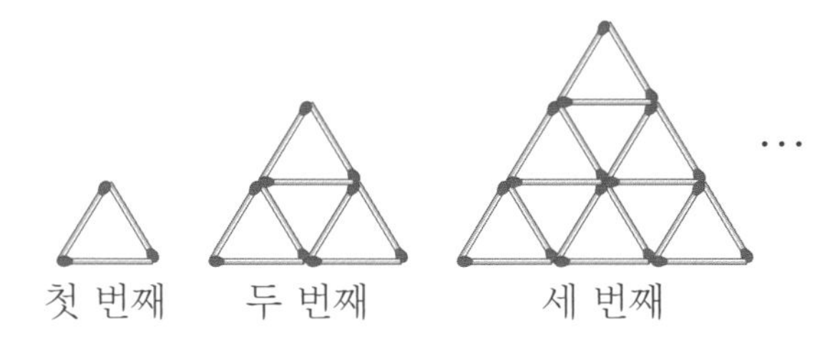

풀이

답 ______________

기출 변형

4 길이가 같은 성냥개비를 다음과 같이 일정한 규칙에 따라 늘어놓고 있습니다. 성냥개비 한 개의 길이가 20 mm이고 성냥개비 108개를 사용한 모양에서 찾을 수 있는 가장 큰 정삼각형의 세 변의 길이의 합은 몇 mm인지 구하세요.

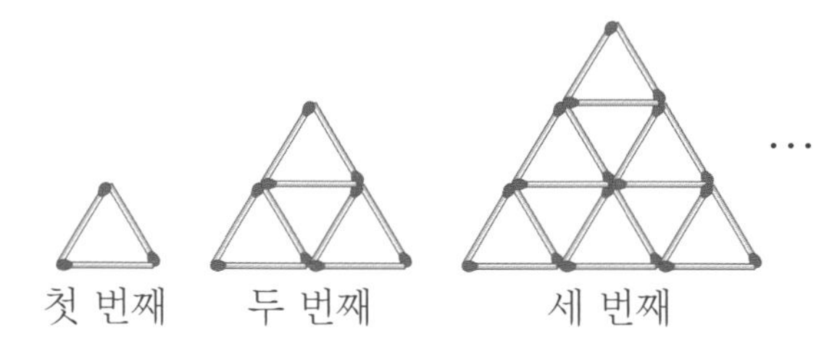

풀이

답 ______________

1-1 유사 문제

1 오른쪽은 사다리꼴 ㄱㄴㄷㄹ 안에 선분 ㄱㄴ과 평행한 선분 ㅁㄷ을 그은 것입니다. 삼각형 ㅁㄷㄹ의 세 변의 길이의 합은 몇 cm인가요?

16 cm
ㄱ ㅁ ㄹ
6 cm
8 cm
ㄴ 8 cm ㄷ

풀이

답 ____________________

1-2 유사 문제

2 오른쪽은 사다리꼴 ㄱㄴㄷㄹ 안에 선분 ㄴㄷ과 평행한 선분 ㄱㅁ을 그은 것입니다. 삼각형 ㄱㅁㄹ의 세 변의 길이의 합은 몇 cm인가요?

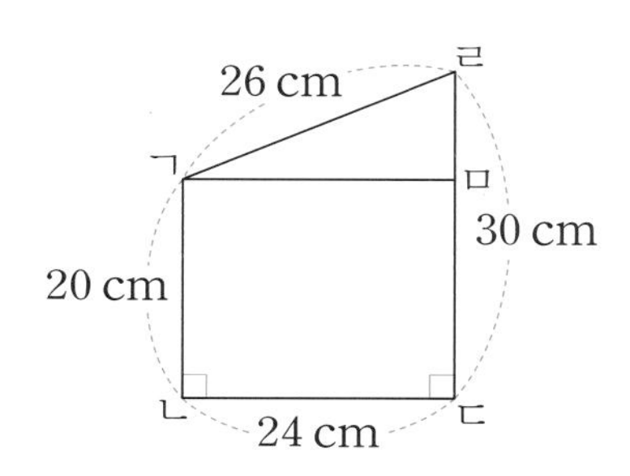

풀이

답 ____________________

1-3 유사 문제

3 오른쪽은 사다리꼴 ㄱㄴㄷㄹ과 정삼각형 ㄹㄷㅁ을 변끼리 이어 붙여 평행사변형 ㄱㄴㄷㅁ을 만든 것입니다. 평행사변형 ㄱㄴㄷㅁ의 네 변의 길이의 합은 몇 cm인가요?

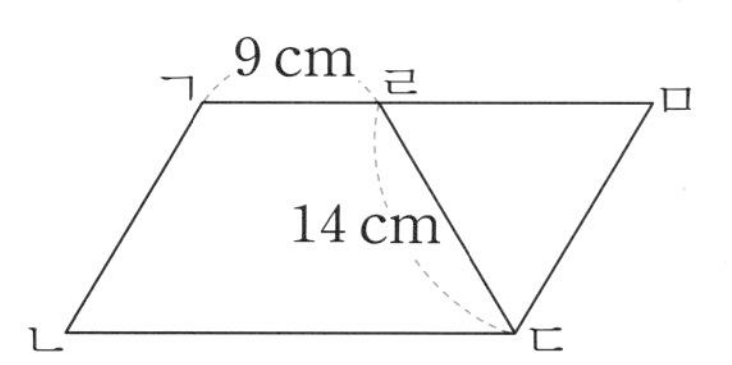

풀이

답 ____________________

2-2 유사 문제

4 그림에서 찾을 수 있는 크고 작은 마름모는 모두 몇 개인가요?

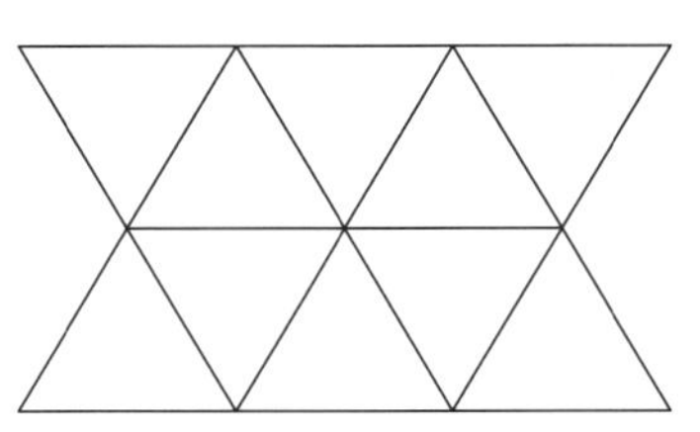

풀이

답 ______________

문해력 레벨 2

5 민규는 ※칠교판의 7조각을 모두 사용하여 다음과 같이 로켓 모양을 만들었습니다. 이 모양에서 찾을 수 있는 크고 작은 평행사변형의 수와 사다리꼴의 수의 차는 몇 개인가요?

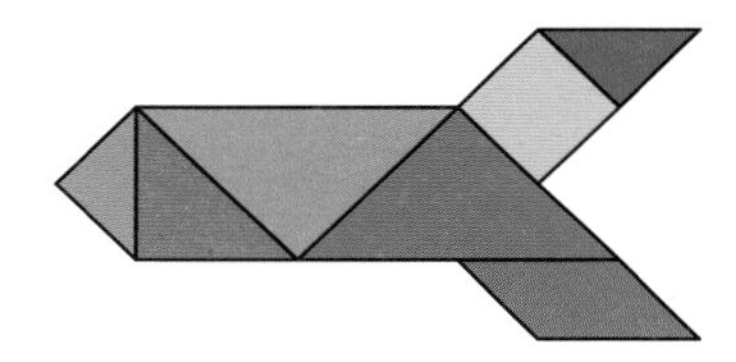

풀이

답 ______________

3-1 유사 문제

1 길이가 1 m 10 cm인 철사를 겹치지 않게 사용하여 한 변의 길이가 15 cm인 정다각형을 한 개 만들었습니다. 남은 철사의 길이가 20 cm일 때 만든 정다각형의 이름은 무엇인가요?

풀이

1 m=100 cm야.

답

3-2 유사 문제

2 길이가 3 m인 색 테이프를 똑같이 3도막으로 자른 후 그중 한 도막을 겹치지 않게 사용하여 한 변의 길이가 11 cm인 정다각형을 한 개 만들었더니 남은 색 테이프의 길이가 12 cm였습니다. 만든 정다각형의 이름은 무엇인가요?

풀이

답

3-3 유사 문제

3 길이가 1 m 20 cm인 끈을 겹치지 않게 모두 사용하여 한 변의 길이가 12 cm인 정오각형과 한 변의 길이가 15 cm인 정다각형을 1개씩 만들었습니다. 한 변의 길이가 15 cm인 정다각형의 이름은 무엇인가요?

풀이

답

4-1 유사 문제

4 정오각형과 모든 변의 길이의 합이 같은 정칠각형이 있습니다. 정오각형의 한 변의 길이가 21 cm일 때 정칠각형의 한 변의 길이는 몇 cm인가요?

풀이

답 ____________

4-2 유사 문제

5 색 테이프를 겹치지 않게 모두 사용하여 한 변의 길이가 12 cm인 정사각형을 한 개 만들었습니다. 같은 길이의 색 테이프를 겹치지 않게 모두 사용하여 똑같은 정삼각형을 2개 만들었습니다. 만든 정삼각형의 한 변의 길이는 몇 cm인가요?

풀이

답 ____________

4-3 유사 문제

6 선경이와 민규는 털실을 똑같은 길이로 나누어 가졌습니다. 이 털실을 겹치지 않게 모두 사용하여 선경이는 한 변의 길이가 10 cm인 정육각형을 4개 만들었고, 민규는 정팔각형을 1개 만들었습니다. 민규가 만든 정팔각형의 한 변의 길이는 몇 cm인가요?

풀이

답 ____________

5-2 유사 문제

1 오른쪽은 정팔각형의 점 ㄴ과 점 ㅅ, 점 ㄷ과 점 ㅂ을 이어 직사각형을 만든 것입니다. 각 ㄱㄴㅅ의 크기는 몇 도인가요?

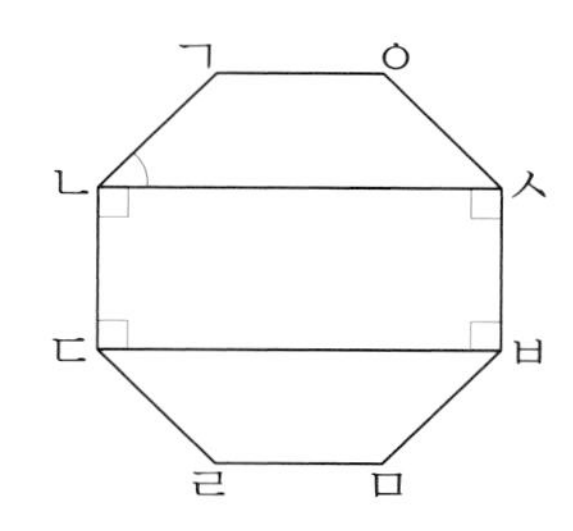

풀이

답 ______________

5-3 유사 문제

2 오른쪽은 정오각형 안에 두 꼭짓점을 잇는 선분 ㄴㅁ을 그은 것입니다. 각 ㄱㄴㅁ의 크기는 몇 도인가요?

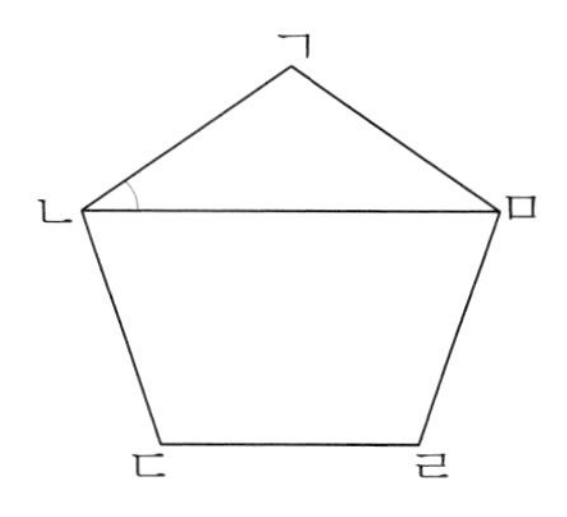

풀이

답 ______________

문해력 레벨 3

3 오른쪽 그림과 같이 정구각형의 두 변을 길게 늘여 삼각형 ㄱㄴㄷ을 만들었습니다. 각 ㄴㄱㄷ의 크기는 몇 도인가요?

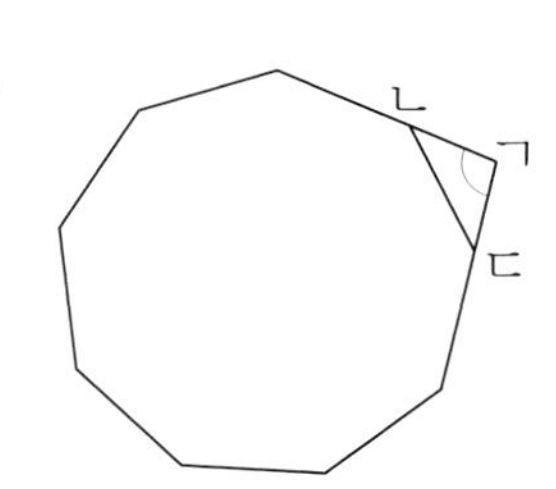

풀이

답 ______________

6-2 유사 문제

4 정오각형 2개와 정사각형 1개를 겹치지 않게 이어 붙인 것입니다. ㉠의 각도는 몇 도인지 구하세요.

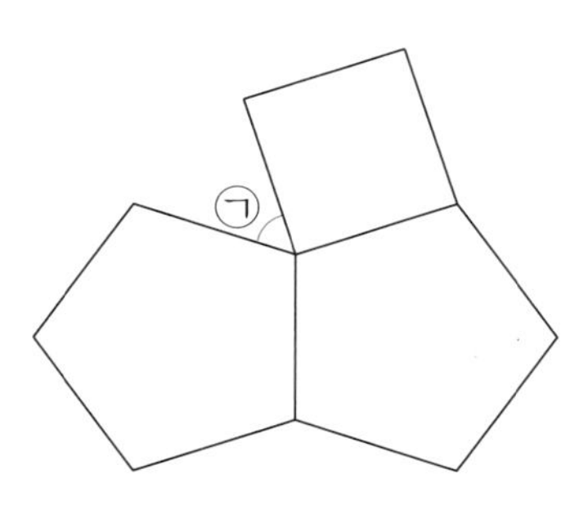

풀이

답

문해력 레벨 2

5 다음은 정육각형의 여섯 변의 한쪽을 길게 늘인 그림입니다. ㉠, ㉡, ㉢, ㉣, ㉤, ㉥의 각도의 합을 구하세요.

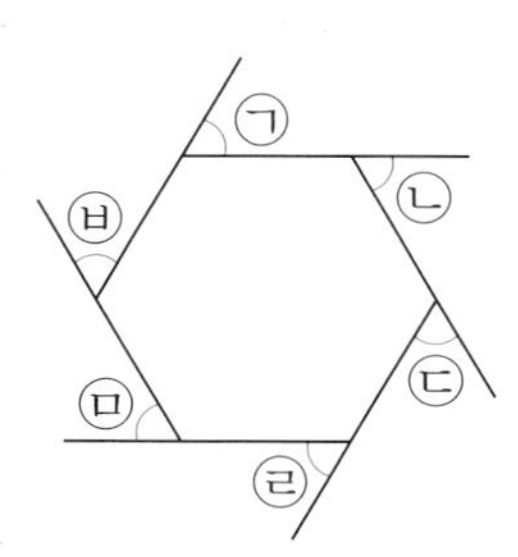

풀이

답

7-2 유사 문제

1 모든 변의 길이의 합이 72 cm인 정팔각형이 있습니다. 이 정팔각형에 정다각형 3개를 겹치지 않게 이어 붙여 오른쪽과 같은 모양을 만들었습니다. 만든 모양에서 굵은 선의 길이는 몇 cm인가요?

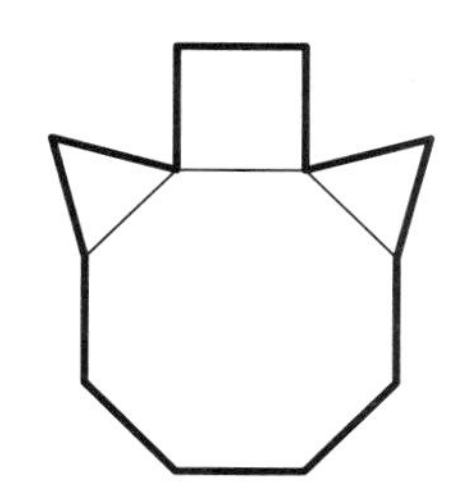

풀이

답 ____________

7-3 유사 문제

2 오른쪽은 정삼각형 4개와 정사각형 1개를 겹치지 않게 이어 붙여 만든 도형입니다. 굵은 선의 길이가 104 cm일 때 정사각형의 네 변의 길이의 합은 몇 cm인가요?

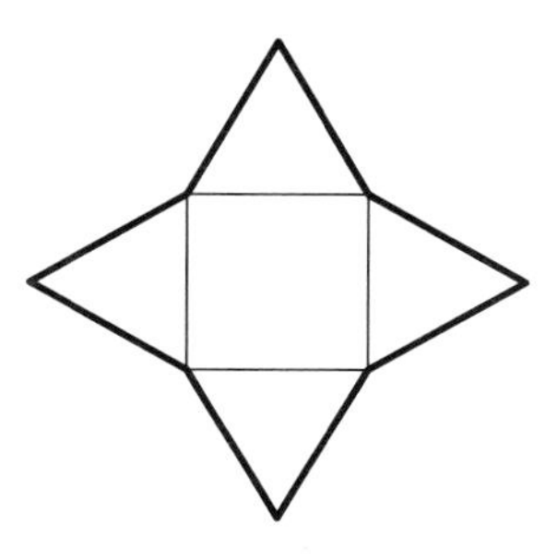

풀이

답 ____________

문해력 레벨 3

3 직사각형 3개를 오른쪽과 같이 겹치지 않게 이어 붙여 정사각형을 만들었습니다. 직사각형 1개의 네 변의 길이의 합이 16 cm일 때 정사각형의 네 변의 길이의 합은 몇 cm인가요?

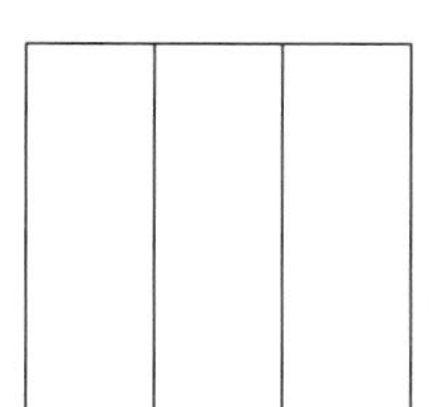

풀이

답 ____________

8-1 유사 문제

4 오른쪽은 직사각형 ㄱㄴㄷㄹ에 두 대각선을 그은 것입니다. 삼각형 ㄱㅁㄹ의 세 변의 길이의 합은 몇 cm인가요?

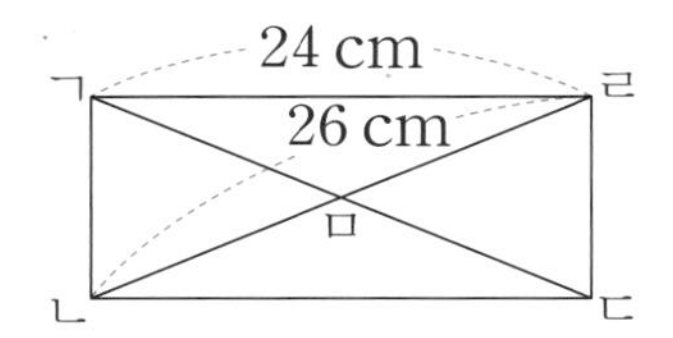

풀이

답 ______________

8-2 유사 문제

5 오른쪽은 직사각형 ㄱㄴㄷㄹ의 각 변의 가운데에 점을 찍고, 찍은 점을 이어 마름모 ㅁㅂㅅㅇ을 그린 것입니다. 마름모 ㅁㅂㅅㅇ에 그은 두 대각선의 길이의 합은 몇 cm인가요?

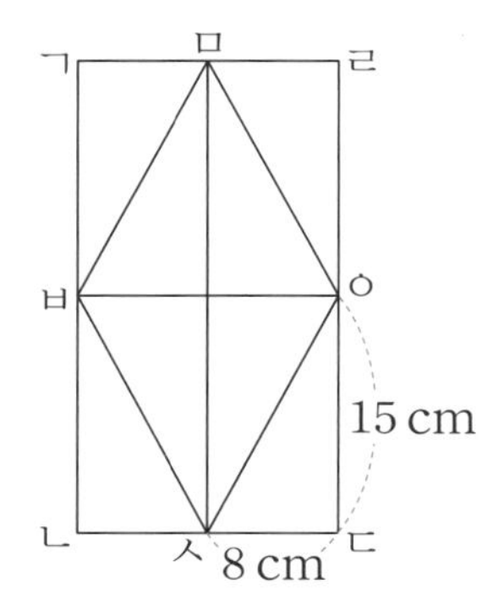

풀이

답 ______________

8-3 유사 문제

6 오른쪽은 마름모 ㄱㄴㄷㄹ에 두 대각선을 그은 것입니다. 마름모의 두 대각선의 길이의 차가 8 cm일 때 삼각형 ㄱㅁㄹ의 세 변의 길이의 합은 몇 cm인가요? (단, 선분 ㄴㄹ의 길이는 선분 ㄱㄷ의 길이보다 더 깁니다.)

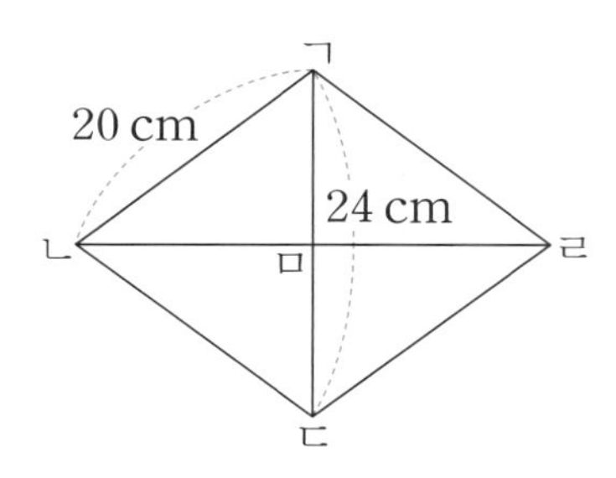

풀이

답 ______________

본책 116쪽의 유사 문제
• 정답과 해설 40쪽

기출 1 유사 문제

1 다음 도형은 평행사변형입니다. 각 ㄴㄱㄹ의 크기와 각 ㄱㄴㄷ의 크기의 차가 $40°$일 때 각 ㄴㄱㄹ의 크기는 몇 도인지 구하세요. (단, 각 ㄴㄱㄹ의 크기는 각 ㄱㄴㄷ의 크기보다 더 큽니다.)

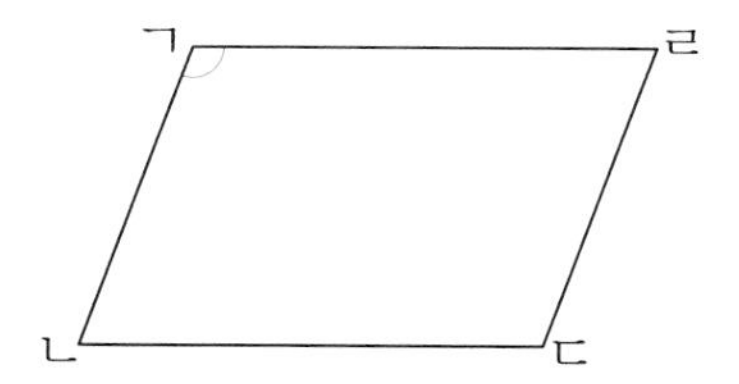

풀이

답 ______________

기출 변형

2 다음 도형은 마름모입니다. 각 ㄴㄱㄹ의 크기는 각 ㄱㄴㄷ의 크기의 2배일 때 각 ㄴㄱㄹ의 크기는 몇 도인지 구하세요.

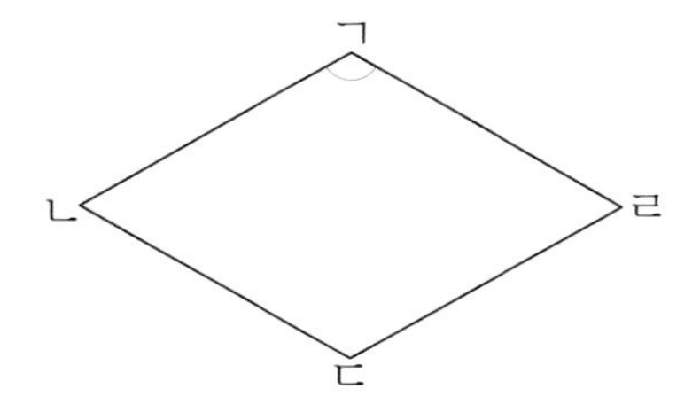

풀이

답 ______________

기출 2 유사 문제

3 가로가 6 cm, 세로가 4 cm인 직사각형에 세로만 2 cm씩 더 길어지는 직사각형을 겹치지 않게 오른쪽에 이어 붙여 다음과 같은 모양을 만들고 있습니다. 만든 모양에서 가장 먼 평행선 사이의 거리가 84 cm일 때, 맨 오른쪽에 있는 직사각형의 네 변의 길이의 합은 몇 cm인지 구하세요.

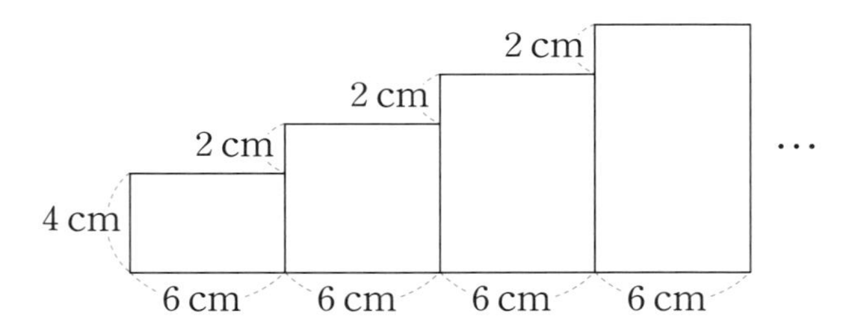

풀이

답 ______________

기출 변형

4 가로가 7 cm, 세로가 4 cm인 직사각형에 세로만 3 cm씩 더 길어지는 직사각형을 겹치지 않게 오른쪽에 이어 붙여 다음과 같은 모양을 만들고 있습니다. 맨 오른쪽에 있는 직사각형의 네 변의 길이의 합이 70 cm일 때 만든 모양에서 가장 먼 평행선 사이의 거리는 몇 cm인지 구하세요.

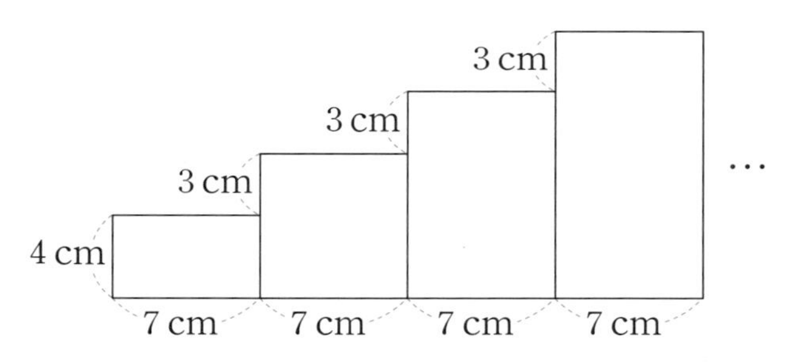

풀이

답 ______________

독해가 힘이다를 더! 완벽하게 만들어주는

보충 자료를 받아보시겠습니까?

YES | NO

뭘 좋아할지 몰라 다 준비했어♥
전과목 교재

전과목 시리즈 교재

●**우등생 해법시리즈**
- 국어/수학 1~6학년, 학기용
- 사회/과학 3~6학년, 학기용
- 봄·여름/가을·겨울 1~2학년, 학기용
- SET(전과목/국수, 국사과) 1~6학년, 학기용

●**똑똑한 하루 시리즈**
- 똑똑한 하루 독해 예비초~6학년, 총 14권
- 똑똑한 하루 글쓰기 예비초~6학년, 총 14권
- 똑똑한 하루 어휘 예비초~6학년, 총 14권
- 똑똑한 하루 한자 예비초~6학년, 총 14권
- 똑똑한 하루 수학 1~6학년, 학기용
- 똑똑한 하루 계산 예비초~6학년, 총 14권
- 똑똑한 하루 도형 예비초~6학년, 총 8권
- 똑똑한 하루 사고력 1~6학년, 학기용
- 똑똑한 하루 사회/과학 3~6학년, 학기용
- 똑똑한 하루 봄/여름/가을/겨울 1~2학년, 총 8권
- 똑똑한 하루 안전 1~2학년, 총 2권
- 똑똑한 하루 Voca 3~6학년, 학기용
- 똑똑한 하루 Reading 초3~초6, 학기용
- 똑똑한 하루 Grammar 초3~초6, 학기용
- 똑똑한 하루 Phonics 예비초~초등, 총 8권

●**독해가 힘이다 시리즈**
- 초등 문해력 독해가 힘이다 비문학편 3~6학년
- 초등 수학도 독해가 힘이다 1~6학년, 학기용
- 초등 문해력 독해가 힘이다 문장제수학편 1~6학년, 총 12권

영어 교재

●초등영어 교과서 시리즈
- **파닉스(1~4단계)** 3~6학년, 학년용
- **영단어(1~4단계)** 3~6학년, 학년용

●**LOOK BOOK 영단어** 3~6학년, 단행본

●**원서 읽는 LOOK BOOK 영단어** 3~6학년, 단행본

국가수준 시험 대비 교재

●**해법 기초학력 진단평가 문제집** 2~6학년·중1 신입생, 총 6권

4-B 문장제 수학편

천재교육

정답과 해설
포인트 3가지

- 혼자서도 이해할 수 있는 친절한 문제 풀이
- 문제 해결에 꼭 필요한 핵심 전략 제시
- 참고, 주의, 다르게 풀기 등 자세한 풀이 제시

진도책 정답과 해설

1주 분수의 덧셈과 뺄셈

1주 준비 학습 6~7쪽

1 $\frac{5}{7}$ » $\frac{5}{7}$ / $\frac{5}{7}$

2 $1\frac{2}{9}\left(=\frac{11}{9}\right)$ » $\frac{4}{9}+\frac{7}{9}=1\frac{2}{9}$ / $1\frac{2}{9}\left(=\frac{11}{9}\right)$ L

3 $3\frac{3}{5}$ » $2\frac{1}{5}+1\frac{2}{5}=3\frac{3}{5}$ / $3\frac{3}{5}$ km

4 $\frac{1}{5}$ » $\frac{1}{5}$ / $\frac{1}{5}$

5 $\frac{3}{10}$ » $1-\frac{7}{10}=\frac{3}{10}$ / $\frac{3}{10}$ kg

6 $8\frac{3}{8}$ » $9\frac{5}{8}-1\frac{2}{8}=8\frac{3}{8}$ / $8\frac{3}{8}$ cm

7 $1\frac{11}{15}$ » $5\frac{7}{15}-3\frac{11}{15}=1\frac{11}{15}$ / $1\frac{11}{15}$ m

2 (두 사람이 마신 우유의 양)
=(희수가 마신 우유의 양)+(지민이가 마신 우유의 양)
$=\frac{4}{9}+\frac{7}{9}=\frac{11}{9}=1\frac{2}{9}$ (L)

3 (두 사람이 달린 거리의 합)
=(성준이가 달린 거리)+(지우가 달린 거리)
$=2\frac{1}{5}+1\frac{2}{5}=3\frac{3}{5}$ (km)

5 (남은 밀가루의 양)
=(전체 밀가루의 양)
−(빵을 만드는 데 사용한 밀가루의 양)
$=1-\frac{7}{10}=\frac{10}{10}-\frac{7}{10}=\frac{3}{10}$ (kg)

6 (세로)=(직사각형의 가로)$-1\frac{2}{8}$
$=9\frac{5}{8}-1\frac{2}{8}=8\frac{3}{8}$ (cm)

7 (남은 철사의 길이)
=(전체 철사의 길이)−(사용한 철사의 길이)
$=5\frac{7}{15}-3\frac{11}{15}=4\frac{22}{15}-3\frac{11}{15}=1\frac{11}{15}$ (m)

1주 준비 학습 8~9쪽

1 $\frac{2}{5}+\frac{1}{5}=\frac{3}{5}$ / $\frac{3}{5}$ L

2 $\frac{6}{8}+\frac{5}{8}=1\frac{3}{8}$ / $1\frac{3}{8}\left(=\frac{11}{8}\right)$ m

3 $6\frac{5}{9}+1\frac{7}{9}=8\frac{3}{9}$ / $8\frac{3}{9}$ g

4 $\frac{3}{4}-\frac{2}{4}=\frac{1}{4}$ / $\frac{1}{4}$ kg

5 $1-\frac{4}{9}=\frac{5}{9}$ / $\frac{5}{9}$

6 $2\frac{9}{14}-1\frac{6}{14}=1\frac{3}{14}$ / $1\frac{3}{14}$ m

1 (지후가 마신 물의 양)
=(오전에 마신 물의 양)+(오후에 마신 물의 양)
$=\frac{2}{5}+\frac{1}{5}=\frac{3}{5}$ (L)

2 (이어 붙인 색 테이프의 전체 길이)
=(초록색 테이프의 길이)+(빨간색 테이프의 길이)
$=\frac{6}{8}+\frac{5}{8}=\frac{11}{8}=1\frac{3}{8}$ (m)

3 (섞은 설탕과 베이킹 소다의 양)
=(설탕의 양)+(베이킹 소다의 양)
$=6\frac{5}{9}+1\frac{7}{9}=7\frac{12}{9}=8\frac{3}{9}$ (g)

5 동화책 전체의 양을 1이라고 할 때 동화책을 모두 읽으려면 전체의 $1-\frac{4}{9}=\frac{9}{9}-\frac{4}{9}=\frac{5}{9}$만큼을 더 읽어야 한다.

6 (남은 빨간색 끈의 길이)
=(전체 빨간색 끈의 길이)
−(사용한 빨간색 끈의 길이)
$=2\frac{9}{14}-1\frac{6}{14}=1\frac{3}{14}$ (m)

1주 1일 10 ~ 11 쪽

문해력 문제 1

전략 + / +

풀기 ❶ $2\frac{2}{8}$, $4\frac{4}{8}$ ❷ $4\frac{4}{8}$, $6\frac{6}{8}$

답 $6\frac{6}{8}$컵

1-1 2장

1-2 $27\frac{1}{6}$초

1-3 $2\frac{7}{10}\left(=\frac{27}{10}\right)$시간

1-1 전략
'~ 더 많이'는 덧셈을 이용하자.

❶ (꽃 부분을 접는 데 사용한 색종이 수)
$=\frac{4}{5}+\frac{2}{5}=\frac{6}{5}=1\frac{1}{5}$(장)

❷ (튤립을 접는 데 사용한 색종이 수)
$=\frac{4}{5}+1\frac{1}{5}=1\frac{5}{5}=2$(장)

1-2 전략
'~ 더 짧게'는 뺄셈을 이용하자.

❶ (석호가 종이비행기를 날린 시간)
$=14\frac{5}{6}-2\frac{3}{6}=12\frac{2}{6}$(초)

❷ (두 사람이 종이비행기를 날린 시간)
$=14\frac{5}{6}+12\frac{2}{6}=26\frac{7}{6}=27\frac{1}{6}$(초)

1-3 전략
'~ 더 길게'는 덧셈을 이용하자.

❶ (일주일 동안 수영을 하는 시간)
$=\frac{8}{10}+\frac{8}{10}=\frac{16}{10}=1\frac{6}{10}$(시간)

❷ (일주일 동안 발레를 하는 시간)
$=\frac{8}{10}+\frac{3}{10}=\frac{11}{10}=1\frac{1}{10}$(시간)

❸ (일주일 동안 수영과 발레를 하는 전체 시간)
$=1\frac{6}{10}+1\frac{1}{10}=2\frac{7}{10}$(시간)

1주 1일 12 ~ 13 쪽

문해력 문제 2

전략 (왼쪽부터) +, −

풀기 ❶ −, $\frac{3}{9}$

❷ $\frac{3}{9}$, +, $1\frac{1}{9}\left(=\frac{10}{9}\right)$

답 $1\frac{1}{9}\left(=\frac{10}{9}\right)$ L

2-1 $25\frac{4}{14}$ mL

2-2 $3\frac{4}{12}$ kg

2-3 $7\frac{4}{8}$ L

2-1 ❶ (사용한 후 병에 남아 있는 먹물의 양)
$=45\frac{5}{14}-30\frac{10}{14}=44\frac{19}{14}-30\frac{10}{14}=14\frac{9}{14}$ (mL)

❷ (처음 병에 들어 있던 먹물의 양)
$=14\frac{9}{14}+10\frac{9}{14}=24\frac{18}{14}=25\frac{4}{14}$ (mL)

2-2 ❶ (지민이에게 받은 후 설탕의 무게)
$=1\frac{5}{12}+3\frac{7}{12}=4\frac{12}{12}=5$ (kg)

❷ (처음에 가지고 있던 설탕의 무게)
$=5-1\frac{8}{12}=4\frac{12}{12}-1\frac{8}{12}=3\frac{4}{12}$ (kg)

2-3 ❶ (주유소에서 넣기 전의 휘발유의 양)
$=12-10\frac{1}{8}=11\frac{8}{8}-10\frac{1}{8}=1\frac{7}{8}$ (L)

❷ 처음에 있던 휘발유의 $\frac{3}{4}$을 쓰고 남은 양은 처음 휘발유의 $1-\frac{3}{4}=\frac{1}{4}$이다.

❸ 처음에 있던 휘발유의 $\frac{1}{4}$이 $1\frac{7}{8}$ L이므로 처음에 있던 휘발유는
$1\frac{7}{8}+1\frac{7}{8}+1\frac{7}{8}+1\frac{7}{8}=4\frac{28}{8}=7\frac{4}{8}$ (L)이다.

1주 2일 14 ~ 15쪽

문해력 문제 3

전략 —

풀기 ❶ 18

❷ 2, $2\frac{2}{7}$

❸ 18, $2\frac{2}{7}$, $15\frac{5}{7}$

답 $15\frac{5}{7}$ m

3-1 $17\frac{3}{6}$ m

3-2 $\frac{7}{11}$ m

3-1 전략

(이어 붙인 색 테이프의 전체 길이)
=(색 테이프의 길이의 합)−(겹쳐진 부분의 길이의 합)

❶ (색 테이프 4장의 길이의 합)
$=5+5+5+5=20$ (m)

❷ 겹쳐진 부분은 $4-1=3$(군데)이므로
(겹쳐진 부분의 길이의 합)
$=\frac{5}{6}+\frac{5}{6}+\frac{5}{6}=\frac{15}{6}=2\frac{3}{6}$ (m)이다.

❸ (이어 붙인 색 테이프의 전체 길이)
$=20-2\frac{3}{6}=19\frac{6}{6}-2\frac{3}{6}=17\frac{3}{6}$ (m)

참고

색 테이프 ■장을 겹쳐서 이어 붙이면 겹쳐진 부분은 (■−1)군데이다.

3-2 ❶ (끈 3개의 길이의 합)
$=5\frac{6}{11}+5\frac{6}{11}+5\frac{6}{11}=15\frac{18}{11}=16\frac{7}{11}$ (m)

❷ (겹쳐진 부분의 길이의 합)
=(끈 3개의 길이의 합)−(이은 끈의 전체 길이)
$=16\frac{7}{11}-15\frac{4}{11}=1\frac{3}{11}$ (m)

❸ 겹쳐진 부분은 $3-1=2$(군데)이고
$1\frac{3}{11}=\frac{14}{11}=\frac{7}{11}+\frac{7}{11}$이므로 겹쳐진 부분의 길이는 $\frac{7}{11}$ m이다.

1주 2일 16 ~ 17쪽

문해력 문제 4

전략 —

풀기 ❶ 2 ❷ $2\frac{2}{5}$ ❸ $2\frac{2}{5}$, $15\frac{3}{5}$

답 $15\frac{3}{5}$ cm

4-1 $17\frac{6}{15}$ cm **4-2** $7\frac{12}{20}$ cm **4-3** $17\frac{8}{9}$ cm

4-1 ❶ 15분=5분+5분+5분이므로 5분 동안 타는 길이를 3번 더한다.

❷ (15분 동안 탄 양초의 길이)
$=\frac{13}{15}+\frac{13}{15}+\frac{13}{15}=\frac{39}{15}=2\frac{9}{15}$ (cm)

❸ (남은 양초의 길이)
$=20-2\frac{9}{15}=19\frac{15}{15}-2\frac{9}{15}=17\frac{6}{15}$ (cm)

4-2 ❶ 향이 탄 전체 시간은 6분+6분=12분이고 12분=3분+3분+3분+3분이므로 3분 동안 타는 길이를 4번 더한다.

❷ (12분 동안 탄 향의 길이)
$=1\frac{17}{20}+1\frac{17}{20}+1\frac{17}{20}+1\frac{17}{20}$
$=4\frac{68}{20}=7\frac{8}{20}$ (cm)

❸ (남은 향의 길이)
$=15-7\frac{8}{20}=14\frac{20}{20}-7\frac{8}{20}=7\frac{12}{20}$ (cm)

4-3 ❶ (30분 동안 탄 양초의 길이)
$=25-21\frac{4}{9}=24\frac{9}{9}-21\frac{4}{9}=3\frac{5}{9}$ (cm)

❷ 1시간=60분=30분+30분이므로
(1시간 동안 탄 양초의 길이)
$=3\frac{5}{9}+3\frac{5}{9}=6\frac{10}{9}=7\frac{1}{9}$ (cm)이다.

❸ (남은 양초의 길이)
$=25-7\frac{1}{9}=24\frac{9}{9}-7\frac{1}{9}=17\frac{8}{9}$ (cm)

참고

1시간=30분+30분이므로 30분 후 남은 양초의 길이 $\left(21\frac{4}{9}\text{ cm}\right)$에서 30분 동안 탄 양초의 길이$\left(3\frac{5}{9}\text{ cm}\right)$를 빼 1시간 후 남은 양초의 길이를 구할 수도 있다.

1주 일 18 ~ 19쪽

문해력 문제 5

전략 3

풀기 ❶ 3

❷ 11, 3, 11 / 14, 7

❸ 7, 4

답 $\frac{7}{8}$, $\frac{4}{8}$

5-1 $\frac{9}{11}$, $\frac{5}{11}$

5-2 $1\frac{14}{16}$장, $1\frac{11}{16}$장

5-1 ❶ 분모가 11인 두 진분수 중 큰 수를 $\frac{■}{11}$라 하면 작은 수는 $\left(\frac{■}{11}-\frac{4}{11}\right)$이다.

❷ $\frac{■}{11}+\frac{■}{11}-\frac{4}{11}=1\frac{3}{11}=\frac{14}{11}$이므로 ■+■−4=14이다.

➜ ■+■=18이고 9+9=18이므로 큰 진분수는 $\frac{9}{11}$이다.

❸ 작은 진분수는 $\frac{9}{11}-\frac{4}{11}=\frac{5}{11}$이다.

참고
- 차가 ●인 두 수를 한 가지 기호로 나타내기
① 큰 수를 □라 할 때 (작은 수)=□−●
② 작은 수를 △라 할 때 (큰 수)=△+●

5-2 ❶ 빨간색 색종이 수를 $\frac{■}{16}$장이라 하면 주황색 색종이 수는 $\left(\frac{■}{16}-\frac{3}{16}\right)$장이다.

❷ $\frac{■}{16}+\frac{■}{16}-\frac{3}{16}=3\frac{9}{16}=\frac{57}{16}$이므로 ■+■−3=57이다.

➜ ■+■=60이고 30+30=60이므로 빨간색 색종이는 $\frac{30}{16}=1\frac{14}{16}$(장)이다.

❸ 주황색 색종이는 $1\frac{14}{16}-\frac{3}{16}=1\frac{11}{16}$(장)이다.

1주 일 20 ~ 21쪽

문해력 문제 6

전략 같은에 ○표 / 큰에 ○표

풀기 ❶ 9

❷ 8, 2 / 예 8, 2, 5, 3, $13\frac{5}{9}$

답 $13\frac{5}{9}$

6-1 $13\frac{4}{10}$

6-2 $6\frac{3}{8}$

6-3 $7\frac{2}{11}$

6-1 ❶ 분모가 같아야 하므로 두 대분수의 분모는 10이다.

❷ 두 대분수의 자연수 부분에는 7, 6을, 진분수의 분자에는 남은 두 수인 1, 3을 놓아야 한다.

➜ 합: $7\frac{1}{10}+6\frac{3}{10}=13\frac{4}{10}$

$\left(\text{또는 } 6\frac{1}{10}+7\frac{3}{10}=13\frac{4}{10}\right)$

6-2 ❶ 분모가 같아야 하므로 두 대분수의 분모는 8이다.

❷ 두 대분수의 자연수 부분에는 1, 4를, 진분수의 분자에는 남은 두 수인 5, 6을 놓아야 한다.

➜ 합: $1\frac{5}{8}+4\frac{6}{8}=5\frac{11}{8}=6\frac{3}{8}$

$\left(\text{또는 } 4\frac{5}{8}+1\frac{6}{8}=6\frac{3}{8}\right)$

6-3 ❶ 분모가 같아야 하므로 두 대분수의 분모는 11이다.

❷ 두 대분수의 자연수 부분에 차가 가장 큰 두 수인 10, 3을, 진분수의 분자에 남은 두 수인 7, 5를 놓아야 한다.

➜ 차: $10\frac{7}{11}-3\frac{5}{11}=7\frac{2}{11}$

주의
분수의 차가 크려면 받아내림이 없게, 분수의 차가 작으려면 받아내림이 있게 분자의 수를 정해야 한다. 그러므로 차가 가장 큰 두 대분수를 $10\frac{5}{11}$, $3\frac{7}{11}$로 만들지 않도록 주의한다.

1주 4일 22 ~ 23쪽

문해력 문제 7

전략 $+$

풀기 ❶ 3

❷ 6, 5

❸ 5, 5

답 오전 10시 5분

7-1 오후 8시 10분

7-2 오전 4시 53분

7-1 전략
빨라지는 시계가 가리키는 시각은
(정확한 시각)+(빨라진 시간)을 이용하여 구하자.

❶ 5월 2일 오후 8시부터 5월 6일 오후 8시까지의 날수 구하기
5월 2일 오후 8시부터 5월 6일 오후 8시까지는 4일이다.

❷ (4일 동안 빨라진 시간)
$=2\frac{1}{2}+2\frac{1}{2}+2\frac{1}{2}+2\frac{1}{2}$
$=8\frac{4}{2}=10$(분)

❸ 시계가 가리키는 시각 구하기
5월 6일 오후 8시에 이 시계가 가리키는 시각은 오후 8시+10분=오후 8시 10분이다.

7-2 전략
늦어지는 시계가 가리키는 시각은
(정확한 시각)−(늦어진 시간)을 이용하여 구하자.

❶ 3월 4일 오전 5시부터 3월 8일 오전 5시까지의 날수 구하기
3월 4일 오전 5시부터 3월 8일 오전 5시까지는 4일이다.

❷ (4일 동안 늦어진 시간)
$=1\frac{3}{4}+1\frac{3}{4}+1\frac{3}{4}+1\frac{3}{4}$
$=4\frac{12}{4}=7$(분)

❸ 시계가 가리키는 시각 구하기
집에 돌아왔을 때 이 시계가 가리키는 시각은 오전 5시−7분=오전 4시 53분이다.

1주 4일 24 ~ 25쪽

문해력 문제 8

전략 1

풀기 ❶ 3

❷ (위에서부터) 3, 3, 3, 3, 4

❸ 4, 8

답 8일

8-1 6일

8-2 9일

8-1 ❶ 전체 일의 양을 1이라 할 때
(2일 동안 하는 일의 양)$=\frac{3}{15}+\frac{2}{15}=\frac{5}{15}$

❷ $\underbrace{\frac{5}{15}+\frac{5}{15}+\frac{5}{15}}_{3번}=1$

❸ 2일씩 3번 하면 일을 모두 끝낼 수 있으므로 6일 만에 끝낼 수 있다.

주의
1일씩 3번 하면 일을 모두 끝낼 수 있다고 생각하여 3일이라고 답하지 않도록 주의한다.

참고
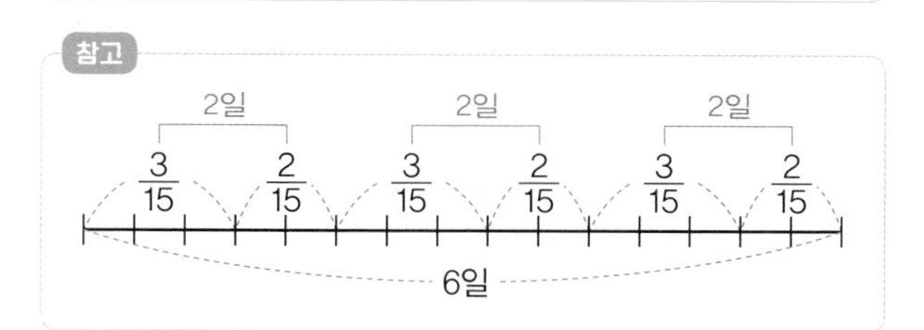

8-2 ❶ 전체 일의 양을 1이라 할 때
(2일 동안 하는 일의 양)$=\frac{1}{13}+\frac{2}{13}=\frac{3}{13}$

❷ $\underbrace{\frac{3}{13}+\frac{3}{13}+\frac{3}{13}+\frac{3}{13}}_{4번}+\frac{1}{13}=1$

❸ 2일씩 4번 하고 혜윤이가 마지막 날 일을 해야 모두 끝낼 수 있으므로 9일 만에 끝낼 수 있다.

참고
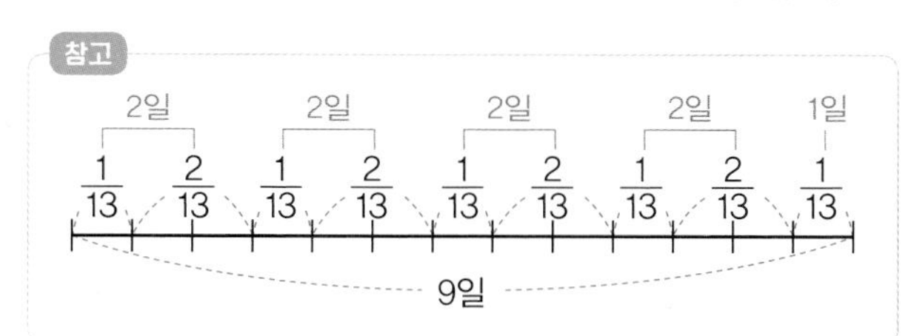

1주 5일 26 ~ 27쪽

기출 1

❶ 15, $4\frac{3}{12}$

❷ $4\frac{3}{12}$

❸ 예 (책 1권의 무게)$=4\frac{3}{12}-\frac{14}{12}=4\frac{3}{12}-1\frac{2}{12}$

$=3\frac{1}{12}$ (kg)

답 $3\frac{1}{12}\left(=\frac{37}{12}\right)$ kg

기출 2

❶ 1, 8

❷ 3, 2 / 7, 6, 5, 4

❸ 예 $1\frac{1}{8}+3\frac{7}{8}$, $1\frac{2}{8}+3\frac{6}{8}$, $1\frac{3}{8}+3\frac{5}{8}$, $1\frac{4}{8}+3\frac{4}{8}$,

$1\frac{5}{8}+3\frac{3}{8}$, $1\frac{6}{8}+3\frac{2}{8}$, $1\frac{7}{8}+3\frac{1}{8}$, $2\frac{1}{8}+2\frac{7}{8}$,

$2\frac{2}{8}+2\frac{6}{8}$, $2\frac{3}{8}+2\frac{5}{8}$, $2\frac{4}{8}+2\frac{4}{8}$

➔ 11가지

답 11가지

1주 5일 28 ~ 29쪽

융합 3

❶ 예 A형인 학생 수는 AB형과 같이 전체의 $\frac{2}{11}$이므로 B형인 학생 수는 전체의

$1-\frac{2}{11}-\frac{3}{11}-\frac{2}{11}=\frac{4}{11}$이다.

❷ 예 전체 학생 수의 $\frac{4}{11}$가 12명이므로 전체 학생 수의 $\frac{1}{11}$은 3명이다.

❸ 예 (정국이네 반 전체 학생 수)

$=\left(\text{전체 학생 수의 } \frac{1}{11}\right)\times 11=3\times 11=33$(명)

답 33명

융합 4

❶ 예 (밤의 길이)$=24-9\frac{34}{60}=14\frac{26}{60}$(시간)

❷ 예 (밤의 길이)$-$(낮의 길이)

$=14\frac{26}{60}-9\frac{34}{60}=13\frac{86}{60}-9\frac{34}{60}$

$=4\frac{52}{60}$(시간)

❸ 예 1시간$=$60분이므로 밤의 길이는 낮의 길이보다 $4\frac{52}{60}$시간$=$4시간 52분 더 길다.

답 4시간 52분

1주 주말 TEST 30 ~ 33쪽

1	$2\frac{3}{8}\left(=\frac{19}{8}\right)$ kg	2	$2\frac{6}{10}$ kg
3	$10\frac{4}{9}$ m	4	$22\frac{15}{16}$ cm
5	$\frac{11}{13}$, $\frac{8}{13}$	6	$18\frac{8}{12}$
7	$\frac{8}{10}$ L	8	$7\frac{2}{15}$
9	오전 9시 53분	10	7일

1 ❶ (잎 부분을 만드는 데 사용한 찰흙의 무게)

$=\frac{7}{8}+\frac{5}{8}=\frac{12}{8}=1\frac{4}{8}$ (kg)

❷ (나무를 만드는 데 사용한 찰흙의 무게)

$=\frac{7}{8}+1\frac{4}{8}=1\frac{11}{8}=2\frac{3}{8}$ (kg)

2 ❶ (쌀통에서 꺼낸 후 남아 있는 쌀의 무게)

$=2\frac{9}{10}-1\frac{7}{10}=1\frac{2}{10}$ (kg)

❷ (처음 쌀통에 들어 있던 쌀의 무게)

$=1\frac{2}{10}+1\frac{4}{10}=2\frac{6}{10}$ (kg)

3 ❶ (색 테이프 3장의 길이의 합)
$=4+4+4=12$ (m)
❷ 겹쳐진 부분은 $3-1=2$(군데)이므로
(겹쳐진 부분의 길이의 합)
$=\frac{7}{9}+\frac{7}{9}=\frac{14}{9}=1\frac{5}{9}$ (m)이다.
❸ (❶에서 구한 길이)－(❷에서 구한 길이)
(이어 붙인 색 테이프의 전체 길이)
$=12-1\frac{5}{9}=11\frac{9}{9}-1\frac{5}{9}=10\frac{4}{9}$ (m)

4 ❶ 12분=4분+4분+4분이므로 4분 동안 타는 길이를 3번 더한다.
❷ (12분 동안 탄 향초의 길이)
$=\frac{11}{16}+\frac{11}{16}+\frac{11}{16}=\frac{33}{16}=2\frac{1}{16}$ (cm)
❸ (처음 향초의 길이)－(12분 동안 탄 향초의 길이)
(남은 향초의 길이)
$=25-2\frac{1}{16}=24\frac{16}{16}-2\frac{1}{16}=22\frac{15}{16}$ (cm)

5 ❶ 분모가 13인 두 진분수 중 큰 수를 $\frac{■}{13}$라 하면
작은 수는 $\left(\frac{■}{13}-\frac{3}{13}\right)$이다.
❷ $\frac{■}{13}+\frac{■}{13}-\frac{3}{13}=1\frac{6}{13}=\frac{19}{13}$이므로
■+■−3=19이다.
➔ ■+■=22이고 11+11=22이므로 큰 진분수는 $\frac{11}{13}$이다.
❸ 작은 진분수는 $\frac{11}{13}-\frac{3}{13}=\frac{8}{13}$이다.

다르게 풀기

❶ 분모가 13인 두 진분수 중 작은 수를 $\frac{■}{13}$라 하면
큰 수는 $\left(\frac{■}{13}+\frac{3}{13}\right)$이다.
❷ $\frac{■}{13}+\frac{3}{13}+\frac{■}{13}=1\frac{6}{13}=\frac{19}{13}$이므로
■+3+■=19이다.
➔ ■+■=16이고 8+8=16이므로 작은 진분수는 $\frac{8}{13}$이다.
❸ 큰 진분수는 $\frac{8}{13}+\frac{3}{13}=\frac{11}{13}$이다.

6 ❶ 분모가 같아야 하므로 두 대분수의 분모는 12이다.
❷ 두 대분수의 자연수 부분에는 10, 8을, 진분수의 분자에는 남은 두 수인 3, 5를 놓아야 한다.
➔ 합: $10\frac{3}{12}+8\frac{5}{12}=18\frac{8}{12}$
$\left(\text{또는 } 8\frac{3}{12}+10\frac{5}{12}=18\frac{8}{12}\right)$

7 ❶ (사 온 후 식초의 양)
$=\frac{3}{10}+1\frac{7}{10}=1\frac{10}{10}=2$ (L)
❷ (처음에 있던 식초의 양)
$=2-1\frac{2}{10}=1\frac{10}{10}-1\frac{2}{10}=\frac{8}{10}$ (L)

8 ❶ 분모가 같아야 하므로 두 대분수의 분모는 15이다.
❷ 두 대분수의 자연수 부분에는 차가 가장 큰 두 수인 11, 4를, 진분수의 분자에는 남은 두 수인 9, 7을 놓아야 한다.
➔ 차: $11\frac{9}{15}-4\frac{7}{15}=7\frac{2}{15}$

주의
차가 가장 큰 대분수를 $11\frac{7}{15}$, $4\frac{9}{15}$로 만들지 않도록 주의한다.

9 ❶ 8월 5일 오전 10시부터 8월 10일 오전 10시까지는 5일이다.
❷ (5일 동안 늦어진 시간)
$=1\frac{2}{5}+1\frac{2}{5}+1\frac{2}{5}+1\frac{2}{5}+1\frac{2}{5}$
$=5\frac{10}{5}=7$(분)
❸ 8월 10일 오전 10시에 이 시계가 가리키는 시각은 오전 10시−7분=오전 9시 53분이다.

10 ❶ 전체 일의 양을 1이라 할 때
(2일 동안 하는 일의 양)$=\frac{3}{18}+\frac{2}{18}=\frac{5}{18}$이다.
❷ $\underbrace{\frac{5}{18}+\frac{5}{18}+\frac{5}{18}}_{3\text{번}}+\frac{3}{18}=1$
❸ 2일씩 3번 하고 민현이가 마지막 날 일을 해야 모두 끝낼 수 있으므로 7일 만에 끝낼 수 있다.

2주 소수의 덧셈과 뺄셈

2주 준비학습 36~37쪽

1 0.54 » 0.54 m

2 0.942 » 0.942 kg

3 < » 민정

4 0.92 » 0.92 / 0.92

5

	9	4	2
−	5	2	3
	4	1	9

» 9.42−5.23=4.19 / 4.19

6

	1	1	3
+	1	8	6
	2	9	9

» 1.13+1.86=2.99 / 2.99 km

7

	1	2	
−	0	6	8
	0	5	2

» 1.2−0.68=0.52 / 0.52 kg

1 100 cm=1 m이므로 54 cm는 0.54 m이다.

2 1000 g=1 kg이므로 942 g은 0.942 kg이다.

2주 준비학습 38~39쪽

1 1.254 L

2 망고

3 7.5 L

4 0.346 kg

5 34.2+0.73=34.93 / 34.93 kg

6 0.51+0.34=0.85 / 0.85 m

7 1.18−0.25=0.93 / 0.93 kg

8 1.64−0.72=0.92 / 0.92 m

1 1000 mL=1 L이므로 1254 mL=1.254 L이다.

3 한 상자에 들어 있는 음료수의 양은 0.75 L의 10배인 7.5 L이다.

5 (책가방을 메고 있는 유림이의 무게)
=(유림이의 몸무게)+(책가방의 무게)
=34.2+0.73=34.93 (kg)

2주 1일 40~41쪽

문해력 문제 1

전략 —

풀기 ❶ 0.24

❷ 0.24, 5.41

답 5.41 kg

1-1 14.33 kg

1-2 5.09 L

1-3 13.56 kg

1-1 ❶ 상자에서 꺼낸 수박의 무게를 kg 단위로 나타내기
1000 g=1 kg이므로
(상자에서 꺼낸 수박의 무게)
=4230 g=4.23 kg이다.
❷ (처음 수박이 들어 있던 상자의 무게)
−(꺼낸 수박의 무게)
(지금 수박이 들어 있는 상자의 무게)
=18.56−4.23=14.33 (kg)

1-2 ❶ 더 부은 물의 양을 L 단위로 나타내기
1000 mL=1 L이므로
(더 부은 물의 양)=740 mL=0.74 L이다.
❷ (처음 주전자에 들어 있던 물의 양)+(더 부은 물의 양)
(지금 주전자에 들어 있는 물의 양)
=4.35+0.74=5.09 (L)

1-3 전략
꺼내 먹은 김치의 무게는 빼고, 채워 넣은 김치의 무게는 더하자.

❶ (처음 항아리에 들어 있는 김치의 무게)
−(꺼내 먹은 후 김치의 무게)
(김치를 꺼내 먹은 후 항아리에 들어 있는 김치의 무게)=15.04−2.4=12.64 (kg)
❷ 채워 넣은 김치의 무게를 kg 단위로 나타내기
1000 g=1 kg이므로
(채워 넣은 김치의 무게)=920 g=0.92 kg이다.
❸ (김치를 꺼내 먹은 후 항아리에 들어 있는 김치의 무게)
+(채워 넣은 김치의 무게)
(지금 항아리에 들어 있는 김치의 무게)
=12.64+0.92=13.56 (kg)

2주 1일 42 ~ 43 쪽

문해력 문제 2

전략 3 / −

풀기 ❶ 1.04

❷ 1.04, 3.12

❸ 3.12, 0.64

답 0.64 kg

2-1 0.58 kg

2-2 0.33 kg

2-3 2.32 kg

2-1 ❶ (쿠키 4개가 담겨 있는 상자의 무게)
−(쿠키 1개를 꺼내 먹은 후 상자의 무게)
(쿠키 1개의 무게)$=1.86-1.54=0.32$ (kg)
❷ (쿠키 4개의 무게)=(쿠키 1개의 무게를 4번 더한 수)
(쿠키 4개의 무게)$=0.32+0.32+0.32+0.32$
$=1.28$ (kg)
❸ (쿠키 4개가 담겨 있는 상자의 무게)−(쿠키 4개의 무게)
(빈 상자의 무게)$=1.86-1.28=0.58$ (kg)

2-2 ❶ (주스가 가득 들어 있는 병의 무게)
−(주스의 $\frac{1}{2}$만큼을 마신 후 병의 무게)
(주스 $\frac{1}{2}$만큼의 무게)$=1.81-1.07=0.74$ (kg)
❷ (주스 전체의 무게)=(주스 $\frac{1}{2}$만큼의 무게를 2번 더한 무게)
(주스 전체의 무게)$=0.74+0.74=1.48$ (kg)
❸ (주스가 가득 들어 있는 병의 무게)−(주스 전체의 무게)
(빈 병의 무게)$=1.81-1.48=0.33$ (kg)

2-3 전략
장구를 들고 잰 무게에서 장구의 무게를 빼서 재환이의 몸무게를 먼저 구하자.

❶ (재환이가 장구 1개를 들고 잰 무게)−(장구 1개의 무게)
(재환이의 몸무게)$=34.28-2.44=31.84$ (kg)
❷ (재환이가 상자 2개를 들고 잰 무게)−(재환이의 몸무게)
(상자 2개의 무게)$=36.48-31.84=4.64$ (kg)
❸ 상자 1개의 무게 구하기
$2.32+2.32=4.64$이므로
상자 1개의 무게는 2.32 kg이다.

2주 2일 44 ~ 45 쪽

문해력 문제 3

전략 뺄셈식에 ○표

풀기 ❶ −, 3.93

❷ 3.93, 5.38, 5.38

❸ 5.38, 6.83

답 6.83

3-1 1.14

3-2 3.48 kg

3-3 12.68

3-1 ❶ 어떤 수를 □라 하면 잘못 계산한 식은
□$+4.32=9.78$이다.
❷ □$=9.78-4.32=5.46$ ➔ (어떤 수)$=5.46$
❸ (바르게 계산한 값)$=5.46-4.32=1.14$

3-2 ❶ 배를 넣은 바구니의 무게를 구한 식을 쓰기
배를 넣기 전의 바구니의 무게를 □ kg이라 하면
배를 넣은 바구니의 무게를 구한 식은
□$+0.54=3.57$이다.
❷ 배를 넣기 전의 바구니의 무게 구하기
□$=3.57-0.54=3.03$
➔ (배를 넣기 전의 바구니의 무게)$=3.03$ kg
❸ (원래 넣으려고 했던 자몽을 넣은 바구니의 무게)
$=3.03+0.45=3.48$ (kg)

3-3 전략
어떤 수의 일의 자리 숫자와 소수 첫째 자리 숫자를 바꾼 수를 □라 하여 잘못 계산한 식을 세우자.

❶ 어떤 수의 일의 자리 숫자와 소수 첫째 자리 숫자를 바꾼 수를 □라 하면 잘못 계산한 식은
□$-12.3=1.85$이다.
❷ □$=1.85+12.3=14.15$
➔ 어떤 수는 14.15에서 일의 자리 숫자와 소수 첫째 자리 숫자를 바꾼 수인 11.45이다.
❸ (바르게 계산한 값)$=11.45+1.23=12.68$

참고
14.15 ⟶ 11.45
일의 자리 숫자와 소수 첫째 자리 숫자 바꾸기

2주 2일 46 ~ 47쪽

문해력 문제 4

전략 3 / −

풀기 ❶ 1.62

❷ 1.62, 2.38

답 2.38 m

4-1 3.26 m

4-2 3.7 m

4-3 15.83 m

4-1 전략

사용한 철사의 길이는 꽃 모양 1개를 만드는 데 필요한 철사의 길이를 2번 더해 구하자.

❶ (사용한 철사의 길이)
$=1.37+1.37=2.74$ (m)

❷ (사용하고 남은 철사의 길이)
$=6-2.74=3.26$ (m)

4-2 전략

사용한 실의 길이는 처음 실의 길이에서 남은 실의 길이를 빼서 구하자.

❶ (사용한 실의 길이)
$=12-4.6=7.4$ (m)

❷ $3.7+3.7=7.4$이므로 매듭 팔찌 1개를 만드는 데 사용한 실의 길이는 3.7 m이다.

4-3 전략

사용한 끈의 길이는 액자의 네 변의 길이의 합과 같음을 이용하자.

❶ (세로)=(가로)+2.6
$=2.58+2.6=5.18$ (m)

❷ 사용한 끈의 길이는 액자의 네 변의 길이의 합과 같으므로
(사용한 끈의 길이)
$=2.58+5.18+2.58+5.18$
$=15.52$ (m)

❸ (사용한 끈의 길이)+(사용하고 남은 끈의 길이)
(처음에 가지고 있던 끈의 길이)
$=15.52+0.31=15.83$ (m)

2주 3일 48 ~ 49쪽

문해력 문제 5

전략 큰에 ○표 / 작은에 ○표 / +

풀기 ❶ 4, 1

❷ 1, 4, 8

❸ 8.41, 1.48, 9.89

답 9.89

5-1 10.09

5-2 92.61

5-3 115.61

5-1 전략

가장 큰 수는 높은 자리부터 큰 수를 차례로 놓고, 가장 작은 수는 높은 자리부터 작은 수를 차례로 놓아 만들자.

❶ 가장 큰 소수 두 자리 수: 7.52

❷ 가장 작은 소수 두 자리 수: 2.57

❸ (가장 큰 수와 가장 작은 수의 합)
$=7.52+2.57=10.09$

5-2 ❶ 가장 큰 소수 한 자리 수: 96.3

❷ 가장 작은 소수 두 자리 수: 3.69

❸ (가장 큰 소수 한 자리 수와 가장 작은 소수 두 자리 수의 차)$=96.3-3.69=92.61$

주의

숫자 3개로 소수 한 자리 수를 만들 때 소수의 자연수 부분은 두 자리 수가 되는 것에 주의한다.

5-3 ❶ 소수 둘째 자리에는 0이 올 수 없으므로
가장 큰 소수 두 자리 수는 85.03이다.

❷ 십의 자리에는 0이 올 수 없으므로
가장 작은 소수 두 자리 수는 30.58이다.

❸ (가장 큰 소수 두 자리 수와 가장 작은 소수 두 자리 수의 합)$=85.03+30.58=115.61$

참고

5장의 카드로 만들 수 있는 소수 두 자리 수는
□□.□□이다.

주의

십의 자리와 소수 둘째 자리에는 0이 올 수 없음에 주의한다.

2주 3일 50 ~ 51 쪽

문해력 문제 6

전략 2.27 / 1.42, 3

풀기 ❶ 2.27, 4.54

❷ 1.42, 4.26

❸ 4.54, 4.26, 0.28

답 0.28 km

6-1 0.4 km

6-2 11.82 km

6-3 23.48 km

6-1 ❶ 1시간=60분=15분+15분+15분+15분
➡ (나연이가 1시간 동안 걸은 거리)
=1.22+1.22+1.22+1.22
=4.88 (km)

❷ 1시간=60분=30분+30분
➡ (희두가 1시간 동안 걸은 거리)
=2.64+2.64=5.28 (km)

❸ (1시간 후 두 사람 사이의 거리)
=5.28−4.88=0.4 (km)

6-2 ❶ 1시간=60분=20분+20분+20분
➡ (규민이가 1시간 동안 걸은 거리)
=2.1+2.1+2.1=6.3 (km)

❷ 1시간=60분=15분+15분+15분+15분
➡ (수빈이가 1시간 동안 걸은 거리)
=1.38+1.38+1.38+1.38
=5.52 (km)

❸ (1시간 후 두 사람 사이의 거리)
=6.3+5.52=11.82 (km)

6-3 ❶ 1시간 30분=90분=30분+30분+30분
➡ (유라가 1시간 30분 동안 달린 거리)
=4.34+4.34+4.34=13.02 (km)

❷ 1시간 30분=90분=45분+45분
➡ (기주가 1시간 30분 동안 달린 거리)
=5.23+5.23=10.46 (km)

❸ 두 사람이 1시간 30분 동안 달린 거리의 합과 호수의 둘레가 같으므로
(호수의 둘레)=13.02+10.46=23.48 (km)이다.

2주 4일 52 ~ 53 쪽

문해력 문제 7

전략 + / −

풀기 ❶ 4.39, 5.81

❷ 5.81, 10.2

❸ 10.2, 2.78

답 2.78 km

7-1 3.18 km

7-2 8.24 km

7-1 ❶ 주어진 조건을 그림으로 나타내기

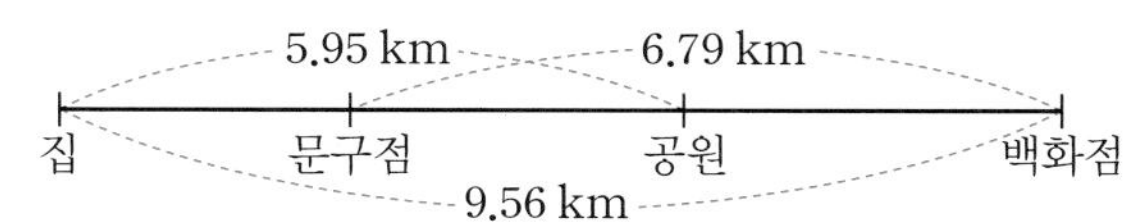

❷ (집에서 공원까지의 거리)
+(문구점에서 백화점까지의 거리)
=5.95+6.79=12.74 (km)

❸ (문구점에서 공원까지의 거리)
=12.74−9.56=3.18 (km)

7-2 전략
집에서 병원까지의 거리는 집에서 수영장까지의 거리와 학교에서 병원까지의 거리의 합에서 학교에서 수영장까지의 거리를 빼서 구하자.

❶ 주어진 조건을 그림으로 나타내기

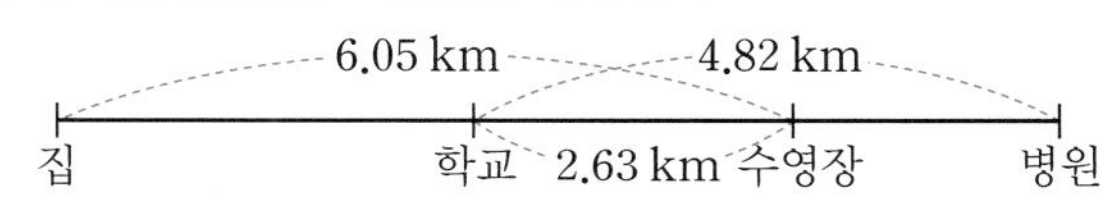

❷ (집에서 수영장까지의 거리)
+(학교에서 병원까지의 거리)
=6.05+4.82=10.87 (km)

❸ (집에서 병원까지의 거리)
=10.87−2.63=8.24 (km)

다르게 풀기

❷ 집에서 학교까지의 거리 구하기
(집에서 수영장까지의 거리)
−(학교에서 수영장까지의 거리)
=6.05−2.63=3.42 (km)

❸ 집에서 병원까지의 거리 구하기
(집에서 학교까지의 거리)
+(학교에서 병원까지의 거리)
=3.42+4.82=8.24 (km)

2주 4일 54 ~ 55쪽

문해력 문제 8

풀기 ❶ 0.12, 0.15, 0.34

❷ 0.34, 0.51

❸ 0.51, 0.39

답 0.51 km, 0.39 km

8-1 0.7 km, 0.5 km

8-2 0.05 km

8-1 전략

하나의 수직선에 원영, 유진, 성민이의 위치를 나타내자.

❶ 주어진 조건을 그림으로 나타내기

0.2 km 0.14 km 0.16 km
출발 성민 유진 원영 도착
1 km

❷ (유진이가 달린 거리)$=1-0.16-0.14$
$=0.7$ (km)

❸ (성민이가 달린 거리)$=0.7-0.2=0.5$ (km)

다르게 풀기

❶ (원영이가 달린 거리)$=1-0.16=0.84$ (km)
❷ (유진이가 달린 거리)$=0.84-0.14=0.7$ (km)
❸ (성민이가 달린 거리)$=0.7-0.2=0.5$ (km)

주의

'도착 지점을 □ km 앞에 두고 있다.'라는 말은 '도착 지점까지 □ km 남았다.'는 말과 같다.

8-2 전략

하나의 수직선에 민지, 한율, 지석이의 위치 나타내자.

❶ 주어진 조건을 그림으로 나타내기

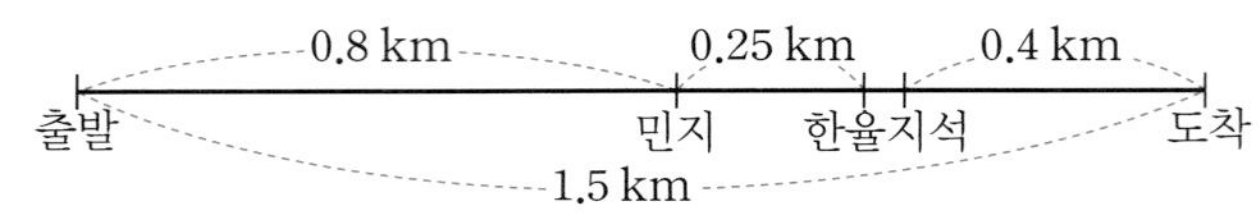

❷ (민지가 달린 거리)+(민지와 한율이 사이의 거리)
(한율이가 달린 거리)$=0.8+0.25=1.05$ (km)

❸ (전체 거리)−(지석이가 도착 지점까지 남은 거리)
(지석이가 달린 거리)$=1.5-0.4=1.1$ (km)

❹ (❸에서 구한 거리)−(❷에서 구한 거리)
(한율이와 지석이 사이의 거리)
$=1.1-1.05=0.05$ (km)

2주 5일 56 ~ 57쪽

기출 1

❶ 0.16, 0.16, 0.16

❷ 2, 2.58

❸ 예 11번째 수는 2.58에 0.16을 5번 더한 수이다.
➜ $2.58+0.16+0.16+0.16+0.16+0.16$
$=3.38$

❹ $2.58+3.38=5.96$

답 5.96

기출 2

❶ 8.651

❷ 8.561, 8.516

❸ 8.59 / 8.63, 8.64, 8.65, 5

❹ $8+5=13$(개)

답 13개

2주 5일 58 ~ 59쪽

융합 3

❶ (위에서부터) 8.5, 7.6

❷ 예 다~라~마 ➜ $0.85+0.9=1.75$(시간),
마~바~가 ➜ $0.75+1.3=2.05$(시간)

❸ 민호가 선택할 경로는 다~라~마이다.

답 다~라~마

창의 4

❶ 7.1, 5.9

❷ 예 $18.4-7.1=11.3$(점), $11.3-5.9=5.4$(점)

❸ 예 5.4점은 가장 높은 점수도 아니고 가장 낮은 점수도 아니므로 최종 점수에 포함된다.

❹ 심사 위원 3의 점수는 5.4점이다.

답 5.4점

2주 주말 TEST 60 ~ 63쪽

1 2.36 L	**2** 11.88
3 62.1 kg	**4** 2.92 m
5 90.8	**6** 1.35 kg
7 0.6 km	**8** 3.9 km
9 9.2 km	**10** 0.75 km, 0.5 km

1 ❶ 1000 mL=1 L이므로
(마신 식혜의 양)=380 mL=0.38 L이다.
❷ (지금 병에 들어 있는 식혜의 양)
=2.74−0.38=2.36 (L)

2 ❶ 어떤 수를 □라 하면 잘못 계산한 식은
□−2.79=6.3이다.
❷ □=6.3+2.79=9.09 ➔ (어떤 수)=9.09
❸ (바르게 계산한 값)=9.09+2.79=11.88

3 ❶ 지우와 현민이의 몸무게의 차를 kg 단위로 나타내기
1000 g=1 kg이므로
(지우와 현민이의 몸무게의 차)
=2780 g=2.78 kg이다.
❷ (지우의 몸무게)=32.44−2.78=29.66 (kg)
❸ (현민이와 지우의 몸무게의 합)
=32.44+29.66=62.1 (kg)

4 ❶ (사용한 끈의 길이)
=0.76+0.76+0.76=2.28 (m)
❷ (사용하고 남은 끈의 길이)
=5.2−2.28=2.92 (m)

5 ❶ 가장 큰 소수 한 자리 수: 65.2
❷ 가장 작은 소수 한 자리 수: 25.6
❸ (가장 큰 수와 가장 작은 수의 합)
=65.2+25.6=90.8

6 ❶ (책 3권이 들어 있는 상자의 무게)
−(책 1권을 꺼낸 후 상자의 무게)
(책 1권의 무게)=3.51−2.79=0.72 (kg)
❷ (책 3권의 무게)=(책 1권의 무게를 3번 더한 무게)
(책 3권의 무게)=0.72+0.72+0.72=2.16 (kg)
❸ (책 3권이 들어 있는 상자의 무게)−(책 3권의 무게)
(빈 상자의 무게)=3.51−2.16=1.35 (kg)

7 ❶ 1시간=60분=30분+30분
➔ (소정이가 1시간 동안 걸은 거리)
=2.1+2.1=4.2 (km)
❷ 1시간=60분=20분+20분+20분
➔ (소라가 1시간 동안 걸은 거리)
=1.6+1.6+1.6=4.8 (km)
❸ (1시간 후 두 사람 사이의 거리)
=4.8−4.2=0.6 (km)

8 ❶ 주어진 조건을 그림으로 나타내기

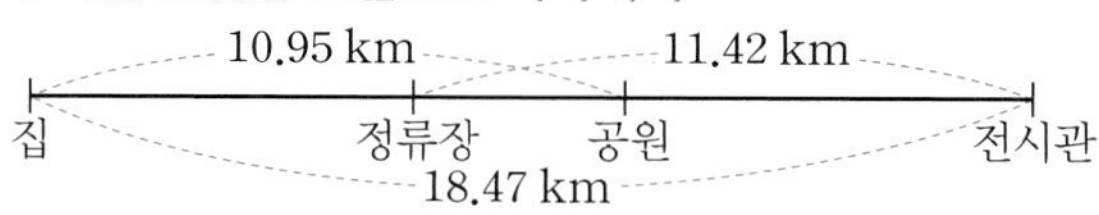

❷ (집에서 공원까지의 거리)
+(정류장에서 전시관까지의 거리)
=10.95+11.42=22.37 (km)
❸ (정류장에서 공원까지의 거리)
=22.37−18.47=3.9 (km)

9 ❶ 1시간=60분=20분+20분+20분
➔ (다미가 1시간 동안 걸은 거리)
=1.56+1.56+1.56=4.68 (km)
❷ 1시간=60분=15분+15분+15분+15분
➔ (수찬이가 1시간 동안 걸은 거리)
=1.13+1.13+1.13+1.13=4.52 (km)
❸ (1시간 후 두 사람 사이의 거리)
=4.68+4.52=9.2 (km)

10 전략
하나의 수직선에 재연, 영호, 현기의 위치를 나타내자.

❶ 주어진 조건을 그림으로 나타내기

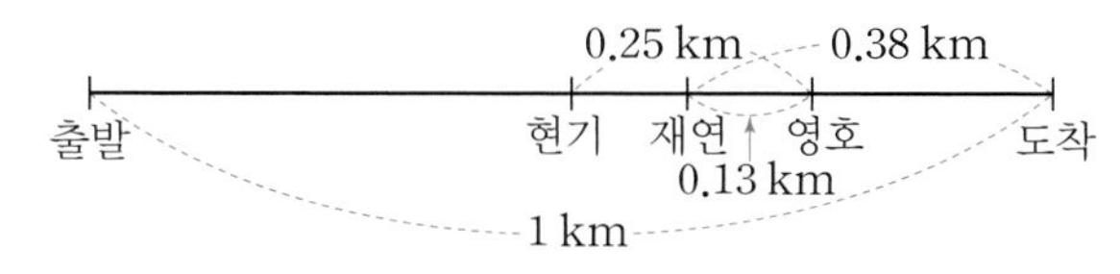

❷ (영호가 달린 거리)
=1−0.38+0.13=0.75 (km)
❸ (현기가 달린 거리)=0.75−0.25=0.5 (km)

다르게 풀기
❶ (재연이가 달린 거리)=1−0.38=0.62 (km)
❷ (영호가 달린 거리)=0.62+0.13=0.75 (km)
❸ (현기가 달린 거리)=0.75−0.25=0.5 (km)

3주 삼각형 / 사각형

3주 준비학습 66 ~ 67 쪽

1 15 » 15 cm
2 7 » 7 cm
3 60 » 60°
4 65 » 65°
5 4 » 4쌍
6 16 » 16 cm

3 세 변의 길이가 모두 같으므로 정삼각형이다.
정삼각형의 한 각의 크기는 60°이다.

4 이등변삼각형은 길이가 같은 두 변과 함께 하는 두 각의 크기가 같다.
➜ (각 ㄴㄱㄷ)=(각 ㄱㄴㄷ)=65°

5 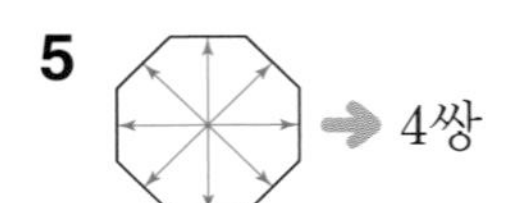
➜ 4쌍

3주 준비학습 68 ~ 69 쪽

1 34+34+34=102 / 102 cm
2 10+14+10=34 / 34 cm
3 15÷3=5 / 5 m
4 이등변삼각형
5 둔각삼각형
6 70°
7 20 cm

1 정삼각형은 세 변의 길이가 모두 같으므로
(세 변의 길이의 합)=34+34+34=102 (cm)이다.

2 이등변삼각형은 두 변의 길이가 같으므로
(세 변의 길이의 합)=10+14+10=34 (cm)이다.

3 정삼각형은 세 변의 길이가 모두 같으므로
(한 변의 길이)=15÷3=5 (m)이다.

4 두 변의 길이가 같은 삼각형은 이등변삼각형이다.

5 한 각이 둔각(100°)인 삼각형은 둔각삼각형이다.

6 이등변삼각형은 길이가 같은 두 변과 함께 하는 두 각의 크기가 같으므로
(각 ㄱㄴㄷ)=(각 ㄴㄱㄷ)=55°이다.
➜ (각 ㄴㄷㄱ)=180°−55°−55°=70°

7 평행선 사이의 거리는 평행선 사이의 수선의 길이이다.

3주 1일 70 ~ 71 쪽

문해력 문제 1

전략 ÷

풀기 ❶ 5
❷ 5, 6
답 6 cm

1-1 12 cm
1-2 5 cm

1-1 전략
먼저 굵은 선에 정삼각형의 한 변이 몇 개 있는지 구하자.

❶ 굵은 선에는 정삼각형의 한 변이 모두 6개 있다.
❷ (정삼각형의 한 변의 길이)=72÷6=12 (cm)

1-2 ❶ 굵은 선에는 이등변삼각형의 긴 변이 2개 있으므로
(굵은 선에 있는 긴 변의 길이의 합)
=8+8=16 (cm)이다.
❷ (굵은 선에 있는 짧은 변의 길이의 합)
=31−16=15 (cm)
❸ 굵은 선에는 이등변삼각형의 짧은 변이 3개 있으므로 (변 ㄱㄹ)=15÷3=5 (cm)이다.

참고
(굵은 선에 있는 짧은 변의 길이의 합)
=(굵은 선의 길이)−(굵은 선에 있는 긴 변의 길이의 합)
=31−16=15 (cm)

3주 1일 72 ~ 73 쪽

문해력 문제 2

풀기 ❶ 6 / ⑤, ⑥, 2
❷ 6, 2, 8
답 8개

2-1 10개
2-2 10개
2-3 6개, 4개

2-1

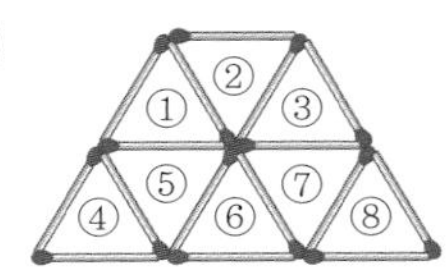

❶ 작은 정삼각형 1개로 이루어진 정삼각형:
①, ②, ③, ④, ⑤, ⑥, ⑦, ⑧ ➔ 8개
작은 정삼각형 4개로 이루어진 정삼각형:
①+④+⑤+⑥, ③+⑥+⑦+⑧ ➔ 2개
❷ (크고 작은 정삼각형의 수)=8+2=10(개)

2-2

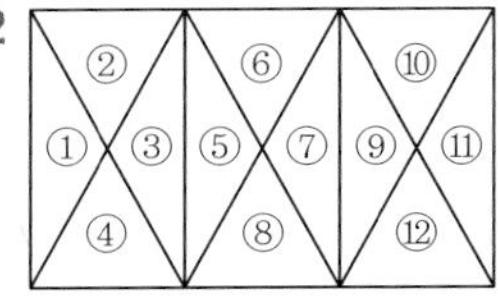

❶ 작은 삼각형 1개로 이루어진 예각삼각형:
②, ④, ⑥, ⑧, ⑩, ⑫ ➔ 6개
작은 삼각형 4개로 이루어진 예각삼각형:
③+④+⑤+⑧, ⑦+⑧+⑨+⑫,
②+③+⑤+⑥, ⑥+⑦+⑨+⑩ ➔ 4개
❷ (크고 작은 예각삼각형의 수)=6+4=10(개)

2-3

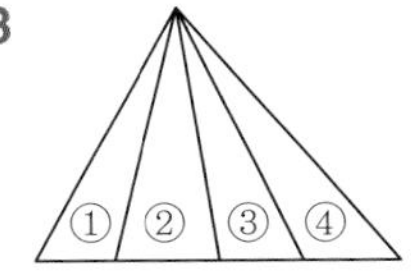

❶ 크고 작은 예각삼각형의 수 구하기
작은 삼각형 1개로 이루어진 예각삼각형:
② → 1개
작은 삼각형 2개로 이루어진 예각삼각형:
①+②, ②+③ → 2개
작은 삼각형 3개로 이루어진 예각삼각형:
①+②+③, ②+③+④ → 2개
작은 삼각형 4개로 이루어진 예각삼각형:
①+②+③+④ → 1개
➔ (크고 작은 예각삼각형의 수)
=1+2+2+1=6(개)
❷ 크고 작은 둔각삼각형의 수 구하기
작은 삼각형 1개로 이루어진 둔각삼각형:
①, ③, ④ → 3개
작은 삼각형 2개로 이루어진 둔각삼각형:
③+④ → 1개
➔ (크고 작은 둔각삼각형의 수)=3+1=4(개)

3주 2일 74 ~ 75 쪽

문해력 문제 3

전략 ㄴㄹㄷ / −

풀기 ❶ 60 / 60, 30

❷ 30, 30

답 30°

3-1 15° **3-2** 80° **3-3** 150°

3-1 전략

이등변삼각형은 두 각의 크기가 같고, 정삼각형은 한 각의 크기가 60°임을 이용하자.

❶ 삼각형 ㄹㄴㄷ은 이등변삼각형이므로
(각 ㄹㄴㄷ)+(각 ㄹㄷㄴ)$=180^\circ-90^\circ=90^\circ$이다.
➔ (각 ㄹㄴㄷ)=(각 ㄹㄷㄴ)$=90^\circ\div2=45^\circ$
❷ (각 ㄱㄴㄷ)$=60^\circ$이므로
(각 ㄱㄴㄹ)$=60^\circ-45^\circ=15^\circ$이다.

참고
삼각형의 세 각의 크기의 합은 180°이다.

3-2 ❶ 삼각형 ㄹㄴㄷ은 이등변삼각형이므로
(각 ㄹㄴㄷ)+(각 ㄹㄷㄴ)$=180^\circ-100^\circ=80^\circ$
이다.
➔ (각 ㄹㄴㄷ)=(각 ㄹㄷㄴ)$=80^\circ\div2=40^\circ$
❷ (각 ㄱㄴㄷ)=(각 ㄱㄴㄹ)+(각 ㄹㄴㄷ)
$=10^\circ+40^\circ=50^\circ$
삼각형 ㄱㄴㄷ은 이등변삼각형이므로
(각 ㄱㄷㄴ)=(각 ㄱㄴㄷ)$=50^\circ$이다.
❸ (각 ㄴㄱㄷ)$=180^\circ-50^\circ-50^\circ=80^\circ$

3-3 ❶ 삼각형 ㄱㄴㄷ은 이등변삼각형이므로
(각 ㄱㄴㄷ)+(각 ㄱㄷㄴ)$=180^\circ-40^\circ=140^\circ$
이다.
➔ (각 ㄱㄴㄷ)=(각 ㄱㄷㄴ)$=140^\circ\div2=70^\circ$
❷ 삼각형 ㄱㄴㄷ과 삼각형 ㄹㅁㄴ은 모양과 크기가 같으므로
(각 ㄹㅁㄴ)=(각 ㄱㄴㄷ)$=70^\circ$이다.
❸ (각 ㄷㅂㅁ)$=360^\circ-70^\circ-70^\circ-70^\circ=150^\circ$

참고
사각형의 네 각의 크기의 합은 360°이다.

3주 2일 76 ~ 77쪽

문해력 문제 4

풀기 ❶ 15 / 15, 150

❷ 150, 30

❸ 30 / 30, 120

답 120°

4-1 80°

4-2 100°

4-3 100°

4-1 ❶ (각 ㄱㄷㄴ)=(각 ㄱㄴㄷ)=25°

→ (각 ㄴㄱㄷ)=$180^\circ-25^\circ-25^\circ=130^\circ$

❷ (각 ㄷㄱㄹ)=$180^\circ-130^\circ=50^\circ$

❸ (각 ㄷㄹㄱ)=(각 ㄷㄱㄹ)=50°

→ (각 ㄱㄷㄹ)=$180^\circ-50^\circ-50^\circ=80^\circ$

참고
삼각형 ㄱㄷㄹ에서 크기가 같은 두 각은 각 ㄷㄱㄹ과 각 ㄷㄹㄱ이다.

4-2 전략
각 ㄴㄹㄷ의 크기를 구한 후 직선이 이루는 각도는 180°임을 이용하여 각 ㄴㄹㄱ의 크기를 구하자.

❶ 각 ㄴㄹㄷ의 크기 구하기

(각 ㄹㄴㄷ)=(각 ㄹㄷㄴ)=20°

→ (각 ㄴㄹㄷ)=$180^\circ-20^\circ-20^\circ=140^\circ$

❷ (각 ㄴㄹㄱ)=$180^\circ-140^\circ=40^\circ$

❸ 각 ㄱㄴㄹ의 크기 구하기

(각 ㄴㄱㄹ)=(각 ㄴㄹㄱ)=40°

→ (각 ㄱㄴㄹ)=$180^\circ-40^\circ-40^\circ=100^\circ$

4-3 ❶ 각 ㄱㄴㄹ의 크기 구하기

(각 ㄱㄴㄹ)+(각 ㄱㄹㄴ)=$180^\circ-70^\circ=110^\circ$

→ (각 ㄱㄴㄹ)=$110^\circ\div2=55^\circ$

❷ 각 ㄹㄴㄷ의 크기 구하기

(각 ㄹㄴㄷ)+(각 ㄱㄴㄹ)=95°

→ (각 ㄹㄴㄷ)=$95^\circ-55^\circ=40^\circ$

❸ 각 ㄴㄹㄷ의 크기 구하기

(각 ㄹㄷㄴ)=(각 ㄹㄴㄷ)=40°

→ (각 ㄴㄹㄷ)=$180^\circ-40^\circ-40^\circ=100^\circ$

3주 2일 78 ~ 79쪽

문해력 문제 5

전략 3 / 3

풀기 ❶ 15, 5

❷ 36, 12

❸ 12, 5, 7

답 7 cm

5-1 6 cm

5-2 32 cm

5-3 40 cm

5-1 전략
정삼각형은 세 변의 길이가 모두 같음을 이용하자.

❶ (변 ㄱㄴ)=(삼각형 ㄱㄴㄷ의 한 변의 길이)

$=45\div3=15$ (cm)

❷ (변 ㄱㄹ)=(삼각형 ㄱㄹㅁ의 한 변의 길이)

$=27\div3=9$ (cm)

❸ (변 ㄱㄴ)−(변 ㄱㄹ)

(선분 ㄹㄴ)$=15-9=6$ (cm)

5-2 ❶ 삼각형 ㅁㄹㄷ은 정삼각형이므로

(변 ㅁㄹ)=4 cm이다.

❷ 삼각형 ㄱㄴㄷ은 정삼각형이므로

(변 ㄴㄹ)=(변 ㄱㅁ)$=12-4=8$ (cm)이다.

❸ (변 ㄱㄴ)+(변 ㄴㄹ)+(변 ㄹㅁ)+(변 ㅁㄱ)

(사각형 ㄱㄴㄹㅁ의 네 변의 길이의 합)

$=12+8+4+8=32$ (cm)

5-3 ❶ 삼각형 ㅂㅁㄷ은 정삼각형이므로

(변 ㅂㅁ)=8 cm이다.

→ (변 ㄹㄴ)=(변 ㅂㅁ)=8 cm

❷ 삼각형 ㄱㄹㅂ은 정삼각형이므로

(변 ㄹㅂ)=(변 ㄱㄹ)$=20-8=12$ (cm)이다.

→ (변 ㄴㅁ)=(변 ㄹㅂ)=12 cm

❸ (변 ㄹㄴ)+(변 ㄴㅁ)+(변 ㅁㅂ)+(변 ㄹㅂ)

(사각형 ㄹㄴㅁㅂ의 네 변의 길이의 합)

$=8+12+8+12=40$ (cm)

참고
사각형 ㄹㄴㅁㅂ은 평행사변형으로, 마주 보는 두 변의 길이가 같다.

3주 3일 80 ~ 81 쪽

문해력 문제 6

전략 ÷

풀기 ❶ 20, 160

❷ 160, 80

❸ 80, 40

답 40°

6-1 55°

6-2 80°

6-3 15°

6-1 전략

접은 부분과 접혀진 부분의 각의 크기는 같으므로 (각 ㅂㄹㅁ)=(각 ㄴㄹㅁ)임을 이용하자.

❶ (각 ㅂㄹㅁ)+(각 ㄴㄹㅁ)=180°−50°=130°

❷ 접은 부분과 접혀진 부분의 각의 크기는 같다.
➔ (각 ㅂㄹㅁ)=(각 ㄴㄹㅁ)=130°÷2=65°

❸ (각 ㄹㅂㅁ)=(각 ㄱㄴㄷ)=60°
➔ (각 ㄹㅁㅂ)=180°−60°−65°=55°

6-2 전략

접은 부분과 접혀진 부분의 각의 크기는 같으므로 (각 ㅂㄹㄱ)=(각 ㅂㄹㅁ)임을 이용하자.

❶ 각 ㅂㄹㅁ의 크기 구하기
(각 ㄹㅁㅂ)=(각 ㄴㄱㄷ)=60°
➔ (각 ㅂㄹㅁ)=180°−60°−70°=50°

❷ 접은 부분과 접혀진 부분의 각의 크기는 같다.
➔ (각 ㅂㄹㄱ)=(각 ㅂㄹㅁ)=50°

❸ (각 ㄴㄹㅁ)=180°−50°−50°=80°

6-3 전략

접은 부분과 접혀진 부분의 각의 크기는 같으므로 (각 ㅁㄱㄹ)=(각 ㄴㄱㄹ)임을 이용하자.

❶ 각 ㄴㄱㄷ의 크기 구하기
(각 ㄱㄴㄷ)=(각 ㄱㄷㄴ)=50°
➔ (각 ㄴㄱㄷ)=180°−50°−50°=80°

❷ (각 ㄴㄱㅁ)=80°−50°=30°

❸ 접은 부분과 접혀진 부분의 각의 크기는 같다.
➔ (각 ㅁㄱㄹ)=(각 ㄴㄱㄹ)=30°÷2=15°

3주 4일 82 ~ 83 쪽

문해력 문제 7

전략 ㄴㄷ

풀기 ❶ ㄴㄷ, ㅂㅁ

❷ ㅂㅁ / 9, 20

답 20 cm

7-1 22 cm

7-2 2 m

7-3 24 cm

7-1 ❶ 변 ㄱㄴ, 변 ㅇㅅ과 평행한 변에 수직인 변:
변 ㄴㄷ, 변 ㄹㅁ, 변 ㅂㅅ

❷ (변 ㄱㄴ과 변 ㅇㅅ 사이의 거리)
=(변 ㄴㄷ)+(변 ㄹㅁ)+(변 ㅂㅅ)
=6+12+4=22 (cm)

7-2 ❶ 직선 가와 나, 직선 다와 라의 사이의 거리 구하기
(직선 가와 직선 나 사이의 거리)=9 m
(직선 다와 직선 라 사이의 거리)=6 m

❷ (직선 가와 직선 라 사이의 거리)
−(직선 가와 직선 나 사이의 거리)
−(직선 다와 직선 라 사이의 거리)
(직선 나와 직선 다 사이의 거리)
=17−9−6=2 (m)

7-3 전략

변 ㄱㄴ과 변 ㄹㄷ 사이의 거리는 정사각형 가, 나, 다의 한 변의 길이를 모두 더한 것과 같음을 이용하자.

❶ (정사각형 가의 한 변의 길이)+2
(정사각형 나의 한 변의 길이)
=6+2=8 (cm)

❷ (정사각형 나의 한 변의 길이)+2
(정사각형 다의 한 변의 길이)
=8+2=10 (cm)

❸ (변 ㄱㄴ과 변 ㄹㄷ 사이의 거리)
=6+8+10=24 (cm)

3주 4일 84 ~ 85쪽

문해력 문제 8

전략 90

풀기 ❶ 30

❷ 30, 60

❸ 60, 30

답 30°

8-1 110°

8-2 50°

8-3 40°

8-1 ❶ 직선 가와 직선 나가 만나서 이루는 각도는 90°이므로 ㉠=90°−55°=35°이다.

❷ ㉡=90°−15°=75°

❸ (㉠과 ㉡의 각도의 합)=35°+75°=110°

다르게 풀기

❶ 직선 가와 직선 나가 만나서 이루는 각도는 90°이고 한 바퀴의 각도는 360°이다.

➔ ㉠+55°+90°+15°+㉡+90°=360°

❷ (㉠과 ㉡의 각도의 합)

=360°−55°−90°−15°−90°=110°

8-2 ❶ 직선 가와 직선 나가 만나서 이루는 각도는 90°이므로 ㉠=180°−70°−90°=20°이다.

❷ ㉡=90°−㉠=90°−20°=70°

❸ (㉠과 ㉡의 각도의 차)=70°−20°=50°

참고

한 직선이 이루는 각의 크기는 180°이다.

8-3 ❶ ㉠의 각도 구하기

선분 ㄷㄹ과 선분 ㅁㅂ이 만나서 이루는 각도는 90°이므로 ㉠=90°−25°=65°이다.

❷ ㉡의 각도 구하기

직선이 이루는 각도는 180°이므로

㉡=180°−㉠−90°=180°−65°−90°=25°

이다.

❸ (㉠과 ㉡의 각도의 차)=65°−25°=40°

3주 5일 86 ~ 87쪽

기출 1

❶ 예 (각 ㄱㄴㄷ)+(각 ㄱㄷㄴ)=180°−110°=70°

❷ 예 (각 ㄱㄴㄷ)=(각 ㄱㄷㄴ)이므로

(각 ㄱㄷㄴ)=70°÷2=35°이다.

❸ 삼각형 ㄹㅁㄷ은 정삼각형이므로

(각 ㄹㅁㄷ)=60°이다.

❹ (각 ㅁㅂㄷ)=180°−60°−35°=85°

답 85°

기출 2

❶ 28

❷ 6, 7, 28, 7

❸ 7×3=21(개)

❹ 903÷21=43 (mm)

답 43 mm

3주 5일 88 ~ 89쪽

융합 3

❶ 예 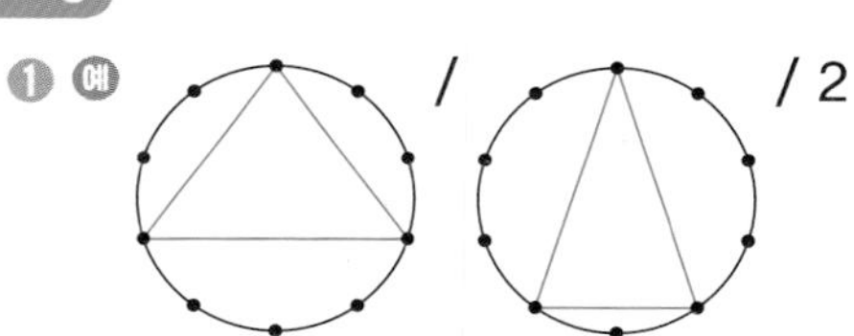 / 2

❷ 예 구멍이 10개이므로 만들 수 있는 이등변삼각형이면서 예각삼각형인 것은 모두 2×10=20(개)이다.

답 20개

코딩 4

❶ 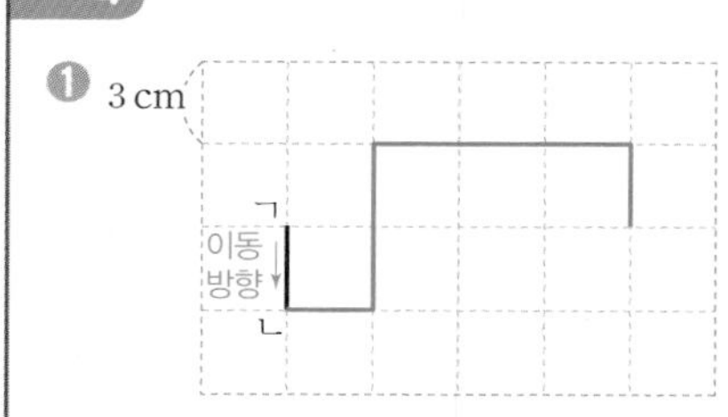

❷ 4 / 3, 4, 12

답 12 cm

3주 주말 TEST 90~93쪽

1 5개	**2** 11 cm
3 8 cm	**4** 20°
5 40°	**6** 30 cm
7 16개	**8** 50°
9 65°	**10** 50°

1

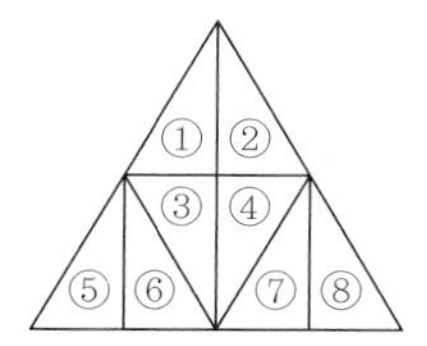

❶ 작은 삼각형 2개로 이루어진 예각삼각형:
①+②, ③+④, ⑤+⑥, ⑦+⑧ ➔ 4개
작은 삼각형 8개로 이루어진 예각삼각형:
①+②+③+④+⑤+⑥+⑦+⑧ ➔ 1개
❷ (크고 작은 예각삼각형의 수)=4+1=5(개)

2 ❶ 굵은 선에는 정삼각형의 한 변이 모두 6개 있다.
❷ (정삼각형의 한 변의 길이)=66÷6=11 (cm)

3 ❶ (변 ㄱㄷ)=(삼각형 ㄱㄴㄷ의 한 변의 길이)
=54÷3=18 (cm)
❷ (변 ㄱㅁ)=(삼각형 ㄱㄹㅁ의 한 변의 길이)
=30÷3=10 (cm)
❸ (선분 ㅁㄷ)=18−10=8 (cm)

4 ❶ 삼각형 ㄱㄴㄷ은 이등변삼각형이므로
(각 ㄱㄴㄷ)+(각 ㄱㄷㄴ)=180°−20°=160°
이다.
➔ (각 ㄱㄴㄷ)=(각 ㄱㄷㄴ)=160°÷2=80°
❷ (각 ㄹㄴㄷ)=60°이므로
(각 ㄱㄴㄹ)=80°−60°=20°이다.

참고
삼각형 ㄹㄴㄷ은 정삼각형이므로 모든 각의 크기가 60°이다.

5 ❶ 각 ㄴㄱㄷ의 크기 구하기
(각 ㄱㄷㄴ)=(각 ㄱㄴㄷ)=35°
➔ (각 ㄴㄱㄷ)=180°−35°−35°=110°
❷ (각 ㄷㄱㄹ)=180°−110°=70°
❸ 각 ㄱㄷㄹ의 크기 구하기
(각 ㄷㄹㄱ)=(각 ㄷㄱㄹ)=70°
➔ (각 ㄱㄷㄹ)=180°−70°−70°=40°

6 ❶ 변 ㄱㄴ, 변 ㅇㅅ과 평행한 변에 수직인 변:
변 ㄴㄷ, 변 ㄹㅁ, 변 ㅂㅅ
❷ (변 ㄴㄷ)+(변 ㄹㅁ)+(변 ㅂㅅ)
(변 ㄱㄴ과 변 ㅇㅅ 사이의 거리)
=8+6+16=30 (cm)

7

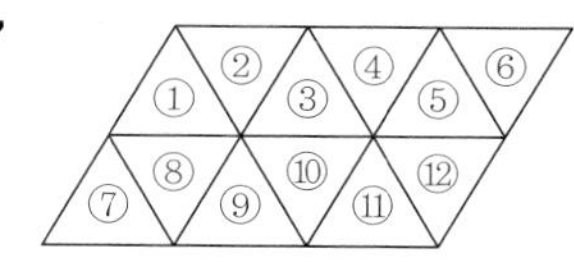

❶ 작은 정삼각형 1개로 이루어진 정삼각형:
①, ②, ③, ④, ⑤, ⑥, ⑦, ⑧, ⑨, ⑩, ⑪, ⑫
➔ 12개
작은 정삼각형 4개로 이루어진 정삼각형:
①+⑦+⑧+⑨, ③+⑨+⑩+⑪,
②+③+④+⑩, ④+⑤+⑥+⑫ ➔ 4개
❷ (크고 작은 정삼각형의 수)=12+4=16(개)

8 ❶ 삼각형 ㄹㄴㄷ은 이등변삼각형이므로
(각 ㄹㄴㄷ)+(각 ㄹㄷㄴ)=180°−110°=70°
이다.
➔ (각 ㄹㄴㄷ)=(각 ㄹㄷㄴ)=70°÷2=35°
❷ (각 ㄱㄴㄷ)=30°+35°=65°
삼각형 ㄱㄴㄷ은 이등변삼각형이므로
(각 ㄱㄷㄴ)=(각 ㄱㄴㄷ)=65°이다.
❸ (각 ㄴㄱㄷ)=180°−65°−65°=50°

9 ❶ (각 ㅂㅁㄹ)+(각 ㄷㅁㄹ)=180°−30°=150°
❷ 접은 부분과 접혀진 부분의 각의 크기는 같다.
➔ (각 ㅂㅁㄹ)=(각 ㄷㅁㄹ)=150°÷2=75°
❸ (각 ㄱㄷㄴ)=(각 ㄱㄴㄷ)=40°,
(각 ㅁㅂㄹ)=(각 ㄱㄷㄴ)=40°이다.
➔ (각 ㅂㄹㅁ)=180°−75°−40°=65°

10 ❶ 가 막대와 판자가 만나서 이루는 각도는 90°이므로 ㉠=90°−65°=25°이다.
❷ 삼각형의 세 각의 크기의 합은 180°이므로
㉡=180°−65°−90°=25°이다.
❸ (㉠과 ㉡의 각도의 합)=25°+25°=50°

4주 사각형 / 다각형

4주 준비학습 96 ~ 97 쪽

1 70 » 70°
2 135, 45 » 45°
3 4, 48 » 4, 48 / 48 cm
4 정팔각형 » 정팔각형
5 5 » 5개
6 10 » 10 cm
7 6, 42 » 6, 42 / 42 cm

2 마름모에서 이웃한 두 각의 크기의 합은 180°이므로 (각 ㄱㄴㄷ)=180°−135°=45°이다.

6 정사각형은 두 대각선의 길이가 같다.

4주 준비학습 98 ~ 99 쪽

1 60°
2 15+18+15+18=66 / 66 cm
3 32÷4=8 / 8 cm
4 15×5=75 / 75 cm
5 정팔각형
6 9개
7 14+14=28 / 28 cm

1 평행사변형에서 이웃한 두 각의 크기의 합은 180°이므로 (각 ㄱㄴㄷ)=180°−120°=60°이다.

6 육각형의 한 꼭짓점에서 그을 수 있는 대각선의 수: 3개
육각형의 꼭짓점의 수: 6개
➔ 육각형에 그을 수 있는 대각선의 수는 3×6=18, 18÷2=9이므로 9개이다.

7 직사각형은 두 대각선의 길이가 같으므로 두 대각선의 길이의 합은 14+14=28 (cm)이다.

4주 1일 100 ~ 101 쪽

문해력 문제 1
풀기 ❶ 5, 14
❷ 14, 6
❸ 5, 5, 16
답 16 cm
1-1 22 cm
1-2 30 cm
1-3 28 cm

1-1 ❶ 선분 ㄱㅁ과 선분 ㅁㄷ의 길이 각각 구하기
평행사변형은 마주 보는 두 변의 길이가 같으므로
(선분 ㄱㅁ)=(선분 ㄹㄷ)=7 cm,
(선분 ㅁㄷ)=(선분 ㄱㄹ)=16 cm이다.
❷ (선분 ㄴㅁ)=24−16=8 (cm)
❸ (삼각형 ㄱㄴㅁ의 세 변의 길이의 합)
=7+8+7=22 (cm)

1-2 ❶ 선분 ㄹㅁ과 선분 ㄴㅁ의 길이 각각 구하기
평행사변형(직사각형)은 마주 보는 두 변의 길이가 같으므로
(선분 ㄹㅁ)=(선분 ㄱㄴ)=12 cm,
(선분 ㄴㅁ)=(선분 ㄱㄹ)=14 cm이다.
❷ (선분 ㅁㄷ)=19−14=5 (cm)
❸ (삼각형 ㄹㅁㄷ의 세 변의 길이의 합)
=12+5+13=30 (cm)

참고
직사각형은 마주 보는 두 쌍의 변이 평행하므로 평행사변형이라고 할 수 있다.

1-3 ❶ 삼각형 ㄱㄴㅁ은 정삼각형이므로
(선분 ㄴㅁ)=5 cm이다.
(선분 ㄴㄷ)=5+4=9 (cm)
❷ 평행사변형은 마주 보는 두 변의 길이가 같으므로
(선분 ㄱㄹ)=(선분 ㄴㄷ)=9 cm,
(선분 ㄹㄷ)=(선분 ㄱㄴ)=5 cm이다.
❸ (평행사변형 ㄱㄴㄷㄹ의 네 변의 길이의 합)
=5+9+5+9=28 (cm)

4주 1일 102 ~ 103쪽

문해력 문제 2

풀기 ❶ 4, 3, 2, 1

❷ 3, 2, 10

답 10개

2-1 18개

2-2 13개

2-1

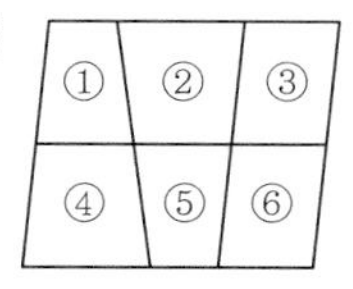

❶ 작은 사각형 1개로 이루어진 사다리꼴:
①, ②, ③, ④, ⑤, ⑥ → 6개
작은 사각형 2개로 이루어진 사다리꼴:
①+②, ②+③, ④+⑤, ⑤+⑥, ①+④,
②+⑤, ③+⑥ → 7개
작은 사각형 3개로 이루어진 사다리꼴:
①+②+③, ④+⑤+⑥ → 2개
작은 사각형 4개로 이루어진 사다리꼴:
①+②+④+⑤, ②+③+⑤+⑥ → 2개
작은 사각형 6개로 이루어진 사다리꼴:
①+②+③+④+⑤+⑥ → 1개

❷ (크고 작은 사다리꼴의 수)
$=6+7+2+2+1=18$(개)

2-2

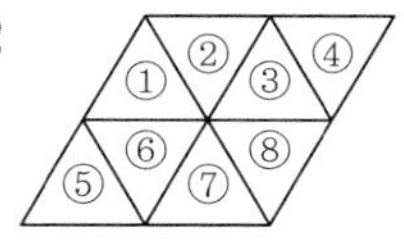

❶ 작은 삼각형 2개로 이루어진 평행사변형:
①+②, ②+③, ③+④, ⑤+⑥, ⑥+⑦,
⑦+⑧, ①+⑥, ③+⑧ → 8개
작은 삼각형 4개로 이루어진 평행사변형:
①+②+③+④, ⑤+⑥+⑦+⑧,
①+②+⑤+⑥, ③+④+⑦+⑧ → 4개
작은 삼각형 8개로 이루어진 평행사변형:
①+②+③+④+⑤+⑥+⑦+⑧ → 1개

❷ (크고 작은 평행사변형의 수)
$=8+4+1=13$(개)

주의
작은 삼각형 3개로 이루어진 도형은 사다리꼴임에 주의한다.

4주 2일 104 ~ 105쪽

문해력 문제 3

전략 —

풀기 ❶ 200, 175

❷ 175, 5 / 정오각형

답 정오각형

3-1 정칠각형

3-2 정십각형

3-3 정팔각형

3-1 ❶ (사용한 색 테이프의 길이)
$=3$ m-90 cm
$=300$ cm-90 cm$=210$ cm

❷ 만든 정다각형의 이름 구하기
(만든 정다각형의 변의 수)$=210\div30=7$(개)
→ 만든 정다각형의 이름은 정칠각형이다.

참고
1 m$=100$ cm

3-2 ❶ 자른 끈 한 도막의 길이 구하기
(한 도막의 길이)$=4\div2=2$ (m)

❷ (사용한 끈의 길이)
$=2$ m-30 cm
$=200$ cm-30 cm$=170$ cm

❸ 만든 정다각형의 이름 구하기
(만든 정다각형의 변의 수)$=170\div17=10$(개)
→ 만든 정다각형의 이름은 정십각형이다.

3-3 ❶ (정육각형을 만드는 데 사용한 테이프의 길이)
$=9\times6=54$ (cm)

❷ (정육각형을 만들고 남은 테이프의 길이)
$=1$ m 10 cm-54 cm
$=110$ cm-54 cm$=56$ cm

❸ (한 변의 길이가 7 cm인 정다각형의 변의 수)
$=56\div7=8$(개)
→ 만든 정다각형의 이름은 정팔각형이다.

참고
정육각형을 만들고 남은 끈의 길이는 한 변의 길이가 7 cm인 정다각형을 만드는 데 사용한 테이프의 길이이다.

4주 2일 106 ~ 107쪽

문해력 문제 4

풀기 ❶ 4, 48

❷ 48

❸ 48, 6, 8

답 8 cm

4-1 9 cm

4-2 15 cm

4-3 14 cm

4-1 전략

(정■각형의 한 변의 길이)
=(정■각형의 모든 변의 길이의 합)
÷(정■각형의 변의 수)를 이용하자.

❶ (정삼각형의 모든 변의 길이의 합)
$=24\times3=72$ (cm)

❷ (정팔각형의 모든 변의 길이의 합)$=72$ cm

❸ (❷에서 구한 길이)÷(정팔각형의 변의 수)
(정팔각형의 한 변의 길이)$=72\div8=9$ (cm)

4-2 ❶ (정육각형의 모든 변의 길이의 합)
$=10\times6=60$ (cm)

❷ (정사각형의 모든 변의 길이의 합)$=60$ cm

❸ (❷에서 구한 길이)÷(정사각형의 변의 수)
(정사각형의 한 변의 길이)$=60\div4=15$ (cm)

4-3 ❶ (보미가 정칠각형을 만드는 데 사용한 색 테이프의 길이)
$=20\times7=140$ (cm)

❷ (정오각형을 2개 만드는 데 사용한 색 테이프의 길이)
=(재현이가 가진 색 테이프의 길이)
$=140$ cm
(재현이가 정오각형을 1개 만드는 데 사용한 색 테이프의 길이)
$=140\div2=70$ (cm)

❸ (❷에서 구한 길이)÷(정오각형의 변의 수)
(재현이가 만든 정오각형의 한 변의 길이)
$=70\div5=14$ (cm)

4주 3일 108 ~ 109쪽

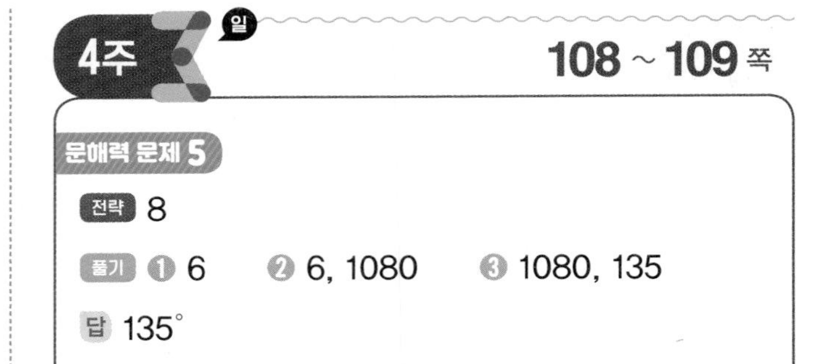

문해력 문제 5

전략 8

풀기 ❶ 6 ❷ 6, 1080 ❸ 1080, 135

답 135°

5-1 108° **5-2** 30° **5-3** 20°

5-1 ❶ 정오각형은 삼각형 3개로 나눌 수 있다.

❷ (정오각형의 모든 각의 크기의 합)
$=180^\circ\times3=540^\circ$

❸ (정오각형의 한 각의 크기)$=540^\circ\div5=108^\circ$

참고

다각형의 모든 각의 크기의 합은 삼각형의 세 각의 크기의 합(180°)과 사각형의 네 각의 크기의 합(360°)을 이용하여 구할 수 있다.

예) 삼각형 3개 / 삼각형 1개, 사각형 1개

$180^\circ\times3=540^\circ$ / $180^\circ+360^\circ=540^\circ$

5-2 ❶ 정육각형은 삼각형 2개와 사각형 1개로 나누어져 있다.

❷ (정육각형의 모든 각의 크기의 합)
$=180^\circ+180^\circ+360^\circ=720^\circ$

❸ (정육각형의 한 각의 크기)$=720^\circ\div6=120^\circ$

❹ ㉠$=120^\circ-90^\circ=30^\circ$

참고

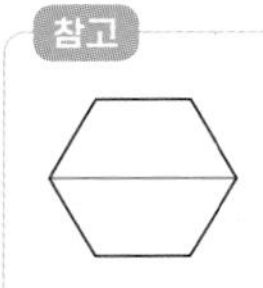

정육각형은 사각형 2개로 나눌 수 있다.
➔ (정육각형의 모든 각의 크기의 합)
$=360^\circ\times2=720^\circ$

5-3 ❶ 정구각형은 삼각형 7개로 나눌 수 있다.

❷ (정구각형의 모든 각의 크기의 합)
$=180^\circ\times7=1260^\circ$

❸ (정구각형의 한 각의 크기)$=1260^\circ\div9=140^\circ$

❹ 삼각형 ㅈㄱㅇ은 이등변삼각형이므로
(각 ㅈㄱㅇ)+(각 ㅈㅇㄱ)$=180^\circ-140^\circ=40^\circ$이다.
➔ (각 ㅈㅇㄱ)$=40^\circ\div2=20^\circ$

4주 3일 110 ~ 111 쪽

문해력 문제 6

전략 −, −

풀기 ❶ 90

❷ 720 / 720, 120

❸ 120, 150

답 150°

6-1 165°

6-2 12°

6-1 ❶ 정삼각형의 한 각의 크기는 60°이다.

❷ 정팔각형의 한 각의 크기 구하기

(정팔각형의 모든 각의 크기의 합)

$=360° \times 3=1080°$

➔ (정팔각형의 한 각의 크기)

$=1080° \div 8=135°$

❸ ㉠$=360°-60°-135°=165°$

참고

❶ (정■각형의 한 각의 크기)

=(정■각형의 모든 각의 크기의 합)÷■

❷ 정팔각형은 사각형 3개로 나눌 수 있다.

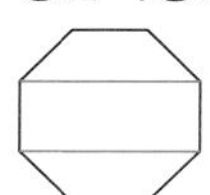

(정팔각형의 모든 각의 크기의 합)

$=360° \times 3=1080°$

❸ 한 바퀴의 각도는 360°이다.

6-2 ❶ (정오각형의 모든 각의 크기의 합)

$=180° \times 3=540°$

➔ (정오각형의 한 각의 크기)

$=540° \div 5=108°$

❷ (정육각형의 모든 각의 크기의 합)

$=180° \times 4=720°$

➔ (정육각형의 한 각의 크기)

$=720° \div 6=120°$

❸ ㉠$=360°-108°-120°-120°=12°$

참고

❶ 정오각형은 삼각형 3개로 나눌 수 있다.

❷ 정육각형은 삼각형 4개로 나눌 수 있다.

4주 4일 112 ~ 113 쪽

문해력 문제 7

전략 6 / ×

풀기 ❶ 6, 22

❷ 18 / 22, 18, 396

답 396 mm

7-1 180 cm

7-2 72 cm

7-3 36 cm

7-1 전략

굵은 선의 길이는 정사각형의 한 변의 길이로 몇 개인지를 이용하여 구하자.

❶ (정사각형의 모든 변의 길이의 합)÷(변의 수)

(정사각형의 한 변의 길이)$=60 \div 4=15$ (cm)

❷ 굵은 선의 길이는 정사각형의 한 변의 길이로 12개이다.

➔ (굵은 선의 길이)$=15 \times 12=180$ (cm)

7-2 ❶ (정오각형의 모든 변의 길이의 합)÷(변의 수)

(정오각형의 한 변의 길이)$=45 \div 5=9$ (cm)

❷ 굵은 선의 길이는 정오각형의 한 변의 길이로 8개이다.

➔ (굵은 선의 길이)$=9 \times 8=72$ (cm)

참고

정오각형, 정사각형, 정삼각형의 한 변의 길이가 모두 같다.

7-3 ❶ 굵은 선의 길이는 정육각형의 한 변의 길이로 20개이다.

➔ (정육각형의 한 변의 길이)$=180 \div 20=9$ (cm)

❷ (정사각형의 한 변의 길이)

=(정육각형의 한 변의 길이)=9 cm

❸ (정사각형의 네 변의 길이의 합)

$=9+9+9+9=36$ (cm)

4주 4일 114 ~ 115 쪽

문해력 문제 8

전략 = / ÷

풀기 ❶ 8

❷ 17

❸ 8, 17, 45

답 45 cm

8-1 29 cm

8-2 24 cm

8-3 40 cm

8-1 ❶ (선분 ㄴㅁ)=(선분 ㄹㅁ)=6 cm
❷ (선분 ㅁㄷ)=18÷2=9 (cm)
❸ (삼각형 ㅁㄴㄷ의 세 변의 길이의 합)
=6+9+14=29 (cm)

참고
평행사변형은 한 대각선이 다른 대각선을 똑같이 둘로 나눈다.

8-2 전략
마름모 ㅁㅂㅅㅇ의 두 대각선은 선분 ㅂㅇ, 선분 ㅁㅅ이다.

❶ (선분 ㅂㅇ)=(선분 ㄴㄷ)=7+7=14 (cm)
❷ (선분 ㅁㅅ)=(선분 ㄹㄷ)=5+5=10 (cm)
❸ (마름모 ㅁㅂㅅㅇ의 두 대각선의 길이의 합)
=14+10=24 (cm)

참고
마름모는 한 대각선이 다른 대각선을 똑같이 둘로 나눈다.

8-3 ❶ (선분 ㄱㅁ)=16÷2=8 (cm)
❷ (선분 ㄴㄹ)=16+14=30 (cm)
❸ (선분 ㄴㅁ)=30÷2=15 (cm)
❹ (삼각형 ㄱㄴㅁ의 세 변의 길이의 합)
=8+15+17=40 (cm)

참고
선분 ㄴㄹ의 길이는 선분 ㄱㄷ의 길이보다 더 길므로 선분 ㄴㄹ의 길이는 선분 ㄱㄷ의 길이에 14 cm를 더하여 구한다.

4주 5일 116 ~ 117 쪽

기출 1

❶ ㄱㄴㄷ, ㄴㄷㄹ

❷ 180, 2, 270, 135

답 135°

기출 2

❶ 7, 16

❷ 예 맨 오른쪽에 있는 직사각형은 16번째이고, 16번째 직사각형의 세로는
$5+\underbrace{3+3+\cdots+3}_{15개}=50$ (cm)이다.

❸ 예 7+50+7+50=114 (cm)

답 114 cm

기출 2

❷ 16번째 직사각형의 세로는 5 cm에 3 cm씩 15번 더한 길이이므로
3×15=45 (cm), 5+45=50 (cm)이다.

4주 5일 118 ~ 119 쪽

창의 3

❶ (위에서부터) 3, 6 / 6, 3

❷ 6, 6, 3, 3 / 6, 3, 18

❸ 예 사다리꼴 모양의 타일은 모두 18×2=36(개) 필요하다.

답 36개

융합 4

❶ 예 만들어지는 도형은 오각형이고 오각형의 변의 수는 5개, 대각선의 수는 5개이다.

❷ 변에 ○표, 5 / 대각선에 ○표, 5

답 5개 / 5개

4주 주말 TEST 120 ~ 123 쪽

1 정팔각형	2 120°
3 10 cm	4 12개
5 192 cm	6 33 cm
7 28 cm	8 162°
9 50 cm	10 14개

1 ❶ (사용한 철사의 길이)
$=1\text{ m}-12\text{ cm}=100\text{ cm}-12\text{ cm}=88\text{ cm}$
❷ (만든 정다각형의 변의 수)$=88\div11=8$(개)
➡ 만든 정다각형의 이름은 정팔각형이다.

2 ❶ 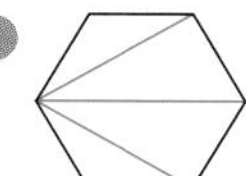 정육각형은 삼각형 4개로 나눌 수 있다.
❷ (정육각형의 모든 각의 크기의 합)$=180^\circ\times4=720^\circ$
❸ (정육각형의 한 각의 크기)$=720^\circ\div6=120^\circ$

다르게 풀기

❶ 정육각형은 사각형 2개로 나눌 수 있다.
❷ (정육각형의 모든 각의 크기의 합)
$=360^\circ\times2=720^\circ$
❸ (정육각형의 한 각의 크기)$=720^\circ\div6=120^\circ$

3 ❶ (정오각형의 모든 변의 길이의 합)
$=14\times5=70$ (cm)
❷ (정칠각형의 모든 변의 길이의 합)$=70$ cm
❸ (정칠각형의 한 변의 길이)$=70\div7=10$ (cm)

4

①	②	③
④	⑤	⑥

❶ 작은 사각형 1개로 이루어진 사다리꼴:
①, ②, ③, ④, ⑤, ⑥ ➡ 6개
작은 사각형 2개로 이루어진 사다리꼴:
①+②, ②+③, ④+⑤, ⑤+⑥ ➡ 4개
작은 사각형 3개로 이루어진 사다리꼴:
①+②+③, ④+⑤+⑥ ➡ 2개
❷ (크고 작은 사다리꼴의 수)$=6+4+2=12$(개)

5 ❶ (정팔각형의 한 변의 길이)$=64\div8=8$ (cm)
❷ 굵은 선의 길이는 정팔각형의 한 변의 길이로 24개이다.
➡ (굵은 선의 길이)$=8\times24=192$ (cm)

6 ❶ 평행사변형은 마주 보는 두 변의 길이가 같으므로
(선분 ㄹㅁ)=(선분 ㄱㄴ)=14 cm,
(선분 ㄴㅁ)=(선분 ㄱㄹ)=9 cm이다.
❷ (선분 ㅁㄷ)$=14-9=5$ (cm)
❸ (삼각형 ㄹㅁㄷ의 세 변의 길이의 합)
$=14+5+14=33$ (cm)

7 ❶ (선분 ㄱㅁ)=(선분 ㄷㅁ)=13 cm
❷ (선분 ㄴㅁ)$=18\div2=9$ (cm)
❸ (삼각형 ㄱㄴㅁ의 세 변의 길이의 합)
$=6+13+9=28$ (cm)

8 전략
360°에서 정사각형과 정오각형의 한 각의 크기를 빼 ㉠의 각도를 구하자.

❶ 정사각형의 한 각의 크기는 90°이다.
❷ (정오각형의 모든 각의 크기의 합)
$=180^\circ\times3=540^\circ$
➡ (정오각형의 한 각의 크기)
$=540^\circ\div5=108^\circ$
❸ ㉠$=360^\circ-90^\circ-108^\circ=162^\circ$

9 ❶ (선분 ㅂㅇ)=(선분 ㄱㄹ)$=11+11=22$ (cm)
❷ (선분 ㅁㅅ)=(선분 ㄱㄴ)$=14+14=28$ (cm)
❸ (마름모 ㅁㅂㅅㅇ의 두 대각선의 길이의 합)
$=22+28=50$ (cm)

10

①	② ③ / ④
⑤	⑥

❶ 작은 사각형 1개로 이루어진 직사각형:
①, ②, ③, ④, ⑤, ⑥ ➡ 6개
작은 사각형 2개로 이루어진 직사각형:
①+⑤, ②+③, ④+⑥, ⑤+⑥ ➡ 4개
작은 사각형 3개로 이루어진 직사각형:
②+③+④ ➡ 1개
작은 사각형 4개로 이루어진 직사각형:
①+②+③+④, ②+③+④+⑥ ➡ 2개
작은 사각형 6개로 이루어진 직사각형:
①+②+③+④+⑤+⑥ ➡ 1개
❷ (크고 작은 직사각형의 수)
$=6+4+1+2+1=14$(개)

복습책 정답과 해설

1주 분수의 덧셈과 뺄셈

1주 1일 복습 1 ~ 2쪽

1 $4\frac{5}{8}$ m
2 6분
3 $6\frac{1}{20}$시간
4 $4\frac{4}{9}$ kg
5 $8\frac{5}{10}$ L
6 $8\frac{1}{10}$ kg

1 전략
'더 많이'는 덧셈을 이용하여 구하자.

❶ (가방 주머니 부분을 만드는 데 사용한 털실의 길이)
$=\frac{6}{8}+3\frac{1}{8}=3\frac{7}{8}$ (m)

❷ (가방을 만드는 데 사용한 털실의 길이)
$=\frac{6}{8}+3\frac{7}{8}=3\frac{13}{8}=4\frac{5}{8}$ (m)

2 전략
'더 짧게'는 뺄셈을 이용하여 구하자.

❶ (도희의 종이배가 떠 있던 시간)
$=3\frac{2}{5}-\frac{4}{5}=2\frac{7}{5}-\frac{4}{5}=2\frac{3}{5}$(분)

❷ (두 사람의 종이배가 떠 있던 시간)
$=3\frac{2}{5}+2\frac{3}{5}=5\frac{5}{5}=6$(분)

3 전략
'더 길게'는 덧셈을 이용하여 구하자.

❶ (일주일 동안 춤 연습을 하는 시간)
$=1\frac{17}{20}+1\frac{17}{20}=2\frac{34}{20}=3\frac{14}{20}$(시간)

❷ (일주일 동안 작곡 연습을 하는 시간)
$=1\frac{17}{20}+\frac{10}{20}=1\frac{27}{20}=2\frac{7}{20}$(시간)

❸ (일주일 동안 춤과 작곡 연습을 하는 전체 시간)
$=3\frac{14}{20}+2\frac{7}{20}=5\frac{21}{20}=6\frac{1}{20}$(시간)

4 전략
사 온 후 모래의 무게는 덧셈으로, 처음에 가지고 있던 모래의 무게는 뺄셈으로 구하자.

❶ (사 온 후 모래의 무게)
$=2\frac{2}{9}+3\frac{7}{9}=5\frac{9}{9}=6$ (kg)

❷ (처음에 가지고 있던 모래의 무게)
$=6-1\frac{5}{9}=5\frac{9}{9}-1\frac{5}{9}$
$=4\frac{4}{9}$ (kg)

5 ❶ (주유소에서 넣기 전의 휘발유의 양)
$=13-11\frac{3}{10}=12\frac{10}{10}-11\frac{3}{10}$
$=1\frac{7}{10}$ (L)

❷ 처음에 있던 휘발유의 $\frac{4}{5}$를 쓰고 남은 양은 전체의 $1-\frac{4}{5}=\frac{1}{5}$이다.

❸ 처음에 있던 휘발유의 $\frac{1}{5}$이 $1\frac{7}{10}$ L이므로 처음에 있던 휘발유는
$1\frac{7}{10}+1\frac{7}{10}+1\frac{7}{10}+1\frac{7}{10}+1\frac{7}{10}=5\frac{35}{10}$
$=8\frac{5}{10}$ (L)이다.

6 전략
할머니께서 수확한 고구마의 무게를 구하려면 거꾸로 생각하여 구하자.

❶ (태형이네 가족이 먹기 전의 고구마의 무게)
=(남은 고구마의 무게)+(먹은 고구마의 무게)
$=1\frac{2}{10}+\frac{6}{10}=1\frac{8}{10}$ (kg)

❷ (삼촌과 고모에게 나누어 주기 전의 고구마의 무게)
$=1\frac{8}{10}+1\frac{5}{10}+1\frac{5}{10}$
$=3\frac{18}{10}=4\frac{8}{10}$ (kg)

❸ (할머니께서 수확한 고구마의 무게)
=(❷에서 구한 고구마의 무게)
+(할머니께서 남긴 고구마의 무게)
$=4\frac{8}{10}+3\frac{3}{10}=7\frac{11}{10}=8\frac{1}{10}$ (kg)

1주 2일 복습 3 ~ 4쪽

1 $14\frac{7}{8}$ m　　2 $\frac{11}{15}$ m

3 $8\frac{7}{16}$ cm　　4 $7\frac{1}{4}$ cm

5 1시간 15분

1 전략
(이어 붙인 색 테이프의 전체 길이)
=(색 테이프의 길이의 합)−(겹쳐진 부분의 길이의 합)

❶ (색 테이프 4장의 길이의 합)
$=4+4+4+4=16$ (m)

❷ 겹쳐진 부분은 $4-1=3$(군데)이므로
(겹쳐진 부분의 길이의 합)
$=\frac{3}{8}+\frac{3}{8}+\frac{3}{8}=\frac{9}{8}=1\frac{1}{8}$ (m)이다.

❸ (이어 붙인 색 테이프의 전체 길이)
$=16-1\frac{1}{8}=15\frac{8}{8}-1\frac{1}{8}=14\frac{7}{8}$ (m)

2 ❶ (리본 끈 3개의 길이의 합)
$=2\frac{8}{15}+2\frac{8}{15}+2\frac{8}{15}$
$=6\frac{24}{15}=7\frac{9}{15}$ (m)

❷ (겹쳐진 부분의 길이의 합)
$=7\frac{9}{15}-6\frac{2}{15}=1\frac{7}{15}$ (m)

❸ 겹쳐진 부분은 $3-1=2$(군데)이고
$1\frac{7}{15}=\frac{22}{15}=\frac{11}{15}+\frac{11}{15}$이므로 겹쳐진 부분의 길이는 $\frac{11}{15}$ m이다.

3 ❶ 양초가 탄 전체 시간은 30분+20분=50분이고 50분=10분+10분+10분+10분+10분이므로 10분 동안 타는 길이를 5번 더한다.

❷ (50분 동안 탄 양초의 길이)
$=1\frac{5}{16}+1\frac{5}{16}+1\frac{5}{16}+1\frac{5}{16}+1\frac{5}{16}$
$=5\frac{25}{16}=6\frac{9}{16}$ (cm)

❸ (남은 양초의 길이)
=(처음 양초의 길이)−(50분 동안 탄 양초의 길이)
$=15-6\frac{9}{16}=14\frac{16}{16}-6\frac{9}{16}=8\frac{7}{16}$ (cm)

참고
(양초가 탄 전체 시간)
=(처음 양초가 탄 시간)+(두 번째로 양초가 탄 시간)

4 전략
20분 동안 탄 양초의 길이를 구해
(남은 양초의 길이)
=(처음 양초의 길이)−(1시간 동안 탄 양초의 길이)
를 구하자.

❶ (20분 동안 탄 양초의 길이)
=(처음 양초의 길이)−(20분 후 남은 양초의 길이)
$=20-15\frac{3}{4}=19\frac{4}{4}-15\frac{3}{4}$
$=4\frac{1}{4}$ (cm)

❷ 1시간=60분=20분+20분+20분이므로
(1시간 동안 탄 양초의 길이)
$=4\frac{1}{4}+4\frac{1}{4}+4\frac{1}{4}=12\frac{3}{4}$ (cm)이다.

❸ (남은 양초의 길이)
=(처음 양초의 길이)−(1시간 동안 탄 양초의 길이)
$=20-12\frac{3}{4}=19\frac{4}{4}-12\frac{3}{4}$
$=7\frac{1}{4}$ (cm)

5 ❶ (15분 동안 탄 양초의 길이)
=(처음 양초의 길이)−(15분 후 남은 양초의 길이)
$=16-12\frac{12}{15}=15\frac{15}{15}-12\frac{12}{15}$
$=3\frac{3}{15}$ (cm)

❷ 위 ❶에서 구한 길이를 몇 번 더해야 처음 양초의 길이가 되는지 구하기
$\underbrace{3\frac{3}{15}+3\frac{3}{15}+3\frac{3}{15}+3\frac{3}{15}+3\frac{3}{15}}_{5번}$
$=15\frac{15}{15}=16$ (cm)

❸ 15분씩 5번 더한 시간은 75분이므로 처음 양초가 모두 타는 데 75분=1시간 15분이 걸린다.

참고
15분 동안 탄 길이를 5번 더해야 처음 양초의 길이가 되므로 모두 타는 데 걸리는 시간은 15분씩 5번 더한 것과 같다.

1주 3일 복습 5~6쪽

1 $\frac{7}{10}$, $\frac{6}{10}$ 2 $2\frac{8}{12}$ m, $1\frac{11}{12}$ m

3 $6\frac{3}{12}$ 4 $7\frac{4}{9}$

5 $\frac{7}{13}$

1 전략
두 진분수의 차를 이용하여 두 진분수를 한 가지 기호로 나타내고 합을 이용하여 두 진분수를 구하자.

❶ 큰 진분수와 작은 진분수를 한 가지 기호로 나타내기

분모가 10인 두 진분수 중 큰 수를 $\frac{■}{10}$라 하면 작은 수는 $\left(\frac{■}{10}-\frac{1}{10}\right)$이다.

❷ 두 진분수의 합을 분자의 합으로 나타내 큰 수 구하기

$\frac{■}{10}+\frac{■}{10}-\frac{1}{10}=1\frac{3}{10}=\frac{13}{10}$이므로

■+■−1=13이다.

➔ ■+■=14이고 7+7=14이므로

큰 수는 $\frac{7}{10}$이다.

❸ 작은 수는 $\frac{7}{10}-\frac{1}{10}=\frac{6}{10}$이다.

다르게 풀기

❶ 분모가 10인 두 진분수 중 작은 수를 $\frac{▲}{10}$라 하면 큰 수는 $\left(\frac{▲}{10}+\frac{1}{10}\right)$이다.

❷ $\frac{▲}{10}+\frac{1}{10}+\frac{▲}{10}=1\frac{3}{10}=\frac{13}{10}$이므로

▲+1+▲=13이다.

➔ ▲+▲=12이고 6+6=12이므로

작은 수는 $\frac{6}{10}$이다.

❸ 큰 수는 $\frac{6}{10}+\frac{1}{10}=\frac{7}{10}$이다.

2 ❶ 재욱이와 석우가 사용한 철사의 길이를 한 가지 기호로 나타내기

재욱이가 사용한 철사의 길이를 $\frac{■}{12}$ m라 하면 석우가 사용한 철사의 길이는 $\left(\frac{■}{12}-\frac{9}{12}\right)$ m이다.

❷ 사용한 철사의 길이의 합을 분자의 합으로 나타내 재욱이가 사용한 철사의 길이 구하기

$\frac{■}{12}+\frac{■}{12}-\frac{9}{12}=4\frac{7}{12}=\frac{55}{12}$이므로

■+■−9=55이다.

➔ ■+■=64이고 32+32=64이므로 재욱이가 사용한 철사의 길이는 $\frac{32}{12}=2\frac{8}{12}$ (m)이다.

❸ 석우가 사용한 철사의 길이는

$\frac{32}{12}-\frac{9}{12}=\frac{23}{12}=1\frac{11}{12}$ (m)이다.

3 ❶ 분모가 같아야 하므로 두 대분수의 분모는 12이다.

❷ 두 대분수의 자연수 부분에는 합이 가장 작은 두 수인 2, 3을, 진분수의 분자에는 남은 두 수인 6, 9를 놓아야 한다.

➔ 합: $2\frac{6}{12}+3\frac{9}{12}=5\frac{15}{12}=6\frac{3}{12}$

$\left(\text{또는 } 3\frac{6}{12}+2\frac{9}{12}=6\frac{3}{12}\right)$

4 ❶ 분모가 같아야 하므로 두 대분수의 분모는 9이다.

❷ 두 대분수의 자연수 부분에는 차가 가장 큰 두 수인 8, 1을, 진분수의 분자에는 남은 두 수인 6, 2를 놓아야 한다.

➔ 차: $8\frac{6}{9}-1\frac{2}{9}=7\frac{4}{9}$

주의
분수의 차가 크려면 받아내림이 없도록 분자의 수를 정해야 한다.

5 ❶ 분모가 같아야 하므로 두 대분수의 분모는 13이다.

❷ 두 대분수의 자연수 부분에는 차가 가장 작은 두 수인 7, 6을, 진분수의 분자에는 남은 두 수인 4, 10을 놓아야 한다.

➔ 차: $7\frac{4}{13}-6\frac{10}{13}=6\frac{17}{13}-6\frac{10}{13}=\frac{7}{13}$

참고
두 대분수 ●$\frac{▲}{9}$, ■$\frac{★}{9}$의 차는 ●>■일 때 ▲<★이 되면 받아내림이 있는 대분수의 뺄셈이 되므로 차가 가장 작게 된다.

1주 4일 복습 7 ~ 8 쪽

1 오후 10시 4분	2 오전 3시 51분
3 오후 1시 7분	4 8일
5 7일	6 4일

1 ❶ 8월 5일 오후 10시부터 8월 8일 오후 10시까지는 3일이다.

❷ (3일 동안 빨라진 시간)

$=1\frac{1}{3}+1\frac{1}{3}+1\frac{1}{3}=3\frac{3}{3}=4$(분)

❸ 8월 8일 오후 10시에 이 시계가 가리키는 시각은 오후 10시+4분=오후 10시 4분이다.

2 ❶ 9월 7일 오전 4시부터 9월 12일 오전 4시까지는 5일이다.

❷ (5일 동안 늦어진 시간)

$=1\frac{4}{5}+1\frac{4}{5}+1\frac{4}{5}+1\frac{4}{5}+1\frac{4}{5}$

$=5\frac{20}{5}=9$(분)

❸ 9월 12일 오전 4시에 이 시계가 가리키는 시각은 오전 4시−9분=오전 3시 51분이다.

3 ❶ 1월 2일 오후 1시부터 1월 6일 오후 1시까지는 4일이다.

❷ (4일 동안 빨라진 시간)

$=2\frac{1}{4}+2\frac{1}{4}+2\frac{1}{4}+2\frac{1}{4}$

$=8\frac{4}{4}=9$(분)

❸ 빨라지는 시계의 시각을 1월 2일 오후 1시에 정확한 시각보다 2분 늦은 오후 12시 58분에 맞추어 놓았다.

❹ 1월 6일 오후 1시에 이 시계가 가리키는 시각은 오후 12시 58분+9분=오후 1시 7분이다.

4 ❶ 전체 일의 양을 1이라 할 때

(2일 동안 하는 일의 양)$=\frac{1}{16}+\frac{3}{16}=\frac{4}{16}$

❷ $\underbrace{\frac{4}{16}+\frac{4}{16}+\frac{4}{16}+\frac{4}{16}}_{4번}=1$

❸ 2일씩 4번 하면 일을 모두 끝낼 수 있으므로 8일 만에 끝낼 수 있다.

5 ❶ 전체 일의 양을 1이라 할 때

(2일 동안 하는 일의 양)

=(민수가 하루에 하는 일의 양)

+(희재가 하루에 하는 일의 양)

$=\frac{2}{17}+\frac{3}{17}=\frac{5}{17}$

❷ $\underbrace{\frac{5}{17}+\frac{5}{17}+\frac{5}{17}}_{3번}+\frac{2}{17}=1$

❸ 2일씩 3번 하고 민수가 마지막 날 일을 해야 모두 끝낼 수 있으므로 7일 만에 끝낼 수 있다.

6 ❶ 전체 일의 양을 1이라 할 때

(첫째 날 어머니 혼자 하고 남은 일의 양)

$=1-\frac{1}{13}=\frac{12}{13}$이다.

❷ (부모님이 함께 하루에 하는 일의 양)

$=\frac{1}{13}+\frac{2}{13}=\frac{3}{13}$

❸ $\underbrace{\frac{3}{13}+\frac{3}{13}+\frac{3}{13}+\frac{3}{13}}_{4번}=\frac{12}{13}$이므로 부모님이 함께 4일 동안 해야 모두 끝낼 수 있다.

1주 5일 복습 9 ~ 10 쪽

1 $3\frac{1}{10}\left(=\frac{31}{10}\right)$ kg	2 $3\frac{6}{8}\left(=\frac{30}{8}\right)$ kg
3 12가지	4 5가지

1 전략

저울이 수평이면 양쪽 접시에 올려놓은 물건의 무게가 같다는 것을 이용하자.

❶ (왼쪽 접시의 추 4개의 무게의 합)

$=1\frac{1}{10}+1\frac{1}{10}+1\frac{1}{10}+1\frac{1}{10}=4\frac{4}{10}$ (kg)

❷ 오른쪽 접시의 추 1개와 책 1권의 무게의 합 구하기

양팔저울이 수평이 되었으므로 양쪽 접시에 올려놓은 물건의 무게가 같다.

➔ $\frac{13}{10}$+(책 1권의 무게)$=4\frac{4}{10}$ (kg)

❸ (책 1권의 무게)

$=4\frac{4}{10}-\frac{13}{10}=3\frac{14}{10}-\frac{13}{10}=3\frac{1}{10}$ (kg)

2 ❶ 양팔저울이 수평이 되었으므로 양쪽 접시에 올려 놓은 물건의 무게가 같다.

➔ (왼쪽 접시의 추 4개의 무게)$=2\frac{4}{8}$ kg

❷ $2\frac{4}{8}=\frac{20}{8}=\frac{5}{8}+\frac{5}{8}+\frac{5}{8}+\frac{5}{8}$이므로 왼쪽 접시의 추 1개의 무게는 $\frac{5}{8}$ kg이다.

❸ (추 6개의 무게의 합)

$=\frac{5}{8}+\frac{5}{8}+\frac{5}{8}+\frac{5}{8}+\frac{5}{8}+\frac{5}{8}$

$=\frac{30}{8}=3\frac{6}{8}$ (kg)

3 전략
두 대분수의 합이 자연수가 되려면 진분수 부분의 합이 1이어야 한다.

❶ • 자연수 부분의 합은 4가 되어야 한다.
• 진분수 부분의 합은 1이 되어야 하므로 분자의 합은 9가 되어야 한다.

❷ • 자연수 부분: (1, 3), (2, 2)
• 분자: (1, 8), (2, 7), (3, 6), (4, 5)

❸ $1\frac{1}{9}+3\frac{8}{9}$, $1\frac{2}{9}+3\frac{7}{9}$, $1\frac{3}{9}+3\frac{6}{9}$, $1\frac{4}{9}+3\frac{5}{9}$,
$1\frac{5}{9}+3\frac{4}{9}$, $1\frac{6}{9}+3\frac{3}{9}$, $1\frac{7}{9}+3\frac{2}{9}$, $1\frac{8}{9}+3\frac{1}{9}$,
$2\frac{1}{9}+2\frac{8}{9}$, $2\frac{2}{9}+2\frac{7}{9}$, $2\frac{3}{9}+2\frac{6}{9}$, $2\frac{4}{9}+2\frac{5}{9}$

➔ 12가지

4 ❶ • 자연수 부분의 합은 3이 되어야 한다.
• 진분수 부분의 합은 1이 되어야 하므로 분자의 합은 8이 되어야 한다.

❷ • 자연수 부분: (1, 1, 1)
• 분자: (1, 1, 6), (1, 2, 5), (1, 3, 4), (2, 2, 4), (2, 3, 3)

❸ $1\frac{1}{8}+1\frac{1}{8}+1\frac{6}{8}$, $1\frac{1}{8}+1\frac{2}{8}+1\frac{5}{8}$,
$1\frac{1}{8}+1\frac{3}{8}+1\frac{4}{8}$, $1\frac{2}{8}+1\frac{2}{8}+1\frac{4}{8}$,
$1\frac{2}{8}+1\frac{3}{8}+1\frac{3}{8}$

➔ 5가지

2주 소수의 덧셈과 뺄셈

2주 1일 복습 11 ~ 12 쪽

1 3.68 kg	2 4.3 L
3 3.85 L	4 0.15 kg
5 0.25 kg	6 0.8 kg

1 전략
먼저 상자에서 꺼낸 감자의 무게를 kg 단위로 나타내자.

❶ 1000 g=1 kg이므로
(상자에서 꺼낸 감자 1개의 무게)
=220 g=0.22 kg이다.

❷ (지금 감자가 들어 있는 상자의 무게)
=3.9−0.22=3.68 (kg)

2 전략
먼저 더 부은 보리차의 양을 L 단위로 나타내자.

❶ 1000 mL=1 L이므로
(더 부은 보리차의 양)
=850 mL=0.85 L이다.

❷ (지금 주전자에 들어 있는 보리차의 양)
=3.45+0.85=4.3 (L)

3 전략
사용한 양은 빼고 채워 넣은 양은 더해서 구하자.

❶ 1000 mL=1 L이므로
(사용한 간장의 양)=1450 mL=1.45 L이다.

❷ (사용한 후 병에 들어 있는 간장의 양)
=4.5−1.45=3.05 (L)

❸ (지금 병에 들어 있는 간장의 양)
=3.05+0.8=3.85 (L)

4 ❶ (인형 6개의 무게)=3.75−1.95=1.8 (kg)

❷ (인형 12개의 무게)=1.8+1.8=3.6 (kg)

❸ (빈 주머니의 무게)=3.75−3.6=0.15 (kg)

참고
인형 1개의 무게를 구하지 않고 인형 6개의 무게를 2번 더해 인형 12개의 무게를 구할 수 있다.

5 ❶ (고추장 $\frac{1}{2}$만큼의 무게)
=5.45−2.85=2.6 (kg)
❷ (고추장 전체의 무게)=2.6+2.6=5.2 (kg)
❸ (빈 통의 무게)=5.45−5.2=0.25 (kg)

참고
고추장 $\frac{1}{2}$만큼의 무게를 2번 더하면 고추장 전체의 무게이다.

6 ❶ (성현이의 몸무게)=40.42−2.58=37.84 (kg)
❷ (상자 2개의 무게)=39.44−37.84=1.6 (kg)
❸ 0.8+0.8=1.6이므로
상자 1개의 무게는 0.8 kg이다.

2주 2일 복습 13 ~ 14쪽

1 8.67	2 6.4 kg
3 3.88	4 0.49 m
5 1.32 kg	6 14.8 m

1 ❶ 어떤 수를 □라 하면 잘못 계산한 식은
□−1.73=5.21이다.
❷ □=5.21+1.73=6.94
➜ (어떤 수)=6.94
❸ (바르게 계산한 값)=6.94+1.73=8.67

2 ❶ 물건을 넣기 전의 가방의 무게를 □ kg이라 하면 물건을 잘못 넣은 가방의 무게를 구한 식은
□+1.35=6.78이다.
❷ □=6.78−1.35=5.43
➜ (물건을 넣기 전의 가방의 무게)=5.43 kg
❸ (원래 넣으려고 했던 물건을 넣은 가방의 무게)
=5.43+0.97=6.4 (kg)

3 ❶ 어떤 수의 일의 자리 숫자와 소수 첫째 자리 숫자를 바꾼 수를 □라 하면 잘못 계산한 식은
□+45.2=50이다.
❷ □=50−45.2=4.8
➜ 어떤 수는 4.8에서 일의 자리 숫자와 소수 첫째 자리 숫자를 바꾼 수인 8.4이다.
❸ (바르게 계산한 값)=8.4−4.52=3.88

4 ❶ (사용한 끈의 길이)
=1.17+1.17+1.17=3.51 (m)
❷ (사용하고 남은 끈의 길이)
=4−3.51=0.49 (m)

5 ❶ (사용한 딸기의 양)=5−2.36=2.64 (kg)
❷ 1.32+1.32=2.64이므로 딸기잼 1병을 만드는 데 사용한 딸기는 1.32 kg이다.

6 ❶ (세로)=4.3−1.56=2.74 (m)
❷ 사용한 색 테이프의 길이는 칠판의 네 변의 길이의 합과 같으므로
(사용한 색 테이프의 길이)
=4.3+2.74+4.3+2.74=14.08 (m)이다.
❸ (처음에 가지고 있던 색 테이프의 길이)
=14.08+0.72=14.8 (m)

2주 3일 복습 15 ~ 16쪽

1 8.19	2 76.23
3 61.66	4 0.78 km
5 10.87 km	6 21.44 km

1 ❶ 가장 작은 소수 한 자리 수: 14.6
❷ 가장 큰 소수 두 자리 수: 6.41
❸ (가장 작은 소수 한 자리 수와 가장 큰 소수 두 자리 수의 차)=14.6−6.41=8.19

참고
4장의 카드로 만들 수 있는 소수 형태
• 소수 한 자리 수: □□.□
• 소수 두 자리 수: □.□□

2 ❶ 소수 둘째 자리에는 0이 올 수 없으므로
가장 큰 소수 두 자리 수는 97.02이다.
❷ 십의 자리에는 0이 올 수 없으므로
가장 작은 소수 두 자리 수는 20.79이다.
❸ (가장 큰 소수 두 자리 수와 가장 작은 소수 두 자리 수의 차)=97.02−20.79=76.23

참고
5장의 카드로 만들 수 있는 소수 두 자리 수는
□□.□□이다.

3 ❶ 5장의 카드로 만들 수 있는 소수 첫째 자리 숫자가 8인 소수 두 자리 수는 □□.8□이다.
❷ 소수 둘째 자리에는 0이 올 수 없으므로 가장 큰 소수 두 자리 수는 40.82이다.
❸ 십의 자리에는 0이 올 수 없으므로 가장 작은 소수 두 자리 수는 20.84이다.
❹ (가장 큰 소수 두 자리 수와 가장 작은 소수 두 자리 수의 합)=40.82+20.84=61.66

4 ❶ 1시간=60분=30분+30분
➔ (민정이가 1시간 동안 걸은 거리)
=2.52+2.52=5.04 (km)
❷ 1시간=60분=20분+20분+20분
➔ (재호가 1시간 동안 걸은 거리)
=1.94+1.94+1.94=5.82 (km)
❸ (1시간 후 두 사람 사이의 거리)
=5.82−5.04=0.78 (km)

5 ❶ 1시간=60분=15분+15분+15분+15분
➔ (혜진이가 1시간 동안 걸은 거리)
=1.33+1.33+1.33+1.33=5.32 (km)
❷ 1시간=60분=20분+20분+20분
➔ (민규가 1시간 동안 걸은 거리)
=1.85+1.85+1.85=5.55 (km)
❸ (1시간 후 두 사람 사이의 거리)
=5.32+5.55=10.87 (km)

6 ❶ 2시간=120분=40분+40분+40분
➔ (경민이가 2시간 동안 걸은 거리)
=3.7+3.7+3.7=11.1 (km)
❷ 2시간=120분=60분+60분
➔ (나언이가 2시간 동안 걸은 거리)
=5.17+5.17=10.34 (km)
❸ 두 사람이 2시간 동안 걸은 거리의 합과 호수의 둘레가 같으므로
(호수의 둘레)=11.1+10.34=21.44 (km)이다.

참고

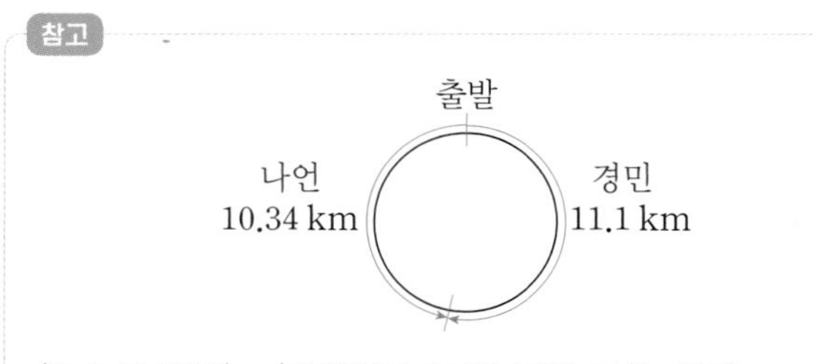

(호수의 둘레)=(경민이가 2시간 동안 걸은 거리)
+(나언이가 2시간 동안 걸은 거리)
=11.1+10.34=21.44 (km)

2주 4일 복습 17 ~ 18쪽

1 11.37 km **2** 1.58 km
3 0.65 km, 0.57 km **4** 1.8 km

1 ❶ 주어진 조건을 그림으로 나타내기

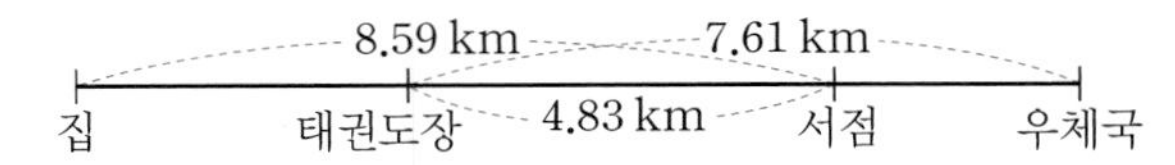

❷ (집에서 서점까지의 거리)
+(태권도장에서 우체국까지의 거리)
=8.59+7.61=16.2 (km)
❸ (집에서 우체국까지의 거리)
=16.2−4.83=11.37 (km)

다르게 풀기
❷ (집에서 서점까지의 거리)
−(태권도장에서 서점까지의 거리)
=8.59−4.83=3.76 (km)
❸ (집에서 태권도장까지의 거리)
+(태권도장에서 우체국까지의 거리)
=3.76+7.61=11.37 (km)

2 ❶ 주어진 조건을 그림으로 나타내기

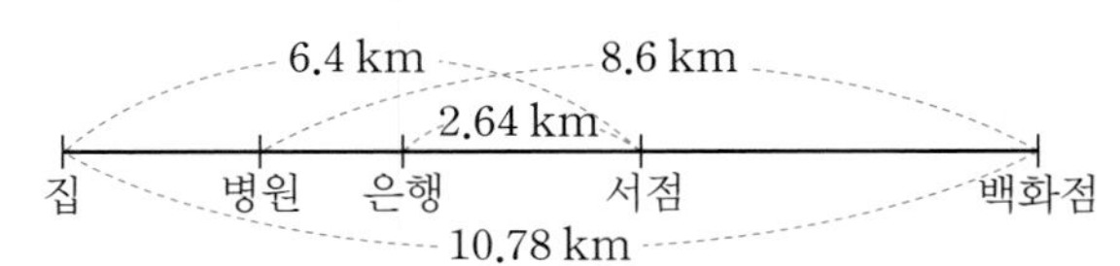

❷ (집에서 서점까지의 거리)
+(병원에서 백화점까지의 거리)
=6.4+8.6=15 (km)
❸ (병원에서 서점까지의 거리)
=15−10.78=4.22 (km)
❹ (병원에서 은행까지의 거리)
=4.22−2.64=1.58 (km)

다르게 풀기
❷ (집에서 백화점까지의 거리)
−(집에서 서점까지의 거리)
=10.78−6.4=4.38 (km)
❸ (병원에서 백화점까지의 거리)
−(은행에서 서점까지의 거리)
−(서점에서 백화점까지의 거리)
=8.6−2.64−4.38=1.58 (km)

3 전략
하나의 수직선에 재호, 민영, 진서의 위치를 나타내자.

❶ 주어진 조건을 그림으로 나타내기

0.08 km 0.15 km 0.2 km
출발 진서 민영 재호 도착
1 km

❷ (민영이가 달린 거리)
$=1-0.2-0.15=0.65$ (km)

❸ (진서가 달린 거리)$=0.65-0.08=0.57$ (km)

다르게 풀기

❷ (진서가 달린 거리)
$=1-0.2-0.15-0.08=0.57$ (km)

❸ (민영이가 달린 거리)
$=0.57+0.08=0.65$ (km)

4 전략
하나의 수직선에 정수, 세호, 해인의 위치를 나타내자.

❶ 주어진 조건을 그림으로 나타내기

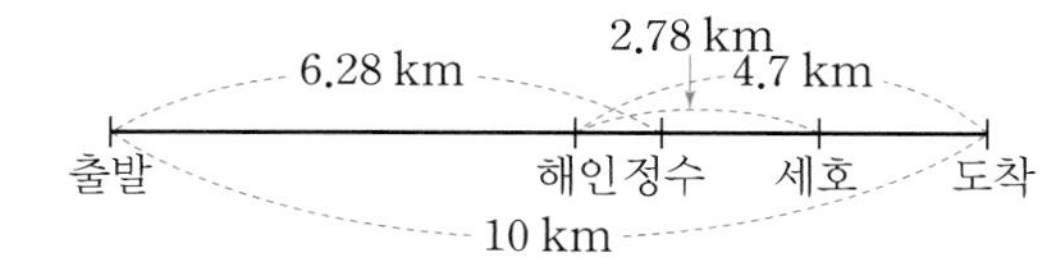

❷ (세호가 달린 거리)
$=10-4.7+2.78=8.08$ (km)

❸ (정수와 세호 사이의 거리)
$=8.08-6.28=1.8$ (km)

다르게 풀기

❷ (출발 지점과 정수까지의 거리)
$+$(해인이와 도착 지점까지의 거리)
$=6.28+4.7=10.98$ (km)

❸ (해인이와 정수 사이의 거리)
$=10.98-10=0.98$ (km)

❹ (정수와 세호 사이의 거리)
$=2.78-0.98=1.8$ (km)

2주 5일 복습 19 ~ 20쪽

1 25.84	**2** 10
3 16개	**4** 11개

1 ❶ $2.9-1.23=1.67$, $4.57-2.9=1.67$, $6.24-4.57=1.67$이므로 1.67씩 커지는 규칙이다.

❷ 7번째 수는 6.24에 1.67을 3번 더한 수이다.
➔ $6.24+1.67+1.67+1.67=11.25$

❸ 9번째 수는 11.25에 1.67을 2번 더한 수이다.
➔ $11.25+1.67+1.67=14.59$

❹ (7번째 수와 9번째 수의 합)
$=11.25+14.59=25.84$

2 ❶ $1.7-1.35=0.35$, $2.15-1.7=0.45$, $2.7-2.15=0.55$이므로 더하는 수가 0.35부터 0.1씩 커지는 규칙이다.

❷ 6번째 수는 2.7에 0.65와 0.75를 더한 수이다.
➔ $2.7+0.65+0.75=4.1$

❸ 8번째 수는 4.1에 0.85와 0.95를 더한 수이다.
➔ $4.1+0.85+0.95=5.9$

❹ (6번째 수와 8번째 수의 합)$=4.1+5.9=10$

3 ❶ $9>7>5>3$이므로 가장 큰 소수 세 자리 수인 ㉠$=9.753$이다.

❷ 둘째로 큰 수는 9.735이므로
셋째로 큰 수인 ㉡$=9.573$이다.

❸ ㉡보다 크고 ㉠보다 작은 소수 두 자리 수를 모두 찾으면 다음과 같다.
- 9.58, 9.59 ➔ 2개
- 9.61, 9.62, 9.63, 9.64, 9.65, 9.66, 9.67, 9.68, 9.69 ➔ 9개
- 9.71, 9.72, 9.73, 9.74, 9.75 ➔ 5개

❹ ㉡보다 크고 ㉠보다 작은 소수 두 자리 수는 모두 $2+9+5=16$(개)이다.

4 ❶ $0<1<2<4$이므로 가장 작은 소수 세 자리 수인 ㉠$=0.124$이다.

❷ 둘째로 작은 수는 0.142, 셋째로 작은 수는 0.214이므로 넷째로 작은 수인 ㉡$=0.241$이다.

❸ ㉠보다 크고 ㉡보다 작은 소수 두 자리 수를 모두 찾으면 다음과 같다.
- 0.13, 0.14, 0.15, 0.16, 0.17, 0.18, 0.19 ➔ 7개
- 0.21, 0.22, 0.23, 0.24 ➔ 4개

❹ ㉠보다 크고 ㉡보다 작은 소수 두 자리 수는 모두 $7+4=11$(개)이다.

3주 삼각형 / 사각형

3주 1일 복습 21 ~ 22쪽

1 14 cm	**2** 6 cm
3 4 cm	**4** 17개
5 12개	**6** 6개, 9개

1 ❶ 굵은 선에는 정삼각형의 한 변이 모두 8개 있다.
❷ (정삼각형의 한 변의 길이)$=112\div8=14$ (cm)

2 전략
굵은 선의 길이에서 굵은 선에 있는 긴 변의 길이의 합을 빼서 굵은 선에 있는 짧은 변의 길이의 합을 구하자.

❶ 굵은 선에는 이등변삼각형의 긴 변이 2개 있으므로 (굵은 선에 있는 긴 변의 길이의 합) $=14+14=28$ (cm)이다.
❷ (굵은 선에 있는 짧은 변의 길이의 합) $=52-28=24$ (cm)
❸ 굵은 선에는 이등변삼각형의 짧은 변이 4개 있으므로 (변 ㄱㅂ)$=24\div4=6$ (cm)이다.

참고
길이가 같은 변끼리 같은 색으로 나타내면 다음과 같다.

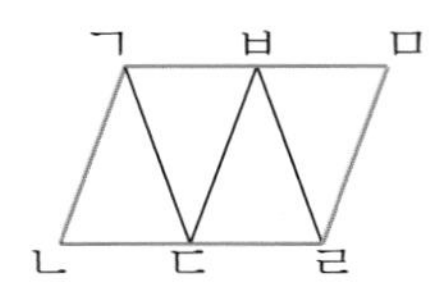

3 ❶ 굵은 선에는 이등변삼각형의 긴 변이 2개 있으므로 (굵은 선에 있는 이등변삼각형의 긴 변의 길이의 합) $=7+7=14$ (cm)이다.
❷ 이등변삼각형의 짧은 변의 길이와 정삼각형의 한 변의 길이가 같다.
➔ (굵은 선에 있는 이등변삼각형의 짧은 변과 정삼각형의 변의 길이의 합)
$=38-14=24$ (cm)
❸ 굵은 선에는 이등변삼각형의 짧은 변과 정삼각형의 변이 모두 6개 있다.
➔ (정삼각형의 한 변의 길이)$=24\div6=4$ (cm)

4

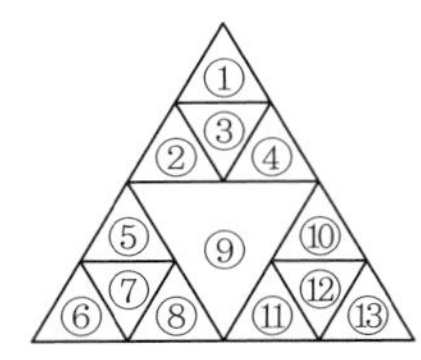

❶ 정삼각형 1개로 이루어진 정삼각형:
①, ②, ③, ④, ⑤, ⑥, ⑦, ⑧, ⑨, ⑩, ⑪, ⑫, ⑬
➔ 13개
정삼각형 4개로 이루어진 정삼각형:
①+②+③+④, ⑤+⑥+⑦+⑧,
⑩+⑪+⑫+⑬ ➔ 3개
정삼각형 13개로 이루어진 정삼각형:
①+②+③+④+⑤+⑥+⑦+⑧+⑨+⑩
+⑪+⑫+⑬ ➔ 1개
❷ (크고 작은 정삼각형의 수)$=13+3+1=17$(개)

5

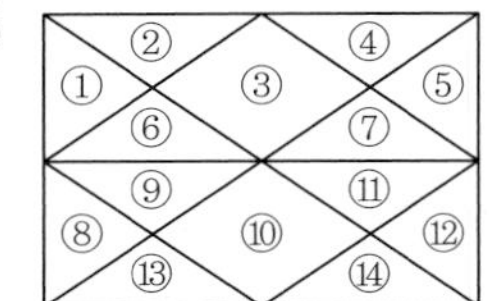

❶ 작은 도형 1개로 이루어진 둔각삼각형:
②, ④, ⑥, ⑦, ⑨, ⑪, ⑬, ⑭ ➔ 8개
작은 도형 3개로 이루어진 둔각삼각형:
②+③+④, ③+⑥+⑦, ⑨+⑩+⑪,
⑩+⑬+⑭ ➔ 4개
❷ (크고 작은 둔각삼각형의 수)$=8+4=12$(개)

6

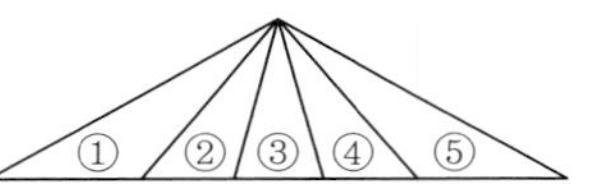

❶ 작은 삼각형 1개로 이루어진 예각삼각형: ③ → 1개
작은 삼각형 2개로 이루어진 예각삼각형:
②+③, ③+④ → 2개
작은 삼각형 3개로 이루어진 예각삼각형:
①+②+③, ②+③+④, ③+④+⑤ → 3개
➔ (크고 작은 예각삼각형의 수)$=1+2+3=6$(개)
❷ 작은 삼각형 1개로 이루어진 둔각삼각형:
①, ②, ④, ⑤ → 4개
작은 삼각형 2개로 이루어진 둔각삼각형:
①+②, ④+⑤ → 2개
작은 삼각형 4개로 이루어진 둔각삼각형:
①+②+③+④, ②+③+④+⑤ → 2개
작은 삼각형 5개로 이루어진 둔각삼각형:
①+②+③+④+⑤ → 1개
➔ (크고 작은 둔각삼각형의 수)
$=4+2+2+1=9$(개)

3주 2일 복습 23 ~ 24 쪽

1 25°	2 70°
3 165°	4 140°
5 100°	6 30°

1 전략

이등변삼각형은 두 각의 크기가 같고, 정삼각형은 모든 각의 크기가 60°임을 이용하자.

❶ 삼각형 ㄹㄴㄷ은 이등변삼각형이므로
(각 ㄹㄴㄷ)+(각 ㄹㄷㄴ)=180°−110°=70°
이다.
➔ (각 ㄹㄴㄷ)=(각 ㄹㄷㄴ)=70°÷2=35°
❷ (각 ㄱㄴㄷ)=60°이므로
(각 ㄱㄴㄹ)=60°−35°=25°이다.

2 전략

이등변삼각형에서 크기가 같은 두 각을 먼저 찾자.

❶ 삼각형 ㄱㄹㄷ은 이등변삼각형이므로
(각 ㄹㄷㄱ)+(각 ㄹㄱㄷ)=180°−100°=80°
이다.
➔ (각 ㄹㄷㄱ)=(각 ㄹㄱㄷ)=80°÷2=40°
❷ (각 ㄴㄷㄱ)=(각 ㄴㄷㄹ)+(각 ㄹㄷㄱ)
=15°+40°=55°
삼각형 ㄱㄴㄷ은 이등변삼각형이므로
(각 ㄴㄱㄷ)=(각 ㄴㄷㄱ)=55°이다.
❸ (각 ㄱㄴㄷ)=180°−55°−55°=70°

3 ❶ 삼각형 ㄱㄴㄷ은 이등변삼각형이므로
(각 ㄱㄴㄷ)+(각 ㄱㄷㄴ)=180°−50°=130°
이다.
➔ (각 ㄱㄴㄷ)=(각 ㄱㄷㄴ)=130°÷2=65°
❷ 삼각형 ㄱㄴㄷ과 삼각형 ㅁㄷㄹ은 모양과 크기가 같으므로 (각 ㅁㄹㄷ)=(각 ㄱㄴㄷ)=65°이다.
❸ (각 ㄹㅂㄴ)=360°−65°−65°−65°=165°

다르게 풀기

❸ 직선이 이루는 각도는 180°이므로
(각 ㄱㄹㅂ)=180°−65°=115°이다.
❹ 삼각형의 세 각의 크기의 합이 180°이므로
(각 ㄱㅂㄹ)=180°−115°−50°=15°이다.
❺ (각 ㄹㅂㄴ)=180°−15°=165°

4 ❶ (각 ㄹㄷㄴ)=(각 ㄹㄴㄷ)=10°
➔ (각 ㄴㄹㄷ)=180°−10°−10°=160°
❷ (각 ㄷㄹㄱ)=180°−160°=20°
❸ (각 ㄷㄱㄹ)=(각 ㄷㄹㄱ)=20°
➔ (각 ㄱㄷㄹ)=180°−20°−20°=140°

5 ❶ (각 ㄹㄱㄷ)+(각 ㄹㄷㄱ)=180°−80°=100°
➔ (각 ㄹㄷㄱ)=100°÷2=50°
❷ (각 ㄱㄷㄴ)+(각 ㄹㄷㄱ)=90°
➔ (각 ㄱㄷㄴ)=90°−50°=40°
❸ (각 ㄱㄴㄷ)=(각 ㄱㄷㄴ)=40°
➔ (각 ㄴㄱㄷ)=180°−40°−40°=100°

참고
- 삼각형 ㄱㄴㄷ은 변 ㄱㄴ과 변 ㄱㄷ의 길이가 같은 이등변삼각형이다.
- 삼각형 ㄹㄱㄷ은 변 ㄱㄹ과 변 ㄹㄷ의 길이가 같은 이등변삼각형이다.

6 전략

이등변삼각형에서 크기가 같은 두 각을 먼저 찾자.

❶ (각 ㄹㅁㄴ)=(각 ㄹㄴㅁ)=25°
➔ (각 ㄴㄹㅁ)=180°−25°−25°=130°
❷ (각 ㅁㄹㄱ)=180°−130°=50°
❸ (각 ㅁㄱㄹ)=(각 ㅁㄹㄱ)=50°
➔ (각 ㄹㅁㄱ)=180°−50°−50°=80°
❹ (각 ㄱㅁㄷ)=180°−25°−80°=75°,
(각 ㄱㄷㅁ)=(각 ㄱㅁㄷ)=75°
➔ (각 ㅁㄱㄷ)=180°−75°−75°=30°

3주 3일 복습 25 ~ 26 쪽

1 4 cm	2 24 cm
3 34 cm	4 40°
5 10°	6 110°

1 ❶ (변 ㄴㄷ)=51÷3=17 (cm)
❷ (변 ㅁㄷ)=39÷3=13 (cm)
❸ (변 ㄴㄷ)−(변 ㅁㄷ)
(선분 ㄴㅁ)=17−13=4 (cm)

2 ❶ 삼각형 ㄹㄴㅁ은 정삼각형이므로
(변 ㄹㅁ)$=6$ cm이다.
❷ 삼각형 ㄱㄴㄷ은 정삼각형이므로
(변 ㄱㄹ)$=$(변 ㅁㄷ)$=10-6=4$ (cm)이다.
❸ (변 ㄱㄹ)$+$(변 ㄹㅁ)$+$(변 ㅁㄷ)$+$(변 ㄷㄱ)
(사각형 ㄱㄹㅁㄷ의 네 변의 길이의 합)
$=4+6+4+10=24$ (cm)

3 ❶ 삼각형 ㄹㄴㅁ은 정삼각형이므로
(변 ㄹㅁ)$=9$ cm이다.
➡ (변 ㅂㄷ)$=$(변 ㄹㅁ)$=9$ cm
❷ 삼각형 ㄱㄹㅂ은 정삼각형이므로
(변 ㅁㄷ)$=17-9=8$ (cm)이다.
➡ (변 ㄹㅂ)$=$(변 ㅁㄷ)$=8$ cm
❸ (변 ㄹㅁ)$+$(변 ㅁㄷ)$+$(변 ㅂㄷ)$+$(변 ㄹㅂ)
(사각형 ㄹㅁㄷㅂ의 네 변의 길이의 합)
$=9+8+9+8=34$ (cm)

참고
평행사변형은 마주 보는 두 변의 길이가 같다.
(변 ㄹㅂ)$=$(변 ㅁㄷ), (변 ㄹㅁ)$=$(변 ㅂㄷ)

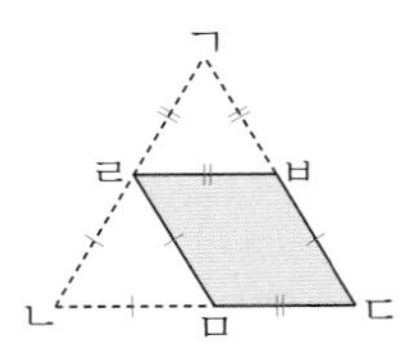

4 ❶ (각 ㄹㅂㅁ)$=$(각 ㄱㄴㄷ)$=60°$
➡ (각 ㅂㅁㄹ)$=180°-60°-50°=70°$
❷ 접은 부분과 접혀진 부분의 각의 크기는 같다.
➡ (각 ㄴㅁㄹ)$=$(각 ㅂㅁㄹ)$=70°$
❸ (각 ㅂㅁㄷ)$=180°-70°-70°=40°$

5 ❶ (각 ㄱㄷㄴ)$=$(각 ㄱㄴㄷ)$=70°$
➡ (각 ㄴㄱㄷ)$=180°-70°-70°=40°$
❷ (각 ㄷㄱㄹ)$=40°-20°=20°$
❸ 접은 부분과 접혀진 부분의 각의 크기는 같다.
➡ (각 ㄹㄱㅁ)$=$(각 ㄷㄱㅁ)$=20°\div2=10°$

6 ❶ (각 ㄱㄷㄴ)$=$(각 ㄱㄴㄷ)$=40°$
➡ (각 ㄴㄱㄷ)$=180°-40°-40°=100°$
❷ (각 ㅁㄱㄷ)$=100°-40°=60°$
❸ 접은 부분과 접혀진 부분의 각의 크기는 같다.
➡ (각 ㄷㄱㄹ)$=$(각 ㅁㄱㄹ)$=60°\div2=30°$
❹ (각 ㄱㄹㄷ)$=180°-40°-30°=110°$

3주 4일 복습 27 ~ 28 쪽

1 16 cm	2 5 cm
3 38 cm	4 10°
5 60°	6 150°

1 ❶ 변 ㄱㅈ, 변 ㄷㄹ과 평행한 변에 수직인 변:
변 ㅈㅇ, 변 ㅅㅂ, 변 ㅁㄹ
❷ (변 ㅈㅇ)$+$(변 ㅅㅂ)$+$(변 ㅁㄹ)
(변 ㄱㅈ과 변 ㄷㄹ 사이의 거리)
$=6+6+4=16$ (cm)

2 ❶ 직선 가와 나, 직선 다와 라 사이의 거리 구하기
(직선 가와 직선 나 사이의 거리)$=9$ cm
(직선 다와 직선 라 사이의 거리)$=7$ cm
❷ 직선 나와 다 사이의 거리 구하기
(직선 나와 직선 다 사이의 거리)
$=21-9-7=5$ (cm)

3 ❶ (정사각형 가의 한 변의 길이)-3
(정사각형 나의 한 변의 길이)
$=14-3=11$ (cm)
❷ (정사각형 다의 한 변의 길이)$=11-3=8$ (cm)
❸ (정사각형 라의 한 변의 길이)$=8-3=5$ (cm)
❹ (변 ㄱㄴ과 변 ㄹㄷ 사이의 거리)
$=14+11+8+5=38$ (cm)

4 ❶ 직선 가와 직선 나가 만나서 이루는 각도는 $90°$이므로 ㉠$=90°-50°=40°$이다.
❷ ㉡$=90°-40°=50°$
❸ (㉠과 ㉡의 각도의 차)$=50°-40°=10°$

5 ❶ 선분 ㄷㄹ과 선분 ㅁㅂ이 만나서 이루는 각도는 $90°$이므로 ㉠$=90°-30°=60°$이다.
❷ 직선이 이루는 각도는 $180°$이므로
㉡$=180°-$㉠$=180°-60°=120°$이다.
❸ (㉠과 ㉡의 각도의 차)$=120°-60°=60°$

6 ❶ 직선 가와 직선 나가 만나서 이루는 각도는 $90°$이므로 ㉠$+$㉡$=$㉠$+$㉠$\times2=$㉠$\times3=90°$이다.
➡ ㉠$=30°$, ㉡$=30°\times2=60°$
❷ ㉢$=$㉡$\times2=60°\times2=120°$
❸ (㉠과 ㉢의 각도의 합)$=30°+120°=150°$

3주 5일 복습 29 ~ 30 쪽

1 95°　**2** 75°
3 34 mm　**4** 480 mm

1 ❶ (각 ㄱㄴㄷ)+(각 ㄱㄷㄴ)=180°−130°=50°
❷ (각 ㄱㄴㄷ)=(각 ㄱㄷㄴ)이므로
(각 ㄱㄷㄴ)=50°÷2=25°이다.
❸ 삼각형 ㄹㅁㄷ은 정삼각형이므로
(각 ㄹㅁㄷ)=60°이다.
❹ (각 ㅁㅂㄷ)=180°−60°−25°=95°

2 ❶ (각 ㄹㄴㅁ)+(각 ㄹㅁㄴ)=180°−150°=30°
❷ (각 ㄹㄴㅁ)=(각 ㄹㅁㄴ)이므로
(각 ㄹㄴㅁ)=30°÷2=15°이다.
❸ 삼각형 ㄱㄴㄷ은 정삼각형이므로
(각 ㄱㄷㄴ)=60°이다.
❹ (각 ㄴㅂㄷ)=180°−15°−60°=105°이므로
(각 ㄹㅂㄷ)=180°−105°=75°이다.

3 ❶ ▽를 제외한 △의 수를 □개라 하면
(성냥개비의 수)=3×□=63이다. ➜ □=21개
❷ 1+2+3+4+5+6=21이므로 6번째 도형이다.
❸ (가장 큰 정삼각형의 세 변에 있는 성냥개비의 수)
=6×3=18(개)
❹ (성냥개비 한 개의 길이)=612÷18=34 (mm)

참고
□번째일 때 가장 큰 정삼각형의 한 변에 있는 성냥개비의 수는 □개이다.
➜ (가장 큰 정삼각형의 세 변에 있는 성냥개비의 수)
=□×3(개)

4 ❶ ▽를 제외한 △의 수를 □개라 하면
(성냥개비의 수)=3×□=108이다. ➜ □=36개
❷ 1+2+3+4+5+6+7+8=36이므로
8번째 도형이다.
❸ 성냥개비 한 개의 길이가 20 mm이므로
(가장 큰 정삼각형의 한 변의 길이)
=20×8=160 (mm)이다.
❹ (가장 큰 정삼각형의 세 변의 길이의 합)
=160×3=480 (mm)

4주 사각형 / 다각형

4주 1일 복습 31 ~ 32 쪽

1 22 cm　**2** 60 cm
3 74 cm　**4** 12개
5 4개

1 ❶ 평행사변형은 마주 보는 두 변의 길이가 같으므로
(선분 ㅁㄷ)=(선분 ㄱㄴ)=6 cm,
(선분 ㄱㅁ)=(선분 ㄴㄷ)=8 cm이다.
❷ (선분 ㅁㄹ)=16−8=8 (cm)
❸ (삼각형 ㅁㄷㄹ의 세 변의 길이의 합)
=6+8+8=22 (cm)

참고
선분 ㄱㄴ과 선분 ㅁㄷ, 선분 ㄱㅁ과 선분 ㄴㄷ이 평행하므로 사각형 ㄱㄴㄷㅁ은 평행사변형이다.

2 ❶ 평행사변형(직사각형)은 마주 보는 두 변의 길이가 같으므로
(선분 ㄱㅁ)=(선분 ㄴㄷ)=24 cm,
(선분 ㅁㄷ)=(선분 ㄱㄴ)=20 cm이다.
❷ (선분 ㄹㅁ)=30−20=10 (cm)
❸ (삼각형 ㄱㅁㄹ의 세 변의 길이의 합)
=26+24+10=60 (cm)

참고
사각형 ㄱㄴㄷㅁ은 네 각이 모두 직각(90°)인 직사각형이다.

3 ❶ 삼각형 ㄹㄷㅁ은 정삼각형이므로
(선분 ㄹㅁ)=14 cm이다.
➜ (선분 ㄱㅁ)=9+14=23 (cm)
❷ 평행사변형은 마주 보는 두 변의 길이가 같으므로
(선분 ㄴㄷ)=(선분 ㄱㅁ)=23 cm,
(선분 ㄱㄴ)=(선분 ㅁㄷ)=14 cm이다.
❸ (평행사변형 ㄱㄴㄷㅁ의 네 변의 길이의 합)
=14+23+14+23=74 (cm)

4 전략

주어진 그림에서 찾을 수 있는 마름모는 작은 삼각형이 2개이거나 8개일 때 뿐이다.

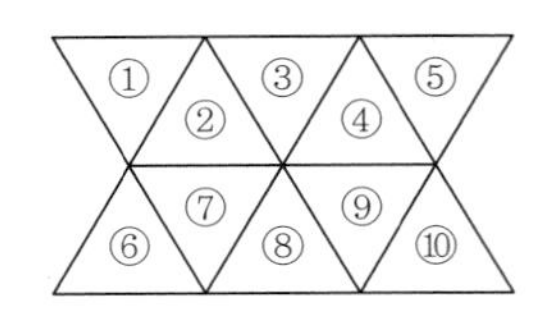

❶ 작은 삼각형 2개로 이루어진 마름모:
①+②, ②+③, ③+④, ④+⑤, ⑥+⑦,
⑦+⑧, ⑧+⑨, ⑨+⑩, ②+⑦, ④+⑨
➜ 10개
작은 삼각형 8개로 이루어진 마름모:
①+②+③+④+⑦+⑧+⑨+⑩,
②+③+④+⑤+⑥+⑦+⑧+⑨ ➜ 2개

❷ (크고 작은 마름모의 수)$=10+2=12$(개)

5 전략

조각 수에 따라 만들 수 있는 평행사변형과 사다리꼴의 수를 세어 구하자.

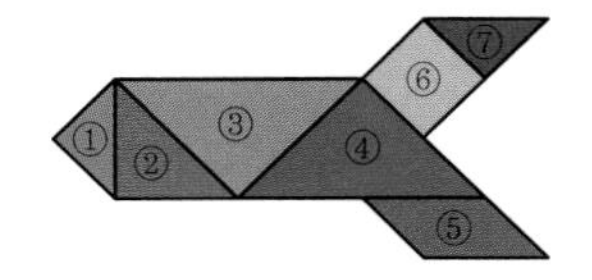

❶ 크고 작은 평행사변형의 수 구하기
한 조각으로 이루어진 평행사변형: ⑤, ⑥ → 2개
두 조각으로 이루어진 평행사변형: ③+④ → 1개
➜ (크고 작은 평행사변형의 수)
$=2+1=3$(개)

❷ 크고 작은 사다리꼴의 수 구하기
한 조각으로 이루어진 사다리꼴: ⑤, ⑥ → 2개
두 조각으로 이루어진 사다리꼴:
①+②, ②+③, ③+④, ⑥+⑦ → 4개
세 조각으로 이루어진 사다리꼴:
②+③+④ → 1개
➜ (크고 작은 사다리꼴의 수)$=2+4+1=7$(개)

❸ 평행사변형과 사다리꼴의 수의 차 구하기
(평행사변형과 사다리꼴의 수의 차)
$=7-3=4$(개)

참고

평행사변형은 사다리꼴이라고 할 수 있지만 사다리꼴은 평행사변형이라고 할 수 없다.

4주 2일 복습 33 ~ 34 쪽

1 정육각형	2 정팔각형
3 정사각형	4 15 cm
5 8 cm	6 30 cm

1 ❶ (사용한 철사의 길이)
$=1$ m 10 cm-20 cm
$=110$ cm-20 cm$=90$ cm
❷ (만든 정다각형의 변의 수)$=90\div15=6$(개)
➜ 만든 정다각형의 이름은 정육각형이다.

참고

변의 수가 ■개인 정다각형의 이름은 정■각형이다.

2 ❶ (한 도막의 길이)$=3\div3=1$ (m)
❷ (사용한 색 테이프의 길이)
$=1$ m-12 cm$=100$ cm-12 cm$=88$ cm
❸ (만든 정다각형의 변의 수)$=88\div11=8$(개)
➜ 만든 정다각형의 이름은 정팔각형이다.

3 ❶ (정오각형을 만드는 데 사용한 끈의 길이)
$=12\times5=60$ (cm)
❷ (정오각형을 만들고 남은 끈의 길이)
$=1$ m 20 cm-60 cm
$=120$ cm-60 cm$=60$ cm
❸ (한 변의 길이가 15 cm인 정다각형의 변의 수)
$=60\div15=4$(개)
➜ 만든 정다각형의 이름은 정사각형이다.

참고

정오각형을 만들고 남은 끈의 길이는 한 변의 길이가 15 cm인 정다각형을 만드는 데 사용한 끈의 길이이다.

4 ❶ (정오각형의 모든 변의 길이의 합)
$=21\times5=105$ (cm)
❷ (정칠각형의 모든 변의 길이의 합)$=105$ cm
❸ (정칠각형의 한 변의 길이)$=105\div7=15$ (cm)

5 ❶ (정사각형의 모든 변의 길이의 합)
$=12\times4=48$ (cm)
❷ (정삼각형 2개의 모든 변의 길이의 합)$=48$ cm
➜ (정삼각형 1개의 모든 변의 길이의 합)
$=48\div2=24$ (cm)
❸ (정삼각형의 한 변의 길이)$=24\div3=8$ (cm)

6 ❶ (선경이가 정육각형을 1개 만드는 데 사용한 털실의 길이)
$=10\times6=60$ (cm)
➔ (선경이가 정육각형을 4개 만드는 데 사용한 털실의 길이)
$=60\times4=240$ (cm)
❷ 선경이와 민규가 털실을 똑같은 길이로 나누어 가졌으므로 민규가 가진 털실은 240 cm이다.
❸ (민규가 만든 정팔각형의 한 변의 길이)
$=240\div8=30$ (cm)

4주 3일 복습 35 ~ 36 쪽

1 45°	2 36°
3 100°	4 54°
5 360°	

1 ❶ 정팔각형이 사각형 3개로 나누어져 있다.
❷ (정팔각형의 모든 각의 크기의 합)
$=360^\circ\times3=1080^\circ$
❸ (정팔각형의 한 각의 크기)
$=1080^\circ\div8=135^\circ$
❹ (각 ㄱㄴㅅ)$=135^\circ-90^\circ=45^\circ$

2 ❶ 정오각형이 삼각형 1개와 사각형 1개로 나누어져 있다.
❷ (정오각형의 모든 각의 크기의 합)
$=180^\circ+360^\circ=540^\circ$
❸ (정오각형의 한 각의 크기)$=540^\circ\div5=108^\circ$
❹ 삼각형 ㄱㄴㅁ은 이등변삼각형이므로
(각 ㄱㄴㅁ)+(각 ㄱㅁㄴ)
$=180^\circ-108^\circ=72^\circ$이다.
➔ (각 ㄱㄴㅁ)$=72^\circ\div2=36^\circ$

3 ❶ 정구각형은 삼각형 7개로 나눌 수 있다.
❷ (정구각형의 모든 각의 크기의 합)
$=180^\circ\times7=1260^\circ$
❸ (정구각형의 한 각의 크기)
$=1260^\circ\div9=140^\circ$
❹ (각 ㄱㄴㄷ)=(각 ㄱㄷㄴ)$=180^\circ-140^\circ=40^\circ$
➔ (각 ㄴㄱㄷ)$=180^\circ-40^\circ-40^\circ=100^\circ$

4 **전략**
정오각형의 한 각의 크기와 정사각형의 한 각의 크기를 구해 360°에서 빼자.

❶ (정오각형의 모든 각의 크기의 합)
$=180^\circ\times3=540^\circ$
➔ (정오각형의 한 각의 크기)$=540^\circ\div5=108^\circ$
❷ 정사각형의 한 각의 크기는 90°이다.
❸ ㉠$=360^\circ-108^\circ-108^\circ-90^\circ=54^\circ$

5 ❶ (정육각형의 모든 각의 크기의 합)
$=180^\circ\times4=720^\circ$
➔ (정육각형의 한 각의 크기)
$=720^\circ\div6=120^\circ$
❷ 180° −(정육각형의 한 각의 크기)
㉠$=180^\circ-120^\circ=60^\circ$
❸ ㉠, ㉡, ㉢, ㉣, ㉤, ㉥의 각도는 모두 같으므로
(㉠, ㉡, ㉢, ㉣, ㉤, ㉥의 각도의 합)
$=60^\circ\times6=360^\circ$이다.

다르게 풀기
❶ (정육각형의 모든 각의 크기의 합)
$=180^\circ\times4=720^\circ$
❷ (㉠, ㉡, ㉢, ㉣, ㉤, ㉥의 각도의 합)
+(정육각형의 모든 각의 크기의 합)
=(한 직선이 이루는 각의 크기)×6
$=180^\circ\times6=1080^\circ$
❸ (㉠, ㉡, ㉢, ㉣, ㉤, ㉥의 각도의 합)
$=1080^\circ-720^\circ=360^\circ$

4주 4일 복습 37 ~ 38 쪽

1 108 cm	2 52 cm
3 24 cm	4 50 cm
5 46 cm	6 48 cm

1 ❶ (정팔각형의 한 변의 길이)$=72\div8=9$ (cm)
❷ 굵은 선의 길이는 정팔각형의 한 변의 길이로 12개이다.
➔ (굵은 선의 길이)$=9\times12=108$ (cm)

2 ❶ 굵은 선의 길이는 정삼각형의 한 변의 길이로 8개이다.

➜ (정삼각형의 한 변의 길이)$=104\div8=13$ (cm)

❷ (정사각형의 한 변의 길이)

$=$(정삼각형의 한 변의 길이)$=13$ cm

❸ (정사각형의 네 변의 길이의 합)

$=13\times4=52$ (cm)

3 ❶ 짧은 변과 긴 변의 길이의 합 구하기

(직사각형의 짧은 변과 긴 변의 길이의 합)

$=16\div2=8$ (cm)

❷ 짧은 변과 긴 변의 길이 각각 구하기

정사각형의 네 변의 길이는 모두 같으므로 직사각형의 긴 변의 길이는 짧은 변의 길이의 3배이다.

➜ (직사각형의 짧은 변의 길이)$=8\div4=2$ (cm),

(직사각형의 긴 변의 길이)$=2\times3=6$ (cm)

❸ (정사각형의 한 변의 길이)

$=$(직사각형의 긴 변의 길이)$=6$ cm

➜ (정사각형의 네 변의 길이의 합)

$=6\times4=24$ (cm)

참고

(긴 변의 길이)$=$(짧은 변의 길이)$\times$3이므로

(짧은 변의 길이)$+$(긴 변의 길이)

$=$(짧은 변의 길이)$+$(짧은 변의 길이)$\times3$

$=$(짧은 변의 길이)$\times4$

4 전략

직사각형의 대각선의 성질을 이용하여 삼각형의 세 변의 길이의 합을 구하자.

❶ (선분 ㄱㄷ)$=$(선분 ㄴㄹ)$=26$ cm

❷ (선분 ㄱㅁ)$=$(선분 ㄹㅁ)$=26\div2=13$ (cm)

❸ (삼각형 ㄱㅁㄹ의 세 변의 길이의 합)

$=13+13+24=50$ (cm)

5 ❶ (선분 ㅂㅇ)$=$(선분 ㄴㄷ)$=8+8=16$ (cm)

❷ (선분 ㅁㅅ)$=$(선분 ㄹㄷ)$=15+15=30$ (cm)

❸ (마름모 ㅁㅂㅅㅇ의 두 대각선의 길이의 합)

$=16+30=46$ (cm)

6 ❶ (선분 ㄱㅁ)$=24\div2=12$ (cm)

❷ (선분 ㄴㄹ)$=24+8=32$ (cm)

❸ (선분 ㅁㄹ)$=32\div2=16$ (cm)

❹ (삼각형 ㄱㅁㄹ의 세 변의 길이의 합)

$=12+16+20=48$ (cm)

4주 5일 복습 39 ~ 40 쪽

1 110°	**2** 120°
3 72 cm	**4** 63 cm

1 ❶ (각 ㄱㄴㄷ)$=$(각 ㄴㄱㄹ)$-40°$

❷ 평행사변형은 이웃한 두 각의 크기의 합이 180°이므로 (각 ㄱㄴㄷ)$+$(각 ㄴㄱㄹ)$=180°$이다.

(각 ㄴㄱㄹ)$-40°+$(각 ㄴㄱㄹ)$=180°$

➜ (각 ㄴㄱㄹ)$\times2=220°$, (각 ㄴㄱㄹ)$=110°$

2 ❶ (각 ㄴㄱㄹ)$=$(각 ㄱㄴㄷ)$\times2$

❷ 마름모는 이웃한 두 각의 크기의 합이 180°이므로 (각 ㄱㄴㄷ)$+$(각 ㄴㄱㄹ)$=180°$이다.

(각 ㄱㄴㄷ)$+$(각 ㄱㄴㄷ)$\times2=180°$

➜ (각 ㄱㄴㄷ)$\times3=180°$, (각 ㄱㄴㄷ)$=60°$

❸ (각 ㄴㄱㄹ)$=60°\times2=120°$

3 ❶ 가장 먼 평행선 사이의 거리는 이어 붙인 직사각형의 가로의 합과 같으므로

(직사각형의 수)$=84\div6=14$(개)이다.

❷ 맨 오른쪽에 있는 직사각형은 14번째이고, 14번째 직사각형의 세로는

$4+\underbrace{2+2+\cdots+2}_{13개}=30$ (cm)이다.

❸ (14번째 직사각형의 네 변의 길이의 합)

$=6+30+6+30=72$ (cm)

4 ❶ 맨 오른쪽에 있는 직사각형의

(가로)$+$(세로)$=70\div2=35$ (cm)이다.

➜ (맨 오른쪽에 있는 직사각형의 세로)

$=35-7=28$ (cm)

❷ $28=4+\underbrace{3+3+\cdots+3}_{8개}$이므로 맨 오른쪽에 있는 직사각형은 9번째 직사각형이다.

❸ 가장 먼 평행선 사이의 거리는 이어 붙인 직사각형의 가로의 합과 같으므로

(가장 먼 평행선 사이의 거리)

$=7\times9=63$ (cm)이다.

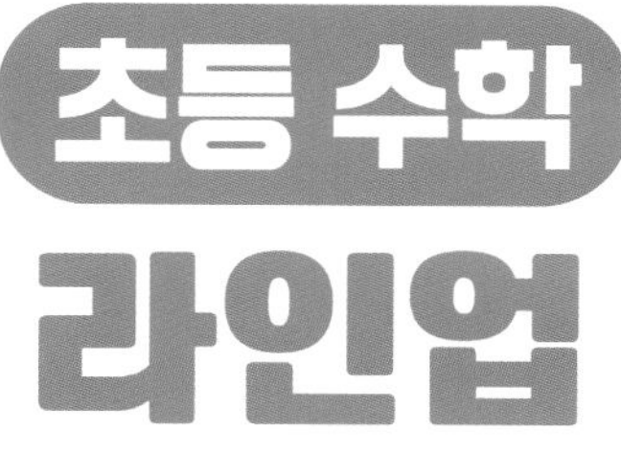

최상

난이도

최강 TOT

최고 수준

최고 수준 S

심화

초등 문해력
독해가 힘이다
[문장제 수학편]

수학도
독해가 힘이다

일등전략

응용 해결의 법칙

유형

수학 전략

유형 해결의 법칙

우등생 해법수학

개념

개념클릭

개념 해결의 법칙

똑똑한 하루 시리즈 [수학/계산/도형/사고력]

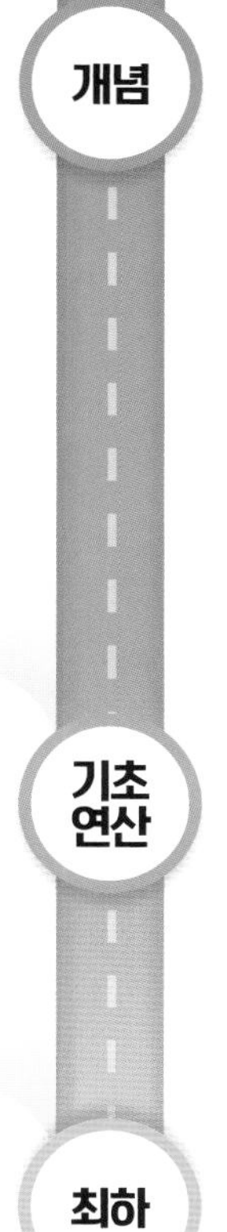

기초
연산

계산박사

빅터연산

최하

평가 대비 특화 교재

수학 단원평가

해법수학
경시대회 기출문제

해법 예비 중학
신입생 수학

정답은
이안에
있어!

수학 전문 교재

●연산 학습

빅터연산	예비초~6학년, 총 20권
창의융합 빅터연산	예비초~4학년, 총 16권

●개념 학습

개념클릭 해법수학	1~6학년, 학기용

●수준별 수학 전문서

해결의법칙(개념/유형/응용)	1~6학년, 학기용

●단원평가 대비

수학 단원평가	1~6학년, 학기용

●단기완성 학습

초등 수학전략	1~6학년, 학기용

●상위권 학습

최고수준 S 수학	1~6학년, 학기용
최고수준 수학	1~6학년, 학기용
최강 TOT 수학	1~6학년, 학년용

●경시대회 대비

해법 수학경시대회 기출문제	1~6학년, 학기용

예비 중등 교재

●해법 반편성 배치고사 예상문제	6학년
●해법 신입생 시리즈(수학/영어)	6학년

맞춤형 학교 시험대비 교재

●열공 전과목 단원평가	1~6학년, 학기용(1학기 2~6년)

한자 교재

●한자능력검정시험 자격증 한번에 따기	8~3급, 총 9권
●씽씽 한자 자격시험	8~5급, 총 4권
●한자 전략	8~5급Ⅱ, 총 12권

배움으로 행복한 내일을 꿈꾸는

천재교육 커뮤니티 안내

교재 안내부터 구매까지 한 번에!

천재교육 홈페이지

자사가 발행하는 참고서, 교과서에 대한 소개는 물론
도서 구매도 할 수 있습니다. 회원에게 지급되는 별을 모아
다양한 상품 응모에도 도전해 보세요!

다양한 교육 꿀팁에 깜짝 이벤트는 덤!

천재교육 인스타그램

천재교육의 새롭고 중요한 소식을 가장 먼저 접하고 싶다면?
천재교육 인스타그램 팔로우가 필수!
깜짝 이벤트도 수시로 진행되니 놓치지 마세요!

수업이 편리해지는

천재교육 ACA 사이트

오직 선생님만을 위한, 천재교육 모든 교재에 대한 정보가 담긴
아카 사이트에서는 다양한 수업자료 및 부가 자료는 물론
시험 출제에 필요한 문제도 다운로드하실 수 있습니다.

https://aca.chunjae.co.kr

천재교육을 사랑하는 샘들의 모임

천사샘

학원 강사, 공부방 선생님이시라면 누구나 가입할 수 있는 천사샘!
교재 개발 및 평가를 통해 교재 검토진으로 참여할 수 있는 기회는 물론
다양한 교사용 교재 증정 이벤트가 선생님을 기다립니다.

아이와 함께 성장하는 학부모들의 모임공간

튠맘 학습연구소

튠맘 학습연구소는 초·중등 학부모를 대상으로 다양한 이벤트와 함께
교재 리뷰 및 학습 정보를 제공하는 네이버 카페입니다.
초등학생, 중학생 자녀를 둔 학부모님이라면 튠맘 학습연구소로 오세요!